JN098920

MATLAB/Simulinkによる

わかりやすい 制御工学

川田昌克, 西岡勝博 共著

第2版

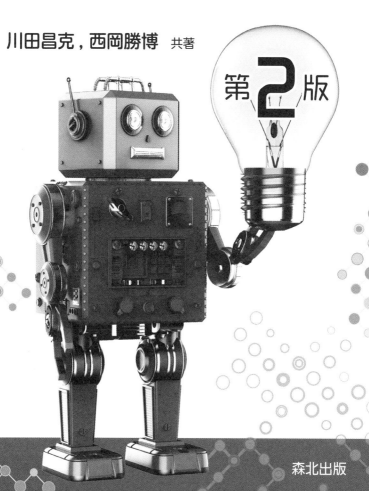

森北出版

第2版まえがき

初版第1刷を発刊してから随分と月日が経過したが、ありがたいことに、今でも、毎年のように増刷をさせていただいている。そして、今回、約20年ぶりに改訂する機会をいただいた。改訂した点を説明する前に、まず、初版の「まえがき」の要約を示す。

初版の「まえがき」の要約

本書の執筆に際しては、大学や高専で「制御工学」を初めて学ぶ者にわかりやすいように、以下のことに配慮した。

1. 電気系と機械系に的をしぼり、制御対象が伝達関数という標準的なモデルで表せることを読者に理解してもらうようにこころがけた。
2. 本書の構成は「s領域」での説明と「周波数領域」での説明に大別されているが、どちらの説明も基本的な特性の説明にとどまらず、具体的なコントローラの設計例を通した説明を行った。これは、「制御工学」の最終的な目標がコントローラの設計にあることを読者に意識してもらうためである。
3. 「制御工学」に関連した学生実験や実際の現場ではPID制御が多く利用されていることを考慮し、制御系設計に関してはPID制御の説明を主とした。
4. 具体的な制御対象を意識した方が理解しやすいと考え、本書では全体を通じて、「鉛直面を回転するアーム系」に関する例題や演習問題を多く取り入れた。
5. 直感的に「制御工学」を理解してもらうため、数式による説明だけでなく、図やシミュレーション結果を多用した。
6. さらに制御工学を学ぶ人のために、最終章(第8章)で状態空間表現をベースとした現代制御について簡単にふれた。

本書の最大の特徴は、章末にMATLAB/Simulinkを利用した演習を取り入れていることである。環境が許せば、ぜひ、この演習に取り組んでほしい。

今回、改訂するにあたっては、初版の適度な分量や読みやすさのエッセンスを残しつつ、気になっていた文言の修正、例題および演習問題の追加や再構成を行った。また、以下のようにレイアウトの変更を行った。

- 本書を2色刷りとし、タイトル、グラフ、プログラムなどを見やすくした。

- 図をすべて書き直した.
- サイズを菊判に拡大したことに伴い，MATLAB/Simulink の実行結果を可能な限り省略せずに記載した.

さらに，初版の発刊当時から MATLAB がバージョンアップを繰り返していることに対応するため，以下の修正や加筆を行った.

- 動作を保証する MATLAB/Simulink のバージョンを，第 2 版の執筆時の最新バージョン (R2022a) とした.
- ツールボックスとしては，Control System Toolbox だけでなく Symbolic Math Toolbox も使用することとした. これに伴い，ラプラス変換や逆ラプラス変換などの数式処理の説明を加えた.

なお，本書のサポートページには，頁数の関係で省略した「Simulink の基本的な操作」および「主要な MATLAB 関数の一覧表」のドキュメント (PDF ファイル) や，使用した MATLAB/Simulink ファイルを公開している.

　最後に，本書を執筆する機会をつくっていただいた共著者の西岡勝博先生に対して，心から感謝の意を表したい. 西岡先生には，私が舞鶴高専に赴任した当時から，長きにわたり，大変，お世話になった. 西岡先生からは，様々な場面での柔軟な考え方や，モノづくりを基本とする姿勢など，多くのことを学ばせていただいた. 残念ながら，定年退職後に逝去され，本書の改訂作業を一緒に進めることができなかった. 改訂版の原稿のチェックは，大阪大学の南裕樹先生にお願いをした. ご多忙のなか，貴重な時間を割いていただき感謝する. 南先生は本校の出身者であり，専攻科を含めた 3 年間，西岡研究室に所属した. また，2001 年に私が初めてこの本を利用して授業を行ったときの受講者のひとりでもある.

　そして，本書の改訂にご尽力いただくとともに，辛抱強く入稿を待っていただいた富井晃氏をはじめとする森北出版の方々に深く感謝する.

　この先，20 年とまではいわないが，初版と同様，長い間，愛される本となることを切に願っている.

　令和 4 年晩夏

川田　昌克

目　次

第1章 はじめに

多くの人は「制御 (コントロール：Control)」ということばを聞いたことがあるのではないだろうか．実際，我々の身のまわりにある家電製品，自動車から化学プラントなどの様々な機器には様々な制御技術が利用されている．一口に「制御」といっても，制御したい量をオンラインで利用するのか否か，人間が行うのか機械が行うのか，目標値を一定にするのか変化させるのか，などにより異なる．ここでは，様々な観点から制御方式を分類する．

1.1 フィードバック制御とフィードフォワード制御

1.1.1 フィードバック制御

こどもの頃，一度は傘などの棒状のものを手のひらで立たせる遊びをしたと思う (図 1.1 参照)．このとき，我々はどのようにして棒を立たせているのであろうか．

まず，棒を立たせ続けるために，目 (センサ) で棒の傾きを感知する．つぎに，目標値 (棒が直立している状態) と棒の傾きの差から脳 (コントローラ) でどのくらいの力を加えればよいかを考え，筋肉すなわち腕や手 (アクチュエータ) を動かす．つまり，出力された結果をオンラインで入力側に戻してさらに望ましい結果を得るという**フィードバック制御**を自然に行っているのである．この一連の動作を視覚的に表したのが図 1.2 であり，これを**ブロック線図**という．このように，我々は日常的に，フィードバック制御を用いている．

図 1.1　棒を立てる遊び

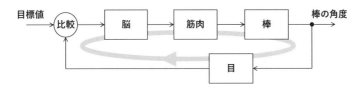

図 1.2　棒を立てる遊びの一連の動作 (フィードバック制御)

1.1.2　フィードフォワード制御

　一方，出力された結果を利用せずに制御を行う方式を**フィードフォワード制御**という．たとえばフィードフォワード制御は，野球をするときにバッターが目を閉じて球にバットを当てることに相当している．この様子を表したのが図 1.3 である．「いつどこにバットを振ればよいのか」という事前情報が正しければ，目を閉じてバットを振っても問題ないはずである．しかし，予期せぬ球種やスピードの球をピッチャーが投げてきたときには対応できない．

　このように不確定性に対応できないからといって，フィードフォワード制御が何の役にも立たないわけではない．たとえば，一度でも対戦したことのあるピッチャーが相手ならば，どのような球種，スピードの球を投げるかという事前情報があるので，初めて対戦するときよりも上手く球にバットを当てることができる．このように，より高度な制御を実現するためには，フィードバック制御とフィードフォワード制御を併用した **2 自由度制御**が効果的である．

図 1.3　バットを振る一連の動作をフィードフォワード制御とした場合

1.2　手動制御と自動制御

1.2.1　手動制御

　図 1.2 に示したように，棒を立てる遊びでは，我々は目で制御対象である棒の状態を把握し，脳で考えて筋肉を動かしている．このように，人間が制御の一連の動作を直接行うことを**手動制御**という．

1.2.2 自動制御

棒を立てる遊びを機械で行おうというのが図 1.4 に示す倒立振子である．このシステムでは，振子の角度と台車の位置をロータリエンコーダ (センサ) で検出し，パソコン (コントローラ) にその値を送る．パソコンでは角度，位置の目標値とセンサにより検出された角度，位置の値を基にして，DC モータ (アクチュエータ) を駆動させる指令電圧を計算する．そして，指令電圧をモータドライバに加えることで，振子の倒立を維持させるように台車を左右に動かす．このように，機械装置に制御の一連の動作を行わせることを**自動制御**という．倒立振子のフィードバック制御を行った場合のブロック線図を図 1.5 に示す．

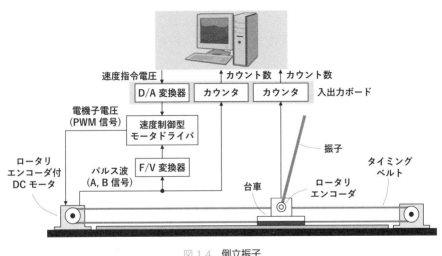

図 1.4 倒立振子

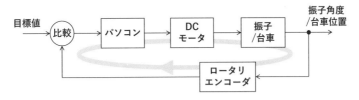

図 1.5 倒立振子のフィードバック制御のブロック線図

図 1.6 に示すように，自動制御におけるフィードバック制御の構成要素には

- (狭義の) **制御対象**：制御したい対象物
- **アクチュエータ (操作部)**：モータやエンジンなど
- **センサ (検出部)**：ロータリエンコーダ，ポテンショメータなど
- **コントローラ (補償器，制御器，調整部)**

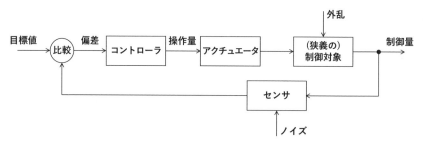

図 1.6　フィードバック制御の構成要素

があり，それらの間の信号を

- **制御量 (制御出力)**：制御したい量 (モータの回転角度など)
- **操作量 (制御入力)**：アクチュエータを駆動させる量 (モータのドライバへ加える電圧など)
- **目標値**：制御量の目標とする値
- **偏差**：目標値と制御量との差 (偏差 = 目標値 − 制御量)
- **外乱**：制御対象の状態を変化させる外的要素 (たとえば，部屋の温度を制御している場合，窓を開けたときに入ってくる外気は外乱である)
- **ノイズ (観測雑音)**：センサで制御量を検出する際に加わる高周波の信号

という．また，制御対象は

- **(広義の) 制御対象**：実際の対象物だけでなく，アクチュエータやセンサも含めたシステム

として扱うことが多く，通常，フィードバック制御系を図 1.7 のように表す．

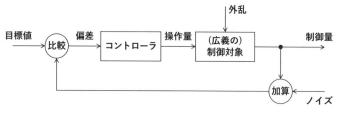

図 1.7　フィードバック制御系

1.2.3 シーケンス制御

フィードバック要素のない自動制御で多く用いられているのが**シーケンス制御**である.

全自動洗濯機では,汚れが落ちているかを判断せずに (最近は判断するものもあるようだが),あらかじめ決められた手順で洗濯,すすぎ,脱水を行う.このように,あらかじめ決められた手順にしたがって動作する制御をシーケンス制御という.シーケンス制御は,工場における工作機械や生産ライン,電気炊飯器や電子レンジなどの家電製品に多く用いられている.

1.3 その他の制御の分類

1.3.1 目標値による分類

目標値が時間的に変化するか否かにより以下のように分類する.

(a) 定値制御

目標値が一定の場合を**定値制御**と呼び,様々な外乱が生じても制御量を一定にすることが要求される.化学プラントなどで液面を一定にするような場合に相当する.

(b) 追従制御

目標値が任意に時間的変化をする場合を**追従制御**と呼ぶ.モータの回転角を時間的に変化する目標値に追従させる場合に相当する.

1.3.2 制御量の種類による分類

制御量の種類により以下のように分類する.

(a) プロセス制御

制御量が温度,圧力,流量,液面,温度など工業プロセスの状態量である場合を**プロセス制御**と呼ぶ.一般に,制御量の変化はゆっくりである.

(b) サーボ機構

制御量が物体の位置や回転角などであり,目標値に制御量を追従させるような制御を**サーボ機構**と呼ぶ.一般に,制御量の変化は素早い.

第2章 システムの伝達関数表現

あるシステムの制御を考えたとき，我々がまず最初に行うことは，システムを数学モデルで表現することである．数学モデルの表現方法には様々なものがあるが，その代表的なものの一つに**伝達関数**と呼ばれる表現がある．ここでは，電気系と機械系に的をしぼり，これらシステムのモデルを伝達関数で表すことを考える．

2.1 静的システムと動的システム

図 2.1 に示すシーソーは，板に「しなり」がまったくない場合，入力 $u(t)$ に適当な正弦波を加えると，出力 $y(t)$ は入力 $u(t)$ と振幅は異なるが同じ角周波数 ω，同じ位相の正弦波となる．また，$u(t)$ と $y(t)$ の振幅の比は $u(t)$ の角周波数 ω に依存せず，一定値 $B/A = r_2/r_1$ である．このようなシステムを**静的システム**という．

それに対し，図 2.2 に示すようにシーソーの板に「しなり」がある場合，入力 $u(t)$ を適当な正弦波とすると，出力 $y(t)$ の角周波数 ω は入力 $u(t)$ と同じであるが，$y(t)$ の位相のずれ $\phi(\omega)$ は $u(t)$ の角周波数 ω によって異なり，また，$u(t)$ と $y(t)$ の振幅の比 $B(\omega)/A$ は $u(t)$ の角周波数 ω に依存する．このようなシステムを**動的システム**という．多くの動的システムでは，入力 $u(t)$ の角周波数 ω が大きくなるにしたがっ

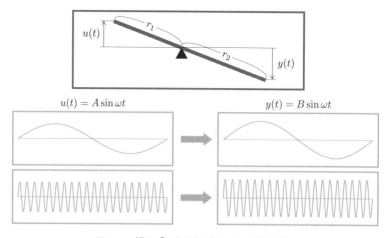

図 2.1 板の「しなり」がまったくない場合

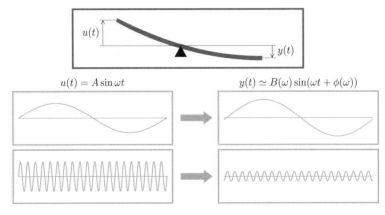

図 2.2 板の「しなり」がある場合

て，出力 $y(t)$ の振幅 $B(\omega)$ は小さくなり，位相のずれ $\phi(\omega)$ は大きくなる．

2.2 動的システムを表現するモデル

2.2.1 線形微分方程式

ここでは，図 2.3 に示すようにシステムを入出力関係で表すことを考える．動的システムへの入力を $u(t)$，出力を $y(t)$ とすると，多くの動的システムは，

線形微分方程式

$$a_n y^{(n)}(t) + \cdots + a_1 \dot{y}(t) + a_0 y(t)$$
$$= b_m u^{(m)}(t) + \cdots + b_1 \dot{u}(t) + b_0 u(t) \qquad (2.1)$$

により表現することができる[†1]．なお，$n \geq m$ であることが多い．

2.2.2 ラプラス変換と伝達関数表現

$t \geq 0$ で区分的に連続な信号 $f(t)$ $(t < 0$ では $f(t) = 0)$ を考える．このとき，ある s に対して $\int_0^\infty f(\tau)e^{-s\tau}d\tau$ が収束するとき，$f(t)$ の**ラプラス変換** $F(s) = \mathcal{L}[f(t)]$ を

図 2.3 システムの入力と出力

---

†1 本書では，信号 $f(t)$ の 1 回微分を $\dot{f}(t)$，2 回微分を $\ddot{f}(t)$，n 回微分を $f^{(n)}(t)$ と記述する．

ラプラス変換の定義

$$F(s) = \mathcal{L}\big[f(t)\big] := \int_0^\infty f(\tau)e^{-s\tau}\mathrm{d}\tau \tag{2.2}$$

のように定義する．ここで，s は**ラプラス演算子**と呼ばれる複素数 $s = \sigma + j\omega$ である．ラプラス変換を利用すると，信号 $f(t)$ の「時間微分」や「時間積分」がそれぞれ「かけ算」や「割り算」の操作により表現できる．つまり，初期値がすべて 0 $(f(0) = 0,$ $\dot{f}(0) = 0, \ldots, f^{(n-1)}(0) = 0)$ であるとき，

時間微分，時間積分のラプラス変換

時間微分　　$\mathcal{L}\big[f^{(n)}(t)\big] = s^n F(s) \tag{2.3}$

時間積分　　$\mathcal{L}\left[\displaystyle\int_0^t f(\tau)\mathrm{d}\tau\right] = \dfrac{1}{s}F(s) \tag{2.4}$

となり，**s は 1 回の時間微分，$1/s$ は 1 回の時間積分**を表していることがわかる．

───────────────────────────────────▶ 解説

まず，$f(t)$ の時間微分のラプラス変換を求める．部分積分の公式[†2] より $\mathcal{L}\big[\dot{f}(t)\big]$ は

$$\mathcal{L}\big[\dot{f}(t)\big] = \int_0^\infty \left(\frac{\mathrm{d}f(\tau)}{\mathrm{d}\tau}\right)e^{-s\tau}\mathrm{d}\tau = \big[f(\tau)e^{-s\tau}\big]_0^\infty - \int_0^\infty f(\tau)\left(\frac{\mathrm{d}e^{-s\tau}}{\mathrm{d}\tau}\right)\mathrm{d}\tau$$

$$= \big[f(\tau)e^{-s\tau}\big]_0^\infty + s\int_0^\infty f(\tau)e^{-s\tau}\mathrm{d}\tau = -f(0) + sF(s) \tag{2.5}$$

となる．同様に，$f(t)$ を n 回時間微分したときのラプラス変換は

$$\mathcal{L}\big[f^{(n)}(t)\big] = -s^{n-1}f(0) - s^{n-2}\dot{f}(0) - \cdots - f^{(n-1)}(0) + s^n F(s) \tag{2.6}$$

となる．したがって，初期値がすべて 0 $(f(0) = 0, \dot{f}(0) = 0, \ldots, f^{(n-1)}(0) = 0)$ のとき，(2.6) 式は (2.3) 式となる．

つぎに，$f(t)$ の時間積分 $g(t) = \displaystyle\int_0^t f(\tau)\mathrm{d}\tau$ のラプラス変換 $G(s)$ を求める．$\dot{g}(t)$ のラプラス変換は

$$\mathcal{L}\big[\dot{g}(t)\big] = -g(0) + sG(s) = -\int_0^0 f(\tau)\mathrm{d}\tau + sG(s) = sG(s) \tag{2.7}$$

となるから，$f(t)$ の時間積分のラプラス変換は次式となり，(2.4) 式が得られる．

$$\mathcal{L}\left[\int_0^t f(\tau)\mathrm{d}\tau\right] = \mathcal{L}\big[g(t)\big] = G(s) = \frac{1}{s}\mathcal{L}\big[\dot{g}(t)\big]$$

$$= \frac{1}{s}\mathcal{L}\big[f(t)\big] = \frac{1}{s}F(s) \tag{2.8}$$

───────────────────────

[†2]　$\displaystyle\int_a^b f_1'(x)f_2(x)\mathrm{d}x = \big[f_1(x)f_2(x)\big]_a^b - \int_a^b f_1(x)f_2'(x)\mathrm{d}x$

また，ラプラス変換は，c_i を任意の定数，$f_i(t)$ を任意の信号としたとき，

ラプラス変換の線形性

$$\begin{aligned}\mathcal{L}\big[c_1 f_1(t) + \cdots + c_k f_k(t)\big] &= c_1 \mathcal{L}\big[f_1(t)\big] + \cdots + c_k \mathcal{L}\big[f_k(t)\big] \\ &= c_1 F_1(s) + \cdots + c_k F_k(s) \end{aligned} \tag{2.9}$$

という関係が成立する．したがって，(2.1) 式の両辺をラプラス変換すると，

$$\begin{aligned} & a_n s^n Y(s) + \cdots + a_1 s Y(s) + a_0 Y(s) \\ & \quad = b_m s^m U(s) + \cdots + b_1 s U(s) + b_0 U(s) \end{aligned} \tag{2.10}$$

が得られる．ただし，$U(s) = \mathcal{L}\big[u(t)\big]$, $Y(s) = \mathcal{L}\big[y(t)\big]$ である．このとき，

伝達関数

$$P(s) := \frac{Y(s)}{U(s)} = \frac{b_m s^m + \cdots + b_1 s + b_0}{a_n s^n + \cdots + a_1 s + a_0} \tag{2.11}$$

を $U(s)$ から $Y(s)$ までの**伝達関数**と呼ぶ[†3]．なお，$n \geq m$ のとき**プロパー**であるといい，特に $n > m$ のとき**真に (厳密に) プロパー**であるという．動的システムの伝達関数を (2.11) 式と表したとき，動的システムの入出力関係は

$$Y(s) = P(s)U(s) \tag{2.12}$$

となる．なお，以下の議論では操作量 $u(t)$，制御量 $y(t)$ などの信号のラプラス変換と伝達関数を区別しやすくするため，特に断らない限り，

- **信号のラプラス変換**を $u(s) = \mathcal{L}\big[u(t)\big]$, $y(s) = \mathcal{L}\big[y(t)\big]$ のように**小文字で表す**
- **伝達関数を** $P(s) := y(s)/u(s)$ のように**大文字で表す**

こととする．また，このときの入出力関係 $y(s) = P(s)u(s)$ を図 2.4 に示すブロック線図で表す．s を**微分演算子** $s := \mathrm{d}/\mathrm{d}t$ と考えると，入出力関係は $y(t) = P(s)u(t)$ となるので，動的システム $y(t) = P(s)u(t)$ を図 2.5 のように表すこともある．

(2.11) 式において，$P(s)$ の分母を 0 とする n 個の解を p_i $(i = 1, 2, \ldots, n)$，$P(s)$ の分子を 0 とする m 個の解を z_j $(j = 1, 2, \ldots, m)$ とすると，伝達関数 $P(s)$ は

$$P(s) = \frac{K(s - z_1)(s - z_2)\cdots(s - z_m)}{(s - p_1)(s - p_2)\cdots(s - p_n)} \tag{2.13}$$

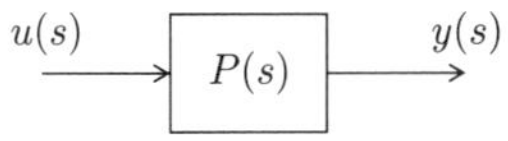

図 2.4 $\boldsymbol{y(s) = P(s)u(s)}$ ($\boldsymbol{s}$：ラプラス演算子)

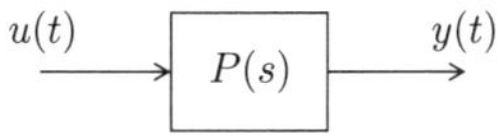

図 2.5 $\boldsymbol{y(t) = P(s)u(t)}$ ($\boldsymbol{s}$：微分演算子)

†3 MATLAB を利用した伝達関数の表現方法は 2.7.1 項 (p. 22) で説明する．

と表すことができる．(2.13) 式の p_i を**極**，z_j を**零点**，K を**ゲイン**と呼ぶ[†4]．**3.4節** (p. 52) で述べるように，極や零点はシステムのふるまいを大きく左右する．

> **問題 2.1**　以下の線形微分方程式が与えられたとき，$u(s)$ から $y(s)$ への伝達関数 $P(s)$ を求めよ．また，極，零点を求めよ．
>
> (1) $\dot{y}(t) + 2y(t) = u(t)$　　(2) $3\ddot{y}(t) + 2\dot{y}(t) + y(t) = 2\dot{u}(t) + u(t)$

2.3　電気系のモデル

電気系の微分方程式 (回路方程式) を求める際，

電荷 $q(t)$ と電流 $i(t)$ の関係式

$$i(t) = \dot{q}(t) \tag{2.14}$$

および図 2.6 に示す電気系の基本素子に関する以下の関係式を利用する．

電気系の基本素子の関係式

抵抗　　　　　$v(t) = Ri(t) \tag{2.15}$

コンデンサ　　$v(t) = \dfrac{1}{C} \displaystyle\int_0^t i(\tau)\mathrm{d}\tau \quad (q(0) = 0) \tag{2.16}$

コイル　　　　$v(t) = L\dfrac{\mathrm{d}i(t)}{\mathrm{d}t} \tag{2.17}$

ただし，$R\,[\Omega]$：抵抗，$C\,[\mathrm{F}]$：静電容量，$L\,[\mathrm{H}]$：インダクタンス，$v(t)\,[\mathrm{V}]$：抵抗，コンデンサ，コイルの両端の電圧，$i(t)\,[\mathrm{A}]$：抵抗，コンデンサ，コイルに流れる電流である．

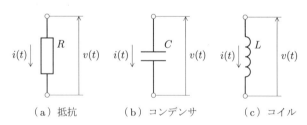

（a）抵抗　　　　（b）コンデンサ　　　（c）コイル

図 2.6　電気系の基本素子

　以上の関係式とキルヒホッフの法則を利用すれば，以下の例に示すように，電気系のモデルを得ることができる．

[†4]　MATLAB を利用した極，零点，ゲインの求め方は **2.7.2項** (p. 24) で説明する．

例 2.1　RL 回路

図 2.7 に示す RL 回路において，入力 $u(t)$ を入力電圧 $v_{\mathrm{in}}(t)$，出力 $y(t)$ を電流 $i(t)$ としたモデルを求めてみよう．

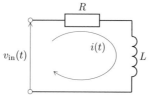

図 2.7　RL 回路

線形微分方程式

図 2.7 より $u(t) = v_{\mathrm{in}}(t)$, $y(t) = i(t)$ とすると，次式の回路方程式が得られる．

$$L\dot{y}(t) + Ry(t) = u(t) \tag{2.18}$$

伝達関数表現

(2.18) 式の両辺をラプラス変換すると，$u(s)$ から $y(s)$ への伝達関数 $P(s)$ が次式のように求められる．

$$y(s) = P(s)u(s), \quad P(s) = \frac{1}{Ls + R} \tag{2.19}$$

例 2.2　RLC 回路

図 2.8 に示す RLC 回路のモデルを求めてみよう．このシステム (回路) の入力 $u(t)$ は入力電圧 $v_{\mathrm{in}}(t)$ であり，出力 $y(t)$ はコンデンサの両端の電圧 $v_{\mathrm{out}}(t)$ である．

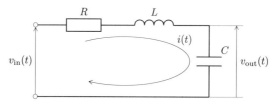

図 2.8　RLC 回路

線形微分方程式

図 2.8 より次式の回路方程式が得られる．

$$u(t) = Ri(t) + L\frac{\mathrm{d}i(t)}{\mathrm{d}t} + \frac{1}{C}\int_0^t i(\tau)\mathrm{d}\tau \tag{2.20}$$

$$y(t) = \frac{1}{C}\int_0^t i(\tau)\mathrm{d}\tau \tag{2.21}$$

(2.21) 式の両辺を時間微分すると,

$$\dot{y}(t) = \frac{1}{C}i(t) \implies i(t) = C\dot{y}(t) \tag{2.22}$$

となるから, (2.20) 〜 (2.22) 式より以下の微分方程式が得られる.

$$LC\ddot{y}(t) + RC\dot{y}(t) + y(t) = u(t) \tag{2.23}$$

伝達関数表現

(2.23) 式の両辺をラプラス変換すると, $u(s)$ から $y(s)$ への伝達関数 $P(s)$ が次式のように求められる.

$$y(s) = P(s)u(s), \quad P(s) = \frac{1}{LCs^2 + RCs + 1} \tag{2.24}$$

なお, (2.20), (2.21) 式をラプラス変換して伝達関数 $P(s)$ を求めることもできる. つまり, (2.20), (2.21) 式の両辺をラプラス変換すると,

$$u(s) = Ri(s) + Lsi(s) + \frac{1}{Cs}i(s) = \frac{LCs^2 + RCs + 1}{Cs}i(s) \tag{2.25}$$

$$y(s) = \frac{1}{Cs}i(s) \tag{2.26}$$

となる. したがって, $P(s) = y(s)/u(s)$ に (2.25), (2.26) 式を代入すると, (2.24) 式の伝達関数 $P(s)$ が得られる.

問題 2.2 図 2.8 に示した RLC 回路において, 入力 $u(t)$ を入力電圧 $v_{\mathrm{in}}(t)$, 出力 $y(t)$ を電荷 $q(t)$ のように選んだとき, $u(s)$ から $y(s)$ への伝達関数を求めよ.

問題 2.3 図 2.9 に示す RC 回路において, 入力 $u(t)$, 出力 $y(t)$ を以下のように選んだとき, $u(s)$ から $y(s)$ への伝達関数を求めよ.
  (1) $u(t) = v_{\mathrm{in}}(t), y(t) = i(t)$　　(2) $u(t) = v_{\mathrm{in}}(t), y(t) = v_{\mathrm{out}}(t)$

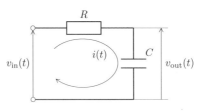

図 2.9　**RC 回路**

2.4 　機械系のモデル (力のつり合いによる導出)

機械系の微分方程式を求める際，以下に示す運動方程式を利用する.

運動方程式

直線運動　　　$M\ddot{z}(t) = F(t)$ 　　　　　　(2.27)

回転運動　　　$J\ddot{\theta}(t) = T(t)$ 　　　　　　(2.28)

ただし，直線運動においては，$F(t)$ [N]：物体に作用する力，M [kg]：物体の質量，$z(t)$ [m]：物体の位置であり，回転運動においては，$T(t)$ [N·m]：物体に作用するトルク，J [kg·m²]：物体の慣性モーメント，$\theta(t)$ [rad]：物体の角度である．たとえば，以下に示す力，トルクから $F(t), T(t)$ を求めることができる.

■ ばねにより生じる力・トルク

　図 2.10 (a) に示すように，直線運動においては，ばねの自然長からの物体の位置 $z(t)$ に比例した力 $f_{\rm s}(t)$ を生じる．同様に，**図 2.10** (b) に示すように，回転運動においては，ばねの自然長からの物体の角度 $\theta(t)$ に比例したトルク $\tau_{\rm s}(t)$ を生じる．つまり，k をばね係数とすると，ばねにより生じる力 $f_{\rm s}(t)$ やトルク $\tau_{\rm s}(t)$ は次式のようになる.

ばねにより生じる力・トルク

直線運動　　　$f_{\rm s}(t) = kz(t)$ 　　　　　　(2.29)

回転運動　　　$\tau_{\rm s}(t) = k\theta(t)$ 　　　　　　(2.30)

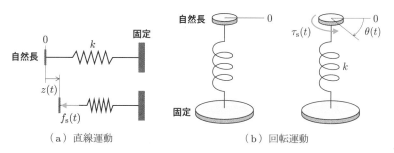

（a）直線運動　　　　　（b）回転運動

図 2.10　ばねにより生じる力・トルク

■ ダンパ，粘性摩擦により生じる力・トルク

　図 2.11 (a) に示すように，直線運動においては，物体の速度 $\dot{z}(t)$ に比例した力 $f_{\rm d}(t)$ を生じる．同様に，**図 2.11** (b) に示すように，回転運動においては，物体の角速度 $\dot{\theta}(t)$ に比例したトルク $\tau_{\rm d}(t)$ を生じる．つまり，c をダンパ係数とすると，ダン

パにより生じる力 $f_\mathrm{d}(t)$ やトルク $\tau_\mathrm{d}(t)$ は次式のようになる.

ダンパにより生じる力・トルク

$$直線運動 \qquad f_\mathrm{d}(t) = c\dot{z}(t) \tag{2.31}$$

$$回転運動 \qquad \tau_\mathrm{d}(t) = c\dot{\theta}(t) \tag{2.32}$$

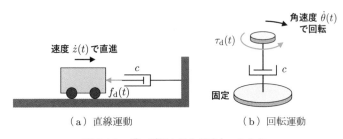

（a）直線運動　　　　　（b）回転運動

図 2.11　ダンパにより生じる力・トルク

　また，物体に作用する摩擦は静止摩擦，動摩擦と粘性摩擦の和で表すことが多いが，本書では，粘性摩擦のみを考える．図 2.12 に示すように，粘性摩擦により生じる力 $f_\mathrm{d}(t)$ やトルク $\tau_\mathrm{d}(t)$ は，c を粘性摩擦係数とすると，ダンパと同様，次式のようになる．

粘性摩擦により生じる力・トルク

$$直線運動 \qquad f_\mathrm{d}(t) = c\dot{z}(t) \tag{2.33}$$

$$回転運動 \qquad \tau_\mathrm{d}(t) = c\dot{\theta}(t) \tag{2.34}$$

したがって，ダンパは人為的に粘性摩擦を強くする要素ということになる．

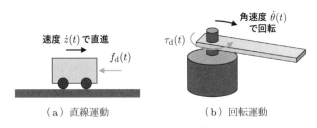

（a）直線運動　　　　　（b）回転運動

図 2.12　粘性摩擦により生じる力・トルク

例 2.3　台車系

　図 2.13 に示す台車系のモデルを導出してみよう．ただし，質量を M，粘性摩擦係数を c とする．また，$f(t)$ は台車に加える力，$f_\mathrm{d}(t)$ は粘性摩擦により生じる力である．

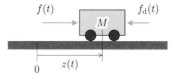

図 2.13　台車系

線形微分方程式

図 2.13 の台車系の運動方程式は,

$$M\ddot{z}(t) = \underbrace{f(t) - f_\mathrm{d}(t)}_{F(t)}, \quad f_\mathrm{d}(t) = c\dot{z}(t) \tag{2.35}$$

となる. したがって, 台車系の入力を $u(t) = f(t)$, 出力を $y(t) = z(t)$ とすると, 線形微分方程式が次式のように得られる.

$$M\ddot{y}(t) + c\dot{y}(t) = u(t) \tag{2.36}$$

伝達関数表現

(2.36) 式の両辺をラプラス変換すると,

$$y(s) = P(s)u(s), \quad P(s) = \frac{1}{Ms^2 + cs} \tag{2.37}$$

のように台車系の伝達関数 $P(s)$ が求められる.

問題 2.4　図 2.13 に示した台車系において, $u(t) = f(t)$, $y(t) = \dot{z}(t)$ とする. $u(s)$ から $y(s)$ への伝達関数 $P(s)$ を求めよ.

問題 2.5　図 2.14 に示す水平面を回転するアーム系において, $u(t) = \tau(t)$, $y(t) = \theta(t)$ とする. $u(s)$ から $y(s)$ への伝達関数 $P(s)$ を求めよ. ただし, 慣性モーメントを J, 粘性摩擦係数を c とする. また, $\tau(t)$ はアームに加えるトルク, $\tau_\mathrm{d}(t)$ は粘性摩擦により生じるトルクである.

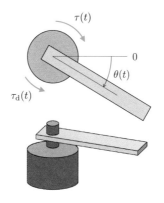

図 2.14　水平面を回転するアーム系

問題 2.6　図 2.15 に示すマス・ばね・ダンパ系において，$u(t) = f(t)$, $y(t) = z(t)$ とする．$u(s)$ から $y(s)$ への伝達関数 $P(s)$ を求めよ．ただし，台車の質量を M，ばね係数を k，ダンパ係数を c_1，粘性摩擦係数を c_2 とする．また，$f(t)$ は入力，$f_k(t)$, $f_{d1}(t)$, $f_{d2}(t)$ はそれぞればね，ダンパ，粘性摩擦により生じる力である．

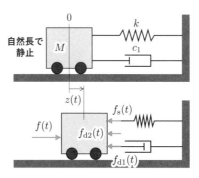

図 2.15　マス・ばね・ダンパ系

以上の例や問題で示した制御対象の微分方程式は線形であったため，制御対象を伝達関数で表現することができた．しかしながら，一般に，制御対象の微分方程式は非線形となる．ここでは，非線形な制御対象として，次の例に示す鉛直面を回転するアーム系を考える．

例 2.4　鉛直面を回転するアーム系
図 2.16 において，アームの基準位置 (アームがぶら下がった状態) からの角度を $\theta(t)$，アームに加えるトルクを $\tau(t)$，アームの質量を M，アームの軸から重心位置までの長さを ℓ，軸まわりの慣性モーメントを J，軸の粘性摩擦係数を c とする．

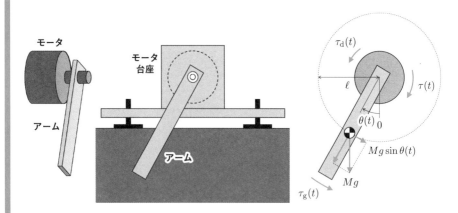

図 2.16　鉛直面を回転するアーム系

非線形微分方程式

図 2.16 に示すように，重力 Mg のアームに垂直な成分は $Mg\sin\theta(t)$ であるから，アームにかかる重力トルクは $Mg\sin\theta(t)\cdot\ell$ である．したがって，鉛直面を回転するアーム系の数学モデルは次式のようになる．

$$J\ddot{\theta}(t) = \underbrace{\tau(t) - \tau_{\mathrm{d}}(t) - Mg\ell\sin\theta(t)}_{T(t)}, \quad \tau_{\mathrm{d}}(t) = c\dot{\theta}(t) \tag{2.38}$$

(2.38) 式の $J\ddot{\theta}(t)$ は慣性項，$Mg\ell\sin\theta(t)$ は重力項，$c\dot{\theta}(t)$ は摩擦項である．ここで，入力を $u(t) = \tau(t)$，出力を $y(t) = \theta(t)$ とすると，(2.38) 式より非線形微分方程式

$$J\ddot{y}(t) = -c\dot{y}(t) - Mg\ell\sin y(t) + u(t) \tag{2.39}$$

が得られる．

線形化された微分方程式

鉛直面を回転するアーム系の数学モデルである (2.39) 式は非線形項 $\sin y(t)$ を含むため，このままでは伝達関数で表現することができず，制御系解析/設計が困難である．そこで，$y(t) = y_{\mathrm{e}}$ の近傍でふるまうと仮定し，非線形微分方程式 (2.39) 式を近似的に**線形化**する．

$y(t) = y_{\mathrm{e}}$ でアームが静止しているときの操作量 u_{e} は，(2.39) 式において $y(t) = y_{\mathrm{e}}$，$\dot{y}(t) = 0$，$\ddot{y}(t) = 0$，$u(t) = u_{\mathrm{e}}$ とすることで

$$u_{\mathrm{e}} = Mg\ell\sin y_{\mathrm{e}} \tag{2.40}$$

のように求められる．このように動的システムの動きが落ち着くような点 $(y_{\mathrm{e}}, u_{\mathrm{e}})$ を**平衡点**と呼ぶ．

ここで，図 2.17 に示すように，非線形関数 (曲線) $Y = f(X)$ を $(a, f(a))$ における接線 (直線) で近似すると，

$$Y = f(X) \simeq f(a) + f'(a)(X - a) \tag{2.41}$$

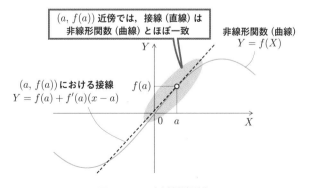

図 2.17　1 次近似線形化

となる．このような近似を $X = a$ の近傍での 1 次近似線形化という．(2.41) 式を利用すると，正弦波関数 $f(X) = \sin X$ は $X = a$ の近傍で

$$f(X) = \sin X \simeq \sin a + (\cos a)(X - a) \tag{2.42}$$

となるので，$\sin y(t)$ は $y(t) = y_{\mathrm{e}}$ の近傍で

$$\sin y(t) \simeq \sin y_{\mathrm{e}} + (\cos y_{\mathrm{e}})(y(t) - y_{\mathrm{e}}) \tag{2.43}$$

のように近似できる．したがって，$\tilde{y}(t) = y(t) - y_{\mathrm{e}}$，$\tilde{u}(t) = u(t) - u_{\mathrm{e}}$ とおくと，(2.39) 式は次式のように近似的に線形化される．

$$\begin{aligned}
J\ddot{\tilde{y}}(t) = J\ddot{y}(t) &= -c\dot{y}(t) - Mg\ell \sin y(t) + u(t) \\
&\simeq -c\dot{\tilde{y}}(t) - Mg\ell\big(\sin y_{\mathrm{e}} + \cos y_{\mathrm{e}} \cdot \tilde{y}(t)\big) + \tilde{u}(t) + u_{\mathrm{e}} \\
&= -c\dot{\tilde{y}}(t) - Mg\ell \cos y_{\mathrm{e}} \cdot \tilde{y}(t) + \tilde{u}(t)
\end{aligned} \tag{2.44}$$

伝達関数表現

　(2.44) 式の両辺をラプラス変換すると，$\tilde{u}(s) = \mathcal{L}\big[\tilde{u}(t)\big]$ から $\tilde{y}(s) = \mathcal{L}\big[\tilde{y}(t)\big]$ までの伝達関数 $P(s)$ が近似的に

$$\tilde{y}(s) \simeq P(s)\tilde{u}(s), \quad P(s) = \frac{1}{Js^2 + cs + Mg\ell \cos y_{\mathrm{e}}} \tag{2.45}$$

のように求められる．特に，$y_{\mathrm{e}} = 0$ とすると，$u(s) = \mathcal{L}\big[u(t)\big]$ から $y(s) = \mathcal{L}\big[y(t)\big]$ までの伝達関数 $P(s)$ は次式となる．

$$y(s) \simeq P(s)u(s), \quad P(s) = \frac{1}{Js^2 + cs + Mg\ell} \tag{2.46}$$

2.5　機械系のモデル (ラグランジュの運動方程式による導出)

　単純な構造の機械系は，力のつり合いによってその微分方程式を容易に導出することができるが，機械系が多関節ロボットなどのように複雑な構造であるとき，微分方程式の導出は困難である．このような場合，**ラグランジュの運動方程式**が用いられることが多い．

　ラグランジュの運動方程式では，まず，表 2.1 にしたがって**運動エネルギー** $\mathcal{K}(t)$，**位置エネルギー** $\mathcal{U}(t)$ および**散逸エネルギー** $\mathcal{D}(t)$ を求め，**ラグランジアン** $\mathcal{L}(t) := \mathcal{K}(t) - \mathcal{U}(t)$ を計算する．そして，

ラグランジュの運動方程式

$$\frac{\mathrm{d}}{\mathrm{d}t}\left(\frac{\partial \mathcal{L}(t)}{\partial \dot{q}_i(t)}\right) - \frac{\partial \mathcal{L}(t)}{\partial q_i(t)} + \frac{\partial \mathcal{D}(t)}{\partial \dot{q}_i(t)} = \nu_i(t) \quad (i = 1, 2, \ldots, p) \tag{2.47}$$

によりシステムの微分方程式を求める．ここで，

表 2.1 機械系のエネルギー

エネルギー	直線運動	回転運動
運動エネルギー	$\dfrac{1}{2}M\dot{z}(t)^2$	$\dfrac{1}{2}J\dot{\theta}(t)^2$
ばねによる位置エネルギー	$\dfrac{1}{2}kz(t)^2$	$\dfrac{1}{2}k\theta(t)^2$
重力による位置エネルギー	$Mgh(t)$ ($h(t)$：高さ)	—
ダンパもしくは粘性摩擦による散逸エネルギー	$\dfrac{1}{2}c\dot{z}(t)^2$	$\dfrac{1}{2}c\dot{\theta}(t)^2$

$$\boldsymbol{q}(t) = \begin{bmatrix} q_1(t) & q_2(t) & \cdots & q_p(t) \end{bmatrix}^\top, \quad \boldsymbol{\nu}(t) = \begin{bmatrix} \nu_1(t) & \nu_2(t) & \cdots & \nu_p(t) \end{bmatrix}^\top$$

をそれぞれ**一般化座標**，**一般化力**と呼ぶ．一般化座標は p 個の各質点における位置や角度であり，一般化力は各質点に加える力やトルクである．

例 2.5　鉛直面を回転するアーム系

例 2.4 (p. 16) で示した鉛直面を回転するアーム系における非線形微分方程式 (2.38) 式をラグランジュの運動方程式により導出しよう．**図 2.16** において，軸を原点としたアームの重心座標は $(p_x(t), p_y(t)) = (-\ell \sin\theta(t), -\ell \cos\theta(t))$ であるから，運動エネルギー $\mathcal{K}(t)$，位置エネルギー $\mathcal{U}(t)$，散逸エネルギー $\mathcal{D}(t)$ は**表 2.1** よりそれぞれ次式のようになる．

$$\mathcal{K}(t) = \frac{1}{2}M\dot{p}_x(t)^2 + \frac{1}{2}M\dot{p}_y(t)^2 + \frac{1}{2}J_{\mathrm{g}}\dot{\theta}(t)^2 = \frac{1}{2}J\dot{\theta}(t)^2 \tag{2.48}$$

$$\mathcal{U}(t) = Mgp_y(t) = -Mg\ell\cos\theta(t), \quad \mathcal{D}(t) = \frac{1}{2}c\dot{\theta}(t)^2 \tag{2.49}$$

ここで，J_{g} はアームの重心まわりの慣性モーメント，$J = J_{\mathrm{g}} + m\ell^2$ はアームの軸まわりの慣性モーメントである．鉛直面を回転するアーム系の質点はアームのみであるから，一般化座標を $q(t) = \theta(t)$，一般化力を $\nu(t) = \tau(t)$ としてラグランジュの運動方程式 (2.47) 式を利用すると，(2.38) 式に相当する次式の非線形微分方程式が得られる．

$$J\ddot{\theta}(t) + c\dot{\theta}(t) + Mg\ell\sin\theta(t) = \tau(t) \tag{2.50}$$

問題 2.7 図 2.13 に示した台車系において，$q(t) = z(t)$，$\nu(t) = f(t)$ とする．ラグランジュの運動方程式 (2.47) 式により線形微分方程式 (2.36) 式を導出せよ．

2.6　モデルの標準形

2.6.1　システムの類似性

本書で取り上げたのは電気系，機械系のみであるが，ほかにも熱系，電磁気系，水位系など様々なシステムがある．これらは一見，まったく異なるシステムであるよう

に見えるが，なかには似通ったふるまいをするものがある．たとえば，**例 2.1** (p. 11)
で説明した RL 回路，**問題 2.4** (p. 15) で説明した台車系の伝達関数は

$$\text{RL回路}\quad P(s) = \frac{1}{Ls + R} \qquad \text{台車系}\quad P(s) = \frac{1}{Ms + c}$$

であり，伝達関数が同じ形式となっているため，システムのふるまいは似通ったもの
となる．そこで，制御工学では，電気系，機械系などといったシステムの違いを意識
せずに 1 次遅れ系，2 次遅れ系といった標準モデルで動的システムをとらえ，制御系
解析/設計の議論を行う．

2.6.2　1 次遅れ系

1 次遅れ要素[†5] と呼ばれる伝達関数の標準形は

1 次遅れ要素の標準形

$$P(s) = \frac{K}{1 + Ts} \tag{2.51}$$

であり，**時定数** T，**ゲイン** K と呼ばれる二つのパラメータでその特性が表現される．
T は速応性に関するパラメータ，K は定常特性に関するパラメータである．また，伝
達関数 $P(s)$ が 1 次遅れ要素であるようなシステム $y(s) = P(s)u(s)$ を **1 次遅れ系**と
いう[†6]．

　本書で示した例では，RL 回路 (**例 2.1** (p. 11))，RC 回路 (**問題 2.3** (2) (p. 12))，
台車系 (**問題 2.4** (p. 15)) が 1 次遅れ系となる．

> 例 2.6　**RL 回路の伝達関数**
> 例 2.1 で示した RL 回路の伝達関数
>
> $$P(s) = \frac{1}{Ls + R} = \frac{\dfrac{1}{R}}{1 + \dfrac{L}{R}s}$$
>
> を 1 次遅れ要素の標準形 (2.51) 式で表すと，$T = L/R,\ K = 1/R$ となる．

> **問題 2.8**　問題 2.4 (p. 15) で導出された台車の伝達関数 $P(s) = 1/(Ms + c)$ を，1 次遅れ要素
> の標準形 (2.51) 式で表したときの T, K を求めよ．

[†5]　「遅れ」というのは正弦波入力を加えたとき，入力よりも出力の正弦波の位相が遅れていることを意味す
　　る．このことについては**第 6 章** (p. 110) を参照するとよい．

[†6]　1 次遅れ系については **3.3.1 項** (p. 43) で詳しく説明する．

2.6.3 2次遅れ系

2次遅れ要素と呼ばれる伝達関数の標準形は

2次遅れ要素の標準形

$$P(s) = \frac{K\omega_{\mathrm{n}}^2}{s^2 + 2\zeta\omega_{\mathrm{n}}s + \omega_{\mathrm{n}}^2} \quad (\omega_{\mathrm{n}} > 0) \tag{2.52}$$

であり，**減衰係数** ζ，**固有角周波数** $\omega_{\mathrm{n}} > 0$，ゲイン K という三つのパラメータでその特性が表現される．ζ は安定度に関するパラメータ，ω_{n} は速応性に関するパラメータ，K は定常特性に関するパラメータである．また，伝達関数 $P(s)$ が2次遅れ要素であるようなシステム $y(s) = P(s)u(s)$ を**2次遅れ系**という[†7].

本書で示した例では，RLC回路 (**例 2.2** (p. 11)，**問題 2.2** (p. 12))，マス・ばね・ダンパ系 (**問題 2.6** (p. 16))，鉛直面を回転するアーム系 (**例 2.4** (p. 16)) が2次遅れ系となる．

例 2.7　鉛直面を回転するアーム系の伝達関数

例 2.4 で示した鉛直面を回転するアーム系の伝達関数 $P(s)$ は，$\theta(t) = 0$ 近傍で

$$P(s) = \frac{1}{Js^2 + cs + Mg\ell} = \frac{\dfrac{1}{J}}{s^2 + \dfrac{c}{J}s + \dfrac{Mg\ell}{J}}$$

であるから，2次遅れ要素の標準形 (2.52) 式で表すと，係数パラメータは

$$\omega_{\mathrm{n}} = \sqrt{\frac{Mg\ell}{J}}, \quad \zeta = \frac{c}{2\sqrt{JMg\ell}}, \quad K = \frac{1}{Mg\ell}$$

となる．

問題 2.9　例 2.2 で導出されたRLC回路の伝達関数 (2.24) 式を，2次遅れ要素の標準形 (2.52) 式で表したときの $\omega_{\mathrm{n}}, \zeta, K$ を求めよ．

2.6.4 その他の基本要素

伝達関数のその他の基本要素には以下のようなものがある．

その他の基本要素の標準形

比例要素 $\qquad P(s) = K \tag{2.53}$

微分要素 $\qquad P(s) = Ks \tag{2.54}$

積分要素 $\qquad P(s) = \dfrac{K}{s} \tag{2.55}$

[†7] 2次遅れ系については **3.3.2項** (p. 46) で詳しく説明する．

$$1 次進み要素 \quad P(s) = 1 + Ts \tag{2.56}$$

$$位相進み要素 \quad P(s) = \alpha \frac{1 + Ts}{1 + \alpha Ts} \quad (0 < \alpha < 1) \tag{2.57}$$

$$位相遅れ要素 \quad P(s) = \frac{1 + Ts}{1 + \alpha Ts} \quad (\alpha > 1) \tag{2.58}$$

$$むだ時間要素 \quad P(s) = e^{-Ls} \quad (L > 0) \tag{2.59}$$

以下では,「プロセス制御」や「ネットワークを介した遠隔制御」などで重要となる「**むだ時間要素**」という特殊な伝達関数について説明する.

例 2.8　むだ時間要素

図 2.18 に示すシステムを考える.このシステムは,パイプに注ぐ水量を $u(t)$ [m³/s],パイプから流れ出る水量を $y(t)$ [m³/s] とすると,$y(t)$ は $u(t)$ よりも $L = \ell/v$ [s] 遅れている.したがって,むだ時間要素のシステムは

$$y(t) = u(t - L) \quad (L > 0) \tag{2.60}$$

とかける.ただし,$0 < t < L$ で $y(t) = u(t - L) = 0$ である.$T = t - L$ とおき,(2.60) 式の両辺をラプラス変換すると,

$$y(s) = \mathcal{L}\big[u(t - L)\big] = \int_0^\infty u(\tau - L) e^{-s\tau} \mathrm{d}\tau = \int_L^\infty u(\tau - L) e^{-s\tau} \mathrm{d}\tau$$

$$= \int_0^\infty u(T) e^{-s(T+L)} \mathrm{d}T = e^{-Ls} \int_0^\infty u(T) e^{-sT} \mathrm{d}T = e^{-Ls} u(s) \tag{2.61}$$

となるから,伝達関数 $P(s) := y(s)/u(s)$ はむだ時間要素 (2.59) 式となる.

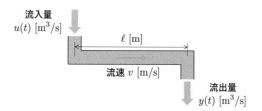

図 2.18　パイプに流れる水量

2.7　MATLAB を利用した演習

2.7.1　伝達関数表現 (tf, zpk, tfdata)

MATLAB[†8] では関数 tf や zpk を用いることによって,モデルを伝達関数で表すことができる.たとえば,伝達関数

---

†8　MATLAB の基本的な使用方法については**付録 A** を参照すること.

$$P(s) = \frac{4s + 8}{s^3 + 2s^2 - 15s} = \frac{4(s + 2)}{s(s - 3)(s + 5)} \tag{2.62}$$

を表現するには，関数 tf, zpk を利用してコマンドウィンドウで

関数 tf の使用例 1

```
>> numP = [4 8]; ↵ ················· 伝達関数 P(s) の分子 N(s) = 4s + 8
>> denP = [1 2 -15 0]; ↵ ··········· 伝達関数 P(s) の分母 D(s) = s^3 + s^2 - 15s
>> sysP = tf(numP,denP) ↵ ··········· 伝達関数 P(s) = N(s)/D(s)

sysP =

     4 s + 8
  ------------------
  s^3 + 2 s^2 - 15 s

連続時間の伝達関数です。
```

関数 tf の使用例 2

```
>> s = tf('s'); ↵ ··················· ラプラス演算子 s の定義
>> sysP = (4*s + 8)/(s^3 + 2*s^2 - 15*s) ↵
                                      伝達関数 P(s) = (4s + 8)/(s^3 + 2s^2 - 15s)
sysP =

     4 s + 8
  ------------------
  s^3 + 2 s^2 - 15 s

連続時間の伝達関数です。
```

関数 zpk の使用例

```
>> z = [-2]; p = [-5 0 3]; ↵ ········ 伝達関数 P(s) の零点 -2, 極 -5, 0, 3
>> K = 4; ↵ ························· 伝達関数 P(s) のゲイン 4
>> sysP = zpk(z,p,K) ↵
                                      伝達関数 P(s) = 4(s + 2)/(s(s - 3)(s + 5))
sysP =

     4 (s+2)
  -------------
  s (s+5) (s-3)

連続時間零点/極/ゲイン モデルです。
```

のように入力すればよいし，関数 tf, zpk で定義されたモデルは以下のように，互いに変換可能である.

tf, zpk で定義されたモデルの変換

```
>> sysP1 = tf([4 8],[1 2 -15 0]); ↵ ·········· P(s) を tf により定義
>> sysP2 = zpk(sysP1) ↵ ················· tf で定義した P(s) を zpk での表現に変換

sysP2 =

     4 (s+2)
  -------------
  s (s+5) (s-3)

連続時間零点/極/ゲイン モデルです。

>> sysP3 = tf(sysP2) ↵ ················· zpk で定義した P(s) を tf での表現に変換
```

```
sysP3 =

     4 s + 8
  ------------------
  s^3 + 2 s^2 - 15 s
```
連続時間の伝達関数です。

　逆に，伝達関数 $P(s) = N(s)/D(s)$ が与えられているとき，その分子 $N(s)$，分母 $D(s)$ は以下のようにして得られる．

関数 tfdata の使用例

```
>> sysP = tf([4 8],[1 2 -15 0])  ↵          ............ 伝達関数 P(s) = (4s+8)/(s^3+2s^2-15s)
sysP =

     4 s + 8
  ------------------
  s^3 + 2 s^2 - 15 s

連続時間の伝達関数です。

>> [numP,denP] = tfdata(sysP,'v')  ↵      ........ 伝達関数 P(s) の分子 N(s)，分母 D(s) の抽出
numP =
     0    0    4    8               ........ N(s) = 4s + 8
denP =
     1    2   -15    0              ........ D(s) = s^3 + 2s^2 - 15s
```

2.7.2　極と零点 (pole, zero, zpkdata, roots)

　MATLAB では関数 pole, zero, zpkdata や roots を用いることによって，伝達関数の極や零点を求めることができる．たとえば伝達関数

$$P(s) = \frac{N(s)}{D(s)} = \frac{4s+5}{s^2+2s+5} \tag{2.63}$$

の極，零点やゲインを得るためには以下のように入力すればよい．

関数 pole, zero, zpkdata の使用例

```
>> sysP = tf([4 5],[1 2 5]);  ↵       ..................... P(s)
>> pole(sysP)  ↵                      ..................... P(s) の極
ans =
  -1.0000 + 2.0000i
  -1.0000 - 2.0000i
>> zero(sysP)  ↵                      ..................... P(s) の零点
ans =
  -1.2500
>> [z p K] = zpkdata(sysP,'v')  ↵    ......... P(s) の極，零点，ゲイン

z =                                  ..................... P(s) の零点
  -1.2500
p =                                  ..................... P(s) の極
  -1.0000 + 2.0000i
  -1.0000 - 2.0000i
K =                                  ..................... P(s) のゲイン
    4
```

関数 roots の使用例

```
>> numP = [4 5];              N(s)
>> denP = [1 2 5];            D(s)
>> roots(denP)
ans =                         D(s) = 0 の解 (P(s) の極)
  -1.0000 + 2.0000i
  -1.0000 - 2.0000i
>> roots(numP)
ans =                         N(s) = 0 の解 (P(s) の零点)
  -1.2500
```

問題 2.10 伝達関数

$$P(s) = \frac{s^2 + 2s + 3}{4s^4 + 5s^3 + s^2 + s + 5}$$

を MATLAB で定義し，極，零点を求めよ．

2.7.3 応用例：鉛直面を回転するアーム系のモデル

ここでは，MATLAB を利用して例 2.4 (p. 16) で示した鉛直面を回転するアーム系の $y(t) = \theta(t) = y_e$ 近傍における伝達関数 (2.45) 式を計算する．なお，本書で用いる鉛直面を回転するアーム系の物理パラメータの値は表 2.2 に示すとおりである．

表 2.2 鉛直面を回転するアーム系の物理パラメータ

パラメータ	ℓ [m]	M [kg]	J [kg·m^2]	c [kg·m^2/s]	g [m/s^2]
値	0.204	0.390	0.0712	0.695	9.81

まず，鉛直面を回転するアーム系の物理パラメータを設定する M ファイル

M ファイル "arm_para.m"
```
01  l = 0.204;          アームの軸から重心までの長さ l
02  M = 0.390;          アームの質量 M
03  J = 0.0712;         慣性モーメント J
04  c = 0.695;          軸の粘性摩擦係数 c
05  g = 9.81;           重力加速度 g
```

を作成し，適当なフォルダに保存する．M ファイルの作成については**付録 A.4** を参照されたい．

つぎに，制御量 $y(t) = \theta(t)$ の平衡点 y_e をキーボードから入力し，伝達関数 $P(s)$ を (2.45) 式にしたがって計算する M ファイル

M ファイル "arm_trans.m"
```
01  disp('アーム角度の平衡点を入力して下さい');   コマンドウィンドウへの表示
02  ye = input('ye = ');          y(t) の平衡点 ye をコマンドウィンドウで入力
03  ue = M*l*g*sin(ye)            u(t) の平衡点 ue
04
05  numP = 1;                     伝達関数 P(s) の分子多項式
06  denP = [J c M*l*g*cos(ye)];   伝達関数 P(s) の分母多項式
07  sysP = zpk(tf(numP,denP))     伝達関数 P(s) の定義
08  pole(sysP)                    伝達関数 P(s) の極
```

を作成し，"arm_para.m" と同じフォルダに保存する．カレントディレクトリを M ファイルが保存されているフォルダに移動し（**付録 A.1** を参照），"arm_para.m" を実行して鉛直面を回転するアーム系のパラメータを設定した後，"arm_trans.m" を実行して y_e を入力すると，

M ファイル "arm_trans.m" の実行結果

```
>> arm_para ↵      ………… "arm_para.m" の実行
>> arm_trans ↵     ……… "arm_trans.m" の実行
アーム角度の平衡点を入力して下さい
ye = 0 ↵    …… キーボードから 0 (y_e = 0) を入力
ue =                          …………………… u_e
    0

sysP =              ……………………… 伝達関数 P(s)

       14.045
    -------------------
    (s+8.467) (s+1.295)

連続時間零点/極/ゲイン モデルです。

ans =              ………… 伝達関数 P(s) の極
   -8.4665
   -1.2947
```

```
>> arm_trans ↵     ………… "arm_trans.m" の実行
アーム角度の平衡点を入力して下さい
ye = 4*pi/3 ↵   …… 4*pi/3 (y_e = 4π/3) を入力
ue =                          …………………… u_e
   -0.6759

sysP =              ……………………… 伝達関数 P(s)

        14.045
    -------------------
    (s+10.29) (s-0.5325)

連続時間零点/極/ゲイン モデルです。

ans =              ………… 伝達関数 P(s) の極
  -10.2937
    0.5325
```

のように u_e および伝達関数 $P(s)$ が計算され，また，関数 pole を利用することによって $P(s)$ の極が求められる．なお，"pi" は MATLAB では円周率 π を表す．

問題 2.11 例 2.2 (p. 11) で示した**図 2.8** の RLC 回路における物理定数を $R = 290\,[\Omega]$, $C = 1\,[\mu\mathrm{F}]$, $L = 100\,[\mathrm{mH}]$ とする．$u(t) = v_{\mathrm{in}}(t)$, $y(t) = v_{\mathrm{out}}(t)$ としたときの伝達関数 $P(s)$ を MATLAB により計算し，その極を求めよ．

第3章 システムの過渡特性と定常特性

システムのふるまいを調べる代表的な方法は，システムに単位インパルス信号や単位ステップ信号などの基本信号を加え，システムの出力 (時間応答) を調べるというものである．本章では，まず，ラプラス変換を利用することによって基本信号を加えたときのシステムの時間応答を計算する方法について説明する．また，システムの時間応答が落ち着くまでの特性 (過渡特性) および落ち着いた後の特性 (定常特性) について説明する．最後に，システムの安定性や過渡特性と極，零点の関係について述べる．

3.1 ラプラス変換を利用した時間応答の計算

3.1.1 基本応答

動的システムの入出力特性を把握するために，入力 $u(t)$ として単位インパルス関数，単位ステップ関数，単位ランプ関数と呼ばれる信号を加え，そのときの出力 $y(t)$ を調べることが多い．以下に，これら信号と時間応答について説明する．

■ インパルス応答

図 3.1 に示すインパルス関数

$$\delta_\varepsilon(t) := \begin{cases} \dfrac{1}{\varepsilon} & (0 \leq t \leq \varepsilon) \\ 0 & (t < 0,\ \varepsilon < t) \end{cases} \tag{3.1}$$

において $\varepsilon \to 0$ とした極限

$$\delta(t) = \lim_{\varepsilon \to 0} \delta_\varepsilon(t)$$

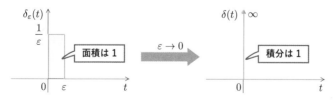

図 3.1　インパルス関数 $\delta_\varepsilon(t)$ と単位インパルス関数 $\delta(t)$

を**単位インパルス関数 (デルタ関数)** という．この単位インパルス関数 $\delta(t)$ をシステムの入力 $u(t)$ としたときの出力 $y(t)$ を**インパルス応答**という (図 3.2).

単位インパルス関数 (デルタ関数) $\delta(t)$ とインパルス応答

$$\delta(t) := \begin{cases} \infty & (t = 0) \\ 0 & (t \neq 0) \end{cases}, \quad \int_{-\infty}^{\infty} \delta(\tau)\mathrm{d}\tau = 1 \tag{3.2}$$

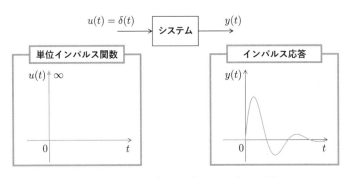

図 3.2　単位インパルス関数とインパルス応答

■ 単位ステップ応答

　システムの入力 $u(t)$ として次式で定義される**単位ステップ関数** $u_\mathrm{s}(t)$ を用いたとき，出力 $y(t)$ を**単位ステップ応答 (インディシャル応答)** という (図 3.3).

単位ステップ関数 $u_\mathrm{s}(t)$ と単位ステップ応答

$$u_\mathrm{s}(t) := \begin{cases} 0 & (t < 0) \\ 1 & (t \geq 0) \end{cases} \tag{3.3}$$

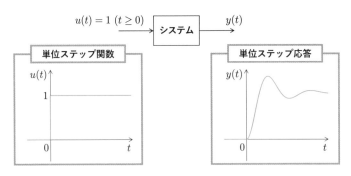

図 3.3　単位ステップ関数と単位ステップ応答

以下では，必要に応じて**単位ステップ関数 $u_\mathrm{s}(t)$ を単に 1 $(t \geq 0)$ と記述する**．また，大きさが1とは限らない $u(t) = k$ $(t \geq 0)$ を加えたときの $y(t)$ をステップ応答という．

■ 単位ランプ応答

システムの入力 $u(t)$ として次式で定義される**単位ランプ関数** $tu_\mathrm{s}(t)$ を用いたとき，出力 $y(t)$ を**単位ランプ応答**という (図 3.4).

単位ランプ関数 $tu_\mathrm{s}(t)$ と単位ランプ応答

$$tu_\mathrm{s}(t) = \begin{cases} 0 & (t < 0) \\ t & (t \geq 0) \end{cases} \tag{3.4}$$

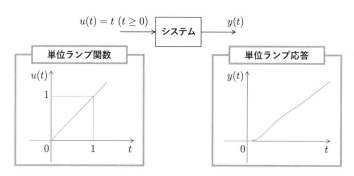

図 3.4　単位ランプ関数と単位ランプ応答

以下では，必要に応じて**単位ランプ関数** $tu_\mathrm{s}(t)$ **を単に** t $(t \geq 0)$ **と記述する**．また，傾きが 1 とは限らない $u(t) = kt$ $(t \geq 0)$ を加えたときの $y(t)$ を**ランプ応答**という．

3.1.2　基本関数のラプラス変換

ラプラス変換の定義式 (2.2) 式 (p. 8) にしたがって，いくつかの基本関数 $f(t)$ のラプラス変換 $f(s) = \mathcal{L}\big[f(t)\big]$ を導出した例を以下に示す．

例 3.1　**単位ステップ関数** $f(t) = 1$ $(t \geq 0)$ **のラプラス変換**
(2.2) 式により単位ステップ関数 $f(t) = 1$ $(t \geq 0)$ のラプラス変換を求めると，

$$\mathcal{L}\big[1\big] = \int_0^\infty 1 \cdot e^{-s\tau}\mathrm{d}\tau = \int_0^\infty e^{-s\tau}\mathrm{d}\tau = \left[-\frac{1}{s}e^{-s\tau}\right]_0^\infty = \frac{1}{s} \quad (\mathrm{Re}[s] > 0) \tag{3.5}$$

のようになる．

例 3.2　**指数関数** $f(t) = e^{-at}$ $(t \geq 0)$ **のラプラス変換**
(2.2) 式により指数関数 $f(t) = e^{-at}$ $(t \geq 0)$ のラプラス変換を求めると，

$$\mathcal{L}\big[e^{-at}\big] = \int_0^\infty e^{-a\tau}e^{-s\tau}\mathrm{d}\tau = \int_0^\infty e^{-(s+a)\tau}\mathrm{d}\tau = \frac{1}{s+a} \quad (\mathrm{Re}[s+a] > 0) \tag{3.6}$$

のようになる．ただし，a は実数に限定しておらず，複素数であるとする．

例 3.3　単位ランプ関数 $f(t) = t\ (t \geq 0)$ のラプラス変換

(2.2) 式により単位ランプ関数 $f(t) = t\ (t \geq 0)$ をラプラス変換を求める．部分積分の公式[†1]，ロピタルの定理[†2] および単位ステップ関数のラプラス変換 (3.5) 式より

$$
\begin{aligned}
\mathcal{L}[t] &= \int_0^\infty \tau e^{-s\tau} \mathrm{d}\tau = \int_0^\infty \tau \left\{ \frac{\mathrm{d}}{\mathrm{d}\tau}\left(-\frac{1}{s} e^{-s\tau} \right) \right\} \mathrm{d}\tau \\
&= \left[\tau \left(-\frac{1}{s} e^{-s\tau} \right) \right]_0^\infty - \int_0^\infty 1\left(-\frac{1}{s} e^{-s\tau} \right) \mathrm{d}\tau = -\frac{1}{s}\left[\frac{\tau}{e^{s\tau}} \right]_0^\infty + \frac{1}{s} \int_0^\infty e^{-s\tau} \mathrm{d}\tau \\
&= -\frac{1}{s}(0 - 0) + \frac{1}{s}\frac{1}{s} = \frac{1}{s^2} \quad (\mathrm{Re}[s] > 0)
\end{aligned}
\tag{3.7}
$$

のようになる．

例 3.4　単位インパルス関数 $f(t) = \delta(t)$ のラプラス変換

(2.2) 式により (3.1) 式で定義されるインパルス関数 $\delta_\varepsilon(t)$ のラプラス変換を求めると，

$$
\mathcal{L}[\delta_\varepsilon(t)] = \int_0^\infty \delta_\varepsilon(\tau) e^{-s\tau} \mathrm{d}\tau = \int_0^\varepsilon \frac{1}{\varepsilon} e^{-s\tau} \mathrm{d}\tau = \frac{1 - e^{-\varepsilon s}}{\varepsilon s}
\tag{3.8}
$$

となる．したがって，(3.2) 式で定義される単位インパルス関数 $f(t) = \delta(t)$ のラプラス変換は，ロピタルの定理より次式のようになる．

$$
\mathcal{L}[\delta(t)] = \lim_{\varepsilon \to 0} \mathcal{L}[\delta_\varepsilon(t)] = \lim_{\varepsilon \to 0} \frac{1 - e^{-\varepsilon s}}{\varepsilon s} = 1 \quad (\mathrm{Re}[s] > 0)
\tag{3.9}
$$

例 3.5　余弦関数 $f(t) = \cos \omega t\ (t \geq 0)$ のラプラス変換

余弦関数 $f(t) = \cos \omega t\ (t \geq 0)$ のラプラス変換を求めるためには，

オイラーの公式

$$
\begin{cases}
e^{j\theta} = \cos\theta + j\sin\theta \\
e^{-j\theta} = \cos\theta - j\sin\theta
\end{cases}
\iff
\begin{cases}
\cos\theta = \dfrac{e^{j\theta} + e^{-j\theta}}{2} \\
\sin\theta = \dfrac{e^{j\theta} - e^{-j\theta}}{2j}
\end{cases}
\tag{3.10}
$$

および指数関数のラプラス変換 (3.6) 式を利用すればよい．その結果，

$$
\begin{aligned}
\mathcal{L}[\cos\omega t] &= \mathcal{L}\left[\frac{e^{j\omega t} + e^{-j\omega t}}{2} \right] = \frac{1}{2}\left(\mathcal{L}[e^{-(-j\omega)t}] + \mathcal{L}[e^{-j\omega t}] \right) \\
&= \frac{1}{2}\left(\frac{1}{s - j\omega} + \frac{1}{s + j\omega} \right) = \frac{s}{s^2 + \omega^2} \quad (\mathrm{Re}[s] > 0)
\end{aligned}
\tag{3.11}
$$

のようになる．

[†1] $\displaystyle \int_a^b f_1(x) f_2'(x) \mathrm{d}x = \left[f_1(x) f_2(x) \right]_a^b - \int_a^b f_1'(x) f_2(x) \mathrm{d}x$

[†2] $\displaystyle \lim_{x \to c} \frac{g(x)}{f(x)}$ が不定形であり，$\displaystyle \lim_{x \to c} \frac{g'(x)}{f'(x)} = a$ のように収束するとき，$\displaystyle \lim_{x \to c} \frac{g(x)}{f(x)} = \lim_{x \to c} \frac{g'(x)}{f'(x)} = a$ が成り立つ．

　以上の議論では，ラプラス変換が存在する s の範囲についても説明したが，実用上，この範囲を意識する必要はない．

　このように，ラプラス変換の定義にしたがって信号 $f(t)$ $(t \geq 0)$ のラプラス変換 $f(s) = \mathcal{L}[f(t)]$ を求めるのは面倒であるので，通常，表 3.1 に示すラプラス変換表を利用する．

表 3.1 　ラプラス変換表

$f(t)$ $(t \geq 0)$	$f(s) = \mathcal{L}[f(t)]$	$f(t)$ $(t \geq 0)$	$f(s) = \mathcal{L}[f(t)]$
$\delta(t)$ (デルタ関数)	1	1 (単位ステップ関数)	$\dfrac{1}{s}$
t (単位ランプ関数)	$\dfrac{1}{s^2}$	$\dfrac{t^n}{n!}$	$\dfrac{1}{s^{n+1}}$
e^{-at}	$\dfrac{1}{s+a}$	$\dfrac{t^n}{n!}e^{-at}$	$\dfrac{1}{(s+a)^{n+1}}$
$\cos \omega t$	$\dfrac{s}{s^2+\omega^2}$	$\sin \omega t$	$\dfrac{\omega}{s^2+\omega^2}$
$e^{-at}\cos \omega t$	$\dfrac{s+a}{(s+a)^2+\omega^2}$	$e^{-at}\sin \omega t$	$\dfrac{\omega}{(s+a)^2+\omega^2}$

例 3.6 　ラプラス変換表の利用

　信号 $f(t)$ $(t \geq 0)$ が

(1) $f(t) = 1 - 3e^{-2t} + 2e^{-3t}$ 　　(2) $f(t) = e^{-t}\left(\cos 2t - \dfrac{3}{2}\sin 2t\right)$

(3) $f(t) = 2t - 1 + e^{-2t}$

のように与えられたとき，そのラプラス変換 $f(s) = \mathcal{L}[f(t)]$ を求めてみよう．

(1) ラプラス変換表を利用すると，$f(s)$ が次式のように求められる．

$$f(s) = \mathcal{L}[1 - 3e^{-2t} + 2e^{-3t}] = \mathcal{L}[1] - 3\mathcal{L}[e^{-2t}] + 2\mathcal{L}[e^{-3t}]$$

$$= \frac{1}{s} - 3 \cdot \frac{1}{s+2} + 2 \cdot \frac{1}{s+3} = \frac{6}{s(s+2)(s+3)} \tag{3.12}$$

(2) ラプラス変換表を利用すると，$f(s)$ が次式のように求められる．

$$f(s) = \mathcal{L}\left[e^{-t}\left(\cos 2t - \frac{3}{2}\sin 2t\right)\right] = \mathcal{L}[e^{-t}\cos 2t] - \frac{3}{2}\mathcal{L}[e^{-t}\sin 2t]$$

$$= \frac{s+1}{(s+1)^2+2^2} - \frac{3}{2} \cdot \frac{2}{(s+1)^2+2^2} = \frac{s-2}{s^2+2s+5} \tag{3.13}$$

(3) ラプラス変換表を利用すると，$f(s)$ が次式のように求められる．

$$f(s) = \mathcal{L}[2t - 1 + e^{-2t}] = 2\mathcal{L}[t] - \mathcal{L}[1] + \mathcal{L}[e^{-2t}]$$

$$= 2 \cdot \frac{1}{s^2} - \frac{1}{s} + \frac{1}{s+2} = \frac{4}{s^2(s+2)} \tag{3.14}$$

問題 3.1　ラプラス変換の定義式 (2.2) 式にしたがって，以下の信号 $f(t)$ $(t \geq 0)$ のラプラス変換を求めよ．

(1) $f(t) = te^{-at}$ 　　 (2) $f(t) = \sin \omega t$

問題 3.2　ラプラス変換表を利用することによって，以下の信号 $f(t)$ $(t \geq 0)$ のラプラス変換 $f(s) = \mathcal{L}\big[f(t)\big]$ を求めよ．ただし，$f(s)$ は通分した結果を示すこと．

(1) $f(t) = 1 - e^{-5t}$ 　　　　　　 (2) $f(t) = e^{-2t} + 2e^t - 3$

(3) $f(t) = 2e^{-t} - 2\cos 2t + \sin 2t$ 　　 (4) $f(t) = 3 + 2t + 2t^2 - 3e^{-2t}$

3.1.3　逆ラプラス変換

信号 $f(t)$ $(t \geq 0)$ のラプラス変換を $f(s) = \mathcal{L}\big[f(t)\big]$ としたとき，その逆変換 ($f(s)$ の**逆ラプラス変換**) を

$$f(t) = \mathcal{L}^{-1}\big[f(s)\big] \quad (t \geq 0)$$

と記述する．制御工学で取り扱う $f(s)$ の逆ラプラス変換 $f(t)$ の多くは，**表 3.1** のラプラス変換表を利用することによって簡単に求めることができる．

例 3.7　逆ラプラス変換の計算

ラプラス変換された信号 $f(s)$ が

(1) $f(s) = \dfrac{1}{s} - \dfrac{3}{s+2} + \dfrac{2}{s+3}$ 　　 (2) $f(s) = \dfrac{s-2}{s^2 + 2s + 5}$

のように与えられたとき，その逆ラプラス変換 $f(t) = \mathcal{L}^{-1}\big[f(s)\big]$ $(t \geq 0)$ を求めてみよう．

(1) ラプラス変換表を利用すると，$f(t)$ が次式のように求められる．

$$\begin{aligned}
f(t) &= \mathcal{L}^{-1}\left[\frac{1}{s} - \frac{3}{s+2} + \frac{2}{s+3}\right] \\
&= \mathcal{L}^{-1}\left[\frac{1}{s}\right] - 3\mathcal{L}^{-1}\left[\frac{1}{s+2}\right] + 2\mathcal{L}^{-1}\left[\frac{1}{s+3}\right] \\
&= 1 - 3e^{-2t} + 2e^{-3t} \quad (t \geq 0)
\end{aligned} \tag{3.15}$$

(2) ラプラス変換表を利用すると，$f(t)$ が次式のように求められる．

$$\begin{aligned}
f(t) &= \mathcal{L}^{-1}\left[\frac{s-2}{s^2 + 2s + 5}\right] = \mathcal{L}^{-1}\left[\frac{s-2}{(s+1)^2 + 2^2}\right] \\
&= \mathcal{L}^{-1}\left[\frac{s+1}{(s+1)^2 + 2^2}\right] - \frac{3}{2}\mathcal{L}^{-1}\left[\frac{2}{(s+1)^2 + 2^2}\right] \\
&= e^{-t}\cos 2t - \frac{3}{2}e^{-t}\sin 2t = e^{-t}\left(\cos 2t - \frac{3}{2}\sin 2t\right) \quad (t \geq 0)
\end{aligned} \tag{3.16}$$

問題 3.3 ラプラス変換された信号 $f(s)$ が以下のように与えられたとき，ラプラス変換表を利用することによって，その逆ラプラス変換 $f(t) = \mathcal{L}^{-1}\big[f(s)\big]$ を求めよ．

(1) $f(s) = \dfrac{1}{s} - \dfrac{1}{s+5}$ (2) $f(s) = \dfrac{3}{s-1} - \dfrac{2}{s+1}$

(3) $f(s) = \dfrac{s+1}{s^2+25}$ (4) $f(s) = \dfrac{2s+5}{s^2+2s+5}$

3.1.4 時間応答の計算

伝達関数で表現されたシステム

$$y(s) = P(s)u(s) \tag{3.17}$$

が与えられたとき，**3.1.1 項** (p. 27) で説明した

- インパルス応答：入力を $u(t) = \delta(t)$ $(u(s) = 1)$ としたときの出力 $y(t)$
- 単位ステップ応答：入力を $u(t) = 1$ $(u(s) = 1/s)$ としたときの出力 $y(t)$
- 単位ランプ応答：入力を $u(t) = t$ $(u(s) = 1/s^2)$ としたときの出力 $y(t)$

といった基本応答 $y(t)$ は，$y(s)$ を逆ラプラス変換することによって

$$\text{インパルス応答} \qquad y(t) = \mathcal{L}^{-1}\big[P(s)\big] \tag{3.18}$$

$$\text{単位ステップ応答} \qquad y(t) = \mathcal{L}^{-1}\left[P(s)\frac{1}{s}\right] \tag{3.19}$$

$$\text{単位ランプ応答} \qquad y(t) = \mathcal{L}^{-1}\left[P(s)\frac{1}{s^2}\right] \tag{3.20}$$

により求めることができる．以下に基本応答を求めた例を示す．

例 3.8　インパルス応答の計算[†3]

システム

$$y(s) = P(s)u(s), \quad P(s) = \frac{1}{s+1} \tag{3.21}$$

のインパルス応答は，**表 3.1** (p. 31) のラプラス変換表を利用すると，(3.18) 式より以下のように計算できる．

$$y(t) = \mathcal{L}^{-1}\big[P(s)\big] = \mathcal{L}^{-1}\left[\frac{1}{s+1}\right] = e^{-t} \quad (t \geq 0) \tag{3.22}$$

図 3.5 にシステム (3.21) 式のインパルス応答 (3.22) 式を描画したものを示す．

[†3] MATLAB を利用したインパルス応答の描き方は **3.5.2 項** (p. 57) で説明する．

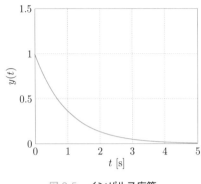

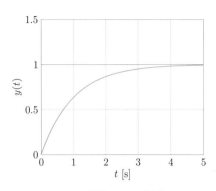

図 3.5　インパルス応答　　　　　　　図 3.6　単位ステップ応答

例 3.9　単位ステップ応答の計算[†4]

システム (3.21) 式の単位ステップ応答は，(3.19) 式より

$$y(s) = P(s)\frac{1}{s} = \frac{1}{s(s+1)} \tag{3.23}$$

を逆ラプラス変換することにより求められる．しかしながら，ラプラス変換表には (3.23) 式に相当する関数は載っていないため，(3.23) 式を

$$y(s) = \frac{1}{s(s+1)} = \frac{k_1}{s} + \frac{k_2}{s+1} \tag{3.24}$$

という形式に**部分分数分解**する．(3.24) 式のように部分分数分解できれば，ラプラス変換表により単位ステップ応答は

$$y(t) = k_1 \mathcal{L}^{-1}\left[\frac{1}{s}\right] + k_2 \mathcal{L}^{-1}\left[\frac{1}{s+1}\right] = k_1 + k_2 e^{-t} \quad (t \geq 0) \tag{3.25}$$

となる．係数 k_1, k_2 を求めるためには，(3.24) 式を通分した

$$\frac{(k_1 + k_2)s + k_1}{s(s+1)} = \frac{1}{s(s+1)} \tag{3.26}$$

という条件から得られる連立 1 次方程式

$$k_1 + k_2 = 0, \quad k_1 = 1 \tag{3.27}$$

を解けばよく，その結果，$k_1 = 1$, $k_2 = -1$ となる．したがって，単位ステップ応答が

$$y(t) = \mathcal{L}^{-1}\left[\frac{1}{s}\right] - \mathcal{L}^{-1}\left[\frac{1}{s+1}\right] = 1 - e^{-t} \quad (t \geq 0) \tag{3.28}$$

と求められる．図 3.6 にシステム (3.21) 式の単位ステップ応答 (3.28) 式を描画したものを示す．

[†4] MATLAB を利用した単位ステップ応答の描き方は **3.5.2 項** (p. 57) で説明する．また，Simulink を利用した単位ステップ応答の描き方は **3.5.5 項** (p. 62) で説明する．

例 3.10　**単位ランプ応答の計算**[†5]

　システム (3.21) 式の単位ランプ応答は，(3.20) 式より

$$y(s) = P(s)\frac{1}{s^2} = \frac{1}{s^2(s+1)} \tag{3.29}$$

を逆ラプラス変換することにより求められる．ラプラス変換表には (3.29) 式に相当する関数は載っていないため，(3.29) 式を

$$y(s) = \frac{1}{s^2(s+1)} = \frac{k_{1,2}}{s^2} + \frac{k_{1,1}}{s} + \frac{k_3}{s+1} \tag{3.30}$$

という形式に部分分数分解する．(3.30) 式のように部分分数分解できれば，ラプラス変換表により単位ステップ応答は

$$y(t) = k_{1,2}\mathcal{L}^{-1}\left[\frac{1}{s^2}\right] + k_{1,1}\mathcal{L}^{-1}\left[\frac{1}{s}\right] + k_3\mathcal{L}^{-1}\left[\frac{1}{s+1}\right]$$
$$= k_{1,2}t + k_{1,1} + k_2e^{-t} \quad (t \geq 0) \tag{3.31}$$

となる．係数 $k_{1,2}$, $k_{1,1}$, k_3 を求めるためには，(3.30) 式を通分した

$$\frac{(k_{1,1}+k_3)s^2 + (k_{1,2}+k_{1,1})s + k_{1,2}}{s^2(s+1)} = \frac{1}{s^2(s+1)} \tag{3.32}$$

という条件から得られる連立 1 次方程式

$$\begin{cases} k_{1,1} + k_3 = 0 \\ k_{1,2} + k_{1,1} = 0 \\ k_{1,2} = 1 \end{cases} \tag{3.33}$$

を解けばよい．(3.33) 式の解は $k_{1,2} = 1$, $k_{1,1} = -1$, $k_3 = 1$ であるから，単位ランプ応答が

$$y(t) = t - 1 + e^{-t} \quad (t \geq 0) \tag{3.34}$$

のように求められる．図 3.7 にシステム (3.21) 式の単位ランプ応答 (3.34) 式を描画したものを示す．

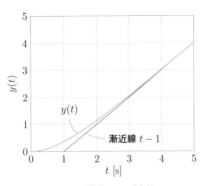

図 3.7　**単位ランプ応答**

[†5]　MATLAB を利用した単位ランプ応答の描き方は **3.5.3 項** (p. 59) で説明する.

3.1.5　部分分数分解とヘビサイドの公式

　例 3.9 や例 3.10 で示したように，通常，システムの時間応答を求めるには部分分数分解を行う必要がある．いま，

$$y(s) = \frac{b_m s^m + b_{m-1} s^{m-1} + \cdots + b_1 s + b_0}{s^n + a_{n-1} s^{n-1} + \cdots + a_1 s + a_0} \quad (n > m) \tag{3.35}$$

が与えられ，その逆ラプラス変換 $y(t) = \mathcal{L}^{-1}\big[y(s)\big]$ を求めることを考える．$y(s)$ は分母を 0 とする解 p_i $(i = 1, 2, \ldots, n)$ を用いると，

$$y(s) = \frac{b_m s^m + b_{m-1} s^{m-1} + \cdots + b_1 s + b_0}{(s - p_1)(s - p_2) \cdots (s - p_n)} \tag{3.36}$$

となる．このとき，$y(s)$ の部分分数分解は以下の形式となる[†6]．

■ p_i $(i = 1, 2, \ldots, n)$ が互いに異なる場合

　(3.36) 式は

$$y(s) = \frac{k_1}{s - p_1} + \frac{k_2}{s - p_2} + \cdots + \frac{k_n}{s - p_n} \tag{3.37}$$

という形式に部分分数分解できる．このとき，$y(s)$ の逆ラプラス変換は

$$y(t) = k_1 e^{p_1 t} + k_2 e^{p_2 t} + \cdots + k_n e^{p_n t} \tag{3.38}$$

となる．例 3.9 で示したように，k_i は恒等式により求めることができるが，計算が面倒である．そこで，

ヘビサイドの公式 (p_i が互いに異なる場合)

$$k_i = (s - p_i) y(s) \big|_{s = p_i} \tag{3.39}$$

を利用することが多い．

▶ 解説

　簡単のため，$p_1 \neq p_2$ であるような

$$y(s) = \frac{b_1 s + b_0}{(s - p_1)(s - p_2)} = \frac{k_1}{s - p_1} + \frac{k_2}{s - p_2} \tag{3.40}$$

を考えてみよう．(3.40) 式に $s - p_1$ をかけると，

$$(s - p_1) y(s) = \frac{b_1 s + b_0}{s - p_2} = k_1 + \frac{k_2 (s - p_1)}{s - p_2} \tag{3.41}$$

となる．したがって，(3.41) 式において $s = p_1$ とすれば，k_1 が

[†6]　MATLAB を利用して部分分数分解する方法は **3.5.1 項** (p. 56) や **3.5.4 項** (p. 60) で説明する．

$$k_1 = (s - p_1)y(s)\big|_{s=p_1} = \frac{b_1 s + b_0}{s - p_2}\bigg|_{s=p_1} = \frac{b_1 p_1 + b_0}{p_1 - p_2} \tag{3.42}$$

のように求められる．k_2 も同様にして

$$k_2 = (s - p_2)y(s)\big|_{s=p_2} = \frac{b_1 s + b_0}{s - p_1}\bigg|_{s=p_2} = \frac{b_1 p_2 + b_0}{p_2 - p_1} \tag{3.43}$$

のように求めることができる．

例 3.11　例 3.9 の単位ステップ応答における部分分数分解

　例 3.9 (p. 34) の部分分数分解における係数を (3.39) 式を利用して求めると，

$$k_1 = sy(s)\big|_{s=0} = \frac{1}{s+1}\bigg|_{s=0} = 1, \quad k_2 = (s+1)y(s)\big|_{s=-1} = \frac{1}{s}\bigg|_{s=-1} = -1 \tag{3.44}$$

のようになる．

■ $p_i \,(i = 1,\, 2,\, \ldots,\, n)$ に重解を含む場合

　簡単のため重解は $p_1 = p_2 = \cdots = p_\ell$ のみであるとすると，(3.36) 式は

$$
\begin{aligned}
y(s) = {} & \frac{k_{1,\ell}}{(s-p_1)^\ell} + \cdots + \frac{k_{1,2}}{(s-p_1)^2} + \frac{k_{1,1}}{s-p_1} \\
& + \frac{k_{\ell+1}}{s-p_{\ell+1}} + \frac{k_{\ell+2}}{s-p_{\ell+2}} + \cdots + \frac{k_n}{s-p_n}
\end{aligned}
\tag{3.45}
$$

という形式に部分分数分解される．このとき，$y(s)$ の逆ラプラス変換は

$$
\begin{aligned}
y(t) = {} & \left(\frac{1}{\ell!}k_{1,\ell}t^\ell + \cdots + k_{1,2}t + k_{1,1}\right)e^{p_1 t} \\
& + k_{\ell+1}e^{p_{\ell+1}t} + k_{\ell+2}e^{p_{\ell+2}t} + \cdots + k_n e^{p_n t}
\end{aligned}
\tag{3.46}
$$

となる．パラメータ k_i は恒等式により求められるが，計算が面倒であるため，

ヘビサイドの公式 (p_i に重解を含む場合)

$$
\begin{cases}
k_{1,i} = \dfrac{1}{(\ell-i)!}\dfrac{\mathrm{d}^{\ell-i}\{(s-p_1)^\ell y(s)\}}{\mathrm{d}s^{\ell-i}}\bigg|_{s=p_i} & (i = 1,\, 2,\, \ldots,\, \ell) \\[4mm]
k_j = (s-p_j)y(s)\big|_{s=p_j} & (j = \ell+1,\, \ell+2,\, \ldots,\, n)
\end{cases}
\tag{3.47}
$$

を利用することもある．

→ 解説

　簡単のため，$p_1 = p_2 \neq p_3$ であるような

$$y(s) = \frac{b_2 s^2 + b_1 s + b_0}{(s-p_1)^2(s-p_3)} = \frac{k_{1,2}}{(s-p_1)^2} + \frac{k_{1,1}}{s-p_1} + \frac{k_3}{s-p_3} \tag{3.48}$$

を考えてみよう．(3.48) 式に $(s-p_1)^2$ をかけると，

$$(s - p_1)^2 y(s) = \frac{b_2 s^2 + b_1 s + b_0}{s - p_3} = k_{1,2} + k_{1,1}(s - p_1) + \frac{k_3 (s - p_1)^2}{s - p_3} \quad (3.49)$$

であるから，(3.49) 式において $s = p_1$ とすれば，$k_{1,2}$ が

$$k_{1,2} = (s - p_1)^2 y(s)\big|_{s=p_1} = \frac{b_2 s^2 + b_1 s + b_0}{s - p_3}\bigg|_{s=p_1} \quad (3.50)$$

により求められる．また，(3.49) 式の両辺を s で微分すると，

$$\frac{\mathrm{d}\{(s - p_1)^2 y(s)\}}{\mathrm{d}s} = k_{1,1} + \frac{k_3 \{2(s - p_1)(s - p_3) - (s - p_1)^2\}}{(s - p_3)^2} \quad (3.51)$$

であるから，(3.51) 式において $s = p_1$ とすれば，$k_{1,1}$ が

$$k_{1,1} = \frac{\mathrm{d}\{(s - p_1)^2 y(s)\}}{\mathrm{d}s}\bigg|_{s=p_1} = \frac{\mathrm{d}}{\mathrm{d}s}\left(\frac{b_2 s^2 + b_1 s + b_0}{s - p_3}\right)\bigg|_{s=p_1} \quad (3.52)$$

により求められることがわかる．k_3 に関しては p_i が異なる場合と同様の手順で求めることができるので省略する．

例 3.12　**例 3.10 の単位ランプ応答における部分分数分解**

　例 3.10 (p. 35) の部分分数分解における係数を (3.47) 式を利用して求めると，

$$k_{1,2} = s^2 y(s)\big|_{s=0} = \frac{1}{s+1}\bigg|_{s=0} = 1$$

$$k_{1,1} = \frac{\mathrm{d}\{s^2 y(s)\}}{\mathrm{d}s}\bigg|_{s=0} = \frac{\mathrm{d}}{\mathrm{d}s}\left(\frac{1}{s+1}\right)\bigg|_{s=0} = -\frac{1}{(s+1)^2}\bigg|_{s=0} = -1$$

$$k_3 = (s+1)y(s)\big|_{s=-1} = \frac{1}{s^2}\bigg|_{s=-1} = 1$$

のようになる．

　以上の結果は，p_i が複素数である場合も含んでいる．複素数の場合，オイラーの公式 (3.10) 式を用いると，時間応答を実数で表すことができる．

例 3.13　**p_i に複素数を含む場合の単位ステップ応答の計算 (1)**

　システム

$$y(s) = P(s)u(s), \quad P(s) = \frac{10}{s^2 + 2s + 10} \quad (3.53)$$

の単位ステップ応答は，

$$y(s) = P(s)\frac{1}{s} = \frac{10}{s(s^2 + 2s + 10)} \quad (3.54)$$

を逆ラプラス変換することにより求められる．$s^2 + 2s + 10 = 0$ の解は複素数 $p_2 = -1 + 3j$, $p_3 = -1 - 3j$ となるので，(3.53) 式は

$$y(s) = \frac{k_1}{s} + \frac{k_2}{s - p_2} + \frac{k_3}{s - p_3} \tag{3.55}$$

という形式に部分分数分解できる．部分分数分解における係数をヘビサイドの公式 (3.39)
式により求めると，

$$\begin{cases} k_1 = sy(s)\big|_{s=0} = 1 \\ k_2 = (s - p_2)y(s)\big|_{s=p_2} = -\dfrac{3 - j}{6} \\ k_3 = (s - p_3)y(s)\big|_{s=p_3} = -\dfrac{3 + j}{6} \end{cases} \tag{3.56}$$

となる．なお，p_2 と p_3 が複素共役の関係にあるので，k_2 と k_3 も複素共役の関係となる．
オイラーの公式 (3.10) 式を用いると，単位ステップ応答が次式のように得られる．

$$\begin{aligned} y(t) &= k_1 + k_2 e^{p_2 t} + k_3 e^{p_3 t} = 1 - \frac{3 - j}{6} e^{-t} e^{j \cdot 3t} - \frac{3 + j}{6} e^{-t} e^{-j \cdot 3t} \\ &= 1 - \frac{3 - j}{6} e^{-t}(\cos 3t + j \sin 3t) - \frac{3 + j}{6} e^{-t}(\cos 3t - j \sin 3t) \\ &= 1 - e^{-t}\left(\cos 3t + \frac{1}{3} \sin 3t\right) \quad (t \geq 0) \end{aligned} \tag{3.57}$$

図 3.8 にシステム (3.53) 式の単位ステップ応答 (3.57) 式を描画したものを示す．

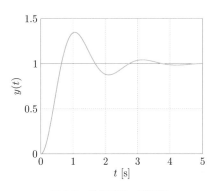

図 3.8　単位ステップ応答

また，例 3.13 の結果は以下のように複素数の計算を伴わずに導出することもで
きる．

例 3.14　p_i に複素数を含む場合の単位ステップ応答の計算 (2)

(3.54) 式を (3.55) 式の形式ではなく，

$$y(s) = \frac{10}{s(s^2 + 2s + 10)} = \frac{k_1}{s} + \frac{h_1 s + h_2}{s^2 + 2s + 10} \tag{3.58}$$

という形式に部分分数分解する．k_1 はヘビサイドの公式より

$$k_1 = sy(s)\big|_{s=0} = 1 \tag{3.59}$$

のように求めることができる．一方，h_1, h_2 は，$k_1 = 1$ とした (3.58) 式を

$$
\begin{aligned}
y(s) &= \frac{10}{s(s^2 + 2s + 10)} \\
&= \frac{1}{s} + \frac{h_1 s + h_2}{s^2 + 2s + 10} = \frac{(1 + h_1)s^2 + (2 + h_2)s + 10}{s(s^2 + 2s + 10)}
\end{aligned}
\tag{3.60}
$$

のように通分することで得られる連立 1 次方程式

$$1 + h_1 = 0, \quad 2 + h_2 = 0 \tag{3.61}$$

により求められる．(3.61) 式の解は $h_1 = -1$, $h_2 = -2$ となるので，

$$y(s) = \frac{1}{s} - \frac{s + 2}{s^2 + 2s + 10} = \frac{1}{s} - \left\{ \frac{s + 1}{(s + 1)^2 + 3^2} + \frac{1}{3}\frac{3}{(s + 1)^2 + 3^2} \right\} \tag{3.62}$$

のようになり，(3.62) 式を逆ラプラス変換すると，単位ステップ応答 (3.57) 式が得られる．

問題 3.4　伝達関数 $P(s)$ が以下のように与えられたとき，システム (3.17) 式の単位ステップ応答 $y(t)$ を求めよ．

(1) $P(s) = \dfrac{3}{s + 2}$ 　　(2) $P(s) = \dfrac{s + 4}{(s + 1)(s + 2)}$

(3) $P(s) = \dfrac{2}{(s + 1)^2}$ 　　(4) $P(s) = \dfrac{5}{s^2 + 2s + 5}$

3.2　安定性，過渡特性と定常特性

3.2.1　極と安定性

　簡単のため，伝達関数 $P(s)$ の n 個の極 p_i $(i = 1, 2, \ldots, n)$ を互いに異なる a_k $(k = 1, 2, \ldots, n_1)$, $\alpha_\ell \pm j\beta_\ell$ $(\ell = 1, 2, \ldots, n_2)$ とする．ただし，$n = n_1 + 2n_2$ である．このとき，単位ステップ応答は

$$
\begin{aligned}
y(t) &= \mathcal{L}^{-1}\left[P(s)\frac{1}{s} \right] = \mathcal{L}^{-1}\left[\frac{b_m s^m + \cdots + b_1 s + b_0}{(s - p_1)(s - p_2)\cdots(s - p_n)} \times \frac{1}{s} \right] \\
&= \mathcal{L}^{-1}\left[\frac{A_0}{s} + \sum_{k=1}^{n_1} \frac{A_k}{s - a_k} + \sum_{\ell=1}^{n_2} \left\{ \frac{B_\ell(s - \alpha_\ell)}{(s - \alpha_\ell)^2 + \beta_\ell^2} + \frac{C_\ell}{(s - \alpha_\ell)^2 + \beta_\ell^2} \right\} \right] \\
&= A_0 + \sum_{k=1}^{n_1} A_k e^{a_k t} + \sum_{\ell=1}^{n_2} \left(B_\ell e^{\alpha_\ell t} \cos \beta_\ell t + C_\ell e^{\alpha_\ell t} \sin \beta_\ell t \right)
\end{aligned}
\tag{3.63}
$$

となる．(3.63) 式からわかるように，$P(s)$ の極の実部 a_k, α_ℓ がすべて負であれば，「$t \to \infty$」で「$y(t) \to y_\infty = A_0$」に収束する．このような場合，システムが**安定**であ

るという．一方，極の実部 a_k, α_ℓ のうち，一つでも正であれば，「$t \to \infty$」で $y(t)$ は発散する．このような場合，システムが**不安定**であるという．

したがって，伝達関数の極がシステムの安定性を左右し，有界の入力に対して出力も有界であることを保証する入出力安定性に関する条件は，以下のようになる．

> **入出力安定性 (有界入力有界出力安定性) の必要十分条件**
>
> 伝達関数の**極の実部がすべて負**であれば，そのときに限りシステムは安定である．

ここで，実部が負である極を**安定極**，正である極を**不安定極**という．

問題 3.5 伝達関数 $P(s)$ が以下のように与えられたとき，システム (3.17) 式が安定であるか不安定であるか答えよ．

(1) $P(s) = \dfrac{1}{(s+1)(s+2)}$　　(2) $P(s) = \dfrac{s+1}{(s-1)(s+2)}$

(3) $P(s) = \dfrac{1}{s^2-2s+2}$　　(4) $P(s) = \dfrac{s-1}{(s+1)(s^2+2s+2)}$

3.2.2 定常特性

十分時間が経過した後の時間応答 $y(t)$ の特性を**定常特性**という．$y(t)$ が発散することなくある値に収束するのであれば，

$$\text{最終値の定理}$$
$$\lim_{t \to \infty} f(t) = \lim_{s \to 0} sf(s) \tag{3.64}$$

によりシステム (3.17) 式の時間応答 $y(t)$ の定常値 y_∞ が次式のように求められる．

$$y_\infty := \lim_{t \to \infty} y(t) = \lim_{s \to 0} sy(s) = \lim_{s \to 0} sP(s)u(s) \tag{3.65}$$

特に，単位ステップ応答を考えたとき，システムが安定であれば一定値 y_∞ に収束する．このとき，(3.65) 式において入力を $u(s) = 1/s$ ($u(t) = 1$) とすると，定常値 y_∞ が

$$\text{安定なシステムの単位ステップ応答の定常値}$$
$$y_\infty = P(0) \tag{3.66}$$

により簡単に求められることがわかる．

――――――――――――――――――――――▶ 解説：最終値の定理

初期値 $f(0)$ が 0 とは限らない $f(t)$ の時間微分のラプラス変換は

$$\mathcal{L}[\dot{f}(t)] = \int_0^\infty \dot{f}(t)e^{-st}\mathrm{d}t = sf(s) - f(0) \tag{3.67}$$

となる．ここで，(3.67) 式において「$s \to 0$」とすると，

$$\text{中辺} = \lim_{s \to 0} \int_0^\infty \dot{f}(t)e^{-st}\mathrm{d}t = \int_0^\infty \dot{f}(t)\mathrm{d}t = \big[f(t)\big]_0^\infty = \lim_{t \to \infty} f(t) - f(0) \quad (3.68)$$

$$\text{右辺} = \lim_{s \to 0} sf(s) - f(0) \quad (3.69)$$

となる．(3.68) 式と (3.69) 式は等しいので，最終値の定理 (3.64) 式が得られる．

例 3.15　**単位ステップ応答の定常値の計算**

例 3.13 (p. 38) で示したシステム (3.17), (3.53) 式の単位ステップ応答の定常値 y_∞ は，単位ステップ応答が (3.57) 式であったので

$$y_\infty = \lim_{t \to \infty} \left\{ 1 - e^{-t}\left(\cos 3t + \frac{1}{3}\sin 3t\right) \right\} = 1 \quad (3.70)$$

と求められる．この結果は最終値の定理を利用した (3.66) 式により得られる

$$y_\infty = P(0) = \left. \frac{10}{s^2 + 2s + 10} \right|_{s=0} = 1 \quad (3.71)$$

と一致していることが確認できる．

問題 3.6　安定なシステム (3.17) 式の伝達関数 $P(s)$ が以下のように与えられたとき，単位ステップ応答の定常値 y_∞ を求めよ．

(1) $P(s) = \dfrac{s+1}{s+2}$　　(2) $P(s) = \dfrac{2}{(s+1)^{10}}$

3.2.3　単位ステップ応答における過渡特性の指標

システムの時間応答が落ち着くまでの特性を**過渡特性**という．図 3.9 に安定なシステムの典型的な単位ステップ応答を示す．単位ステップ応答の過渡特性の指標には以下のようなものがある．

┌─ 過渡特性の指標 ─

- **立ち上がり時間 T_r**：単位ステップ応答が定常値 y_∞ の 10 ％ から 90 ％ (あるいは 5 ％ から 95 ％) になるまでの時間である．

- **遅れ時間 T_d**：単位ステップ応答が定常値 y_∞ の 50 ％ になるまでの時間である．

- **整定時間 T_s**：単位ステップ応答が定常値 y_∞ の $\pm\varepsilon$ ％ の範囲内に収まるまでの時間である．ε は 5, 2, 1 のように選ばれることが多い．

- **オーバーシュート A_{max}**：単位ステップ応答の最大ピーク値 y_{max} と定常値 y_∞ との差 $A_{max} := y_{max} - y_\infty$ であり，次式のように百分率で表すことが多い．

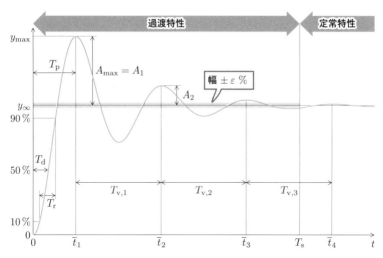

図 3.9　単位ステップ応答における過渡特性の指標

$$\tilde{A}_{\max} := \frac{A_{\max}}{y_\infty} \times 100 \; [\%]$$

- **行き過ぎ時間 T_p**：最初のピーク値までに達する時間である.
- **振動周期 T_v**：極大値間の時間 $T_\mathrm{v} = T_{\mathrm{v},i} := \bar{t}_{i+1} - \bar{t}_i$ である.
- **減衰率 λ**：i 番目の行き過ぎ量 A_i と $i+1$ 番目の行き過ぎ量 A_{i+1} との比 $\lambda := A_{i+1}/A_i$ であり, **対数減衰率** $\delta := \log_e \lambda$ で表すこともある.

　また, 過渡特性は応答の速さに関する性質である**速応性**と振動の大きさに関する性質である**安定度 (減衰性)** に大別でき, 上記の指標は以下のように分類できる.

- 速応性の指標：立ち上がり時間, 遅れ時間, 行き過ぎ時間, 整定時間
- 安定度 (減衰性) の指標：オーバーシュート, 減衰率, 整定時間

3.3　1次および2次遅れ系の過渡特性と定常特性

3.3.1　1次遅れ系

ここでは, **2.6.2 項** (p. 20) で説明した

1次遅れ系の標準形

$$y(s) = P(s)u(s), \quad P(s) = \frac{K}{1 + Ts} \tag{3.72}$$

の単位ステップ応答を求め, その過渡特性, 定常特性について説明する.

(3.72) 式の入力を $u(s) = 1/s$ $(u(t) = 1)$ とすると，$T \neq 0$ であるとき $y(s)$ は

$$y(s) = \frac{K}{s(1 + Ts)} = \frac{K/T}{s(s + 1/T)} = K\left(\frac{1}{s} - \frac{1}{s + 1/T}\right) \tag{3.73}$$

のように部分分数分解できる．したがって，(3.73) 式を逆ラプラス変換することによって，1 次遅れ系の単位ステップ応答が

1 次遅れ系の単位ステップ応答

$$y(t) = K\left(1 - e^{-\frac{1}{T}t}\right) \quad (t \geq 0) \tag{3.74}$$

のように得られる．$T > 0$ のときは「$t \to \infty$」で「$e^{-(1/T)t} \to 0$」に収束するため，(3.74) 式は定常値 $y_\infty = K$ に収束することがわかる．つまり，**時定数 $T > 0$ が小さいほど速応性はよい**．一方，$T < 0$ のときは「$t \to \infty$」で「$e^{-(1/T)t} \to \infty$」となるため，(3.74) 式は発散し，不安定となる．図 3.10 に 1 次遅れ系の単位ステップ応答を示す．

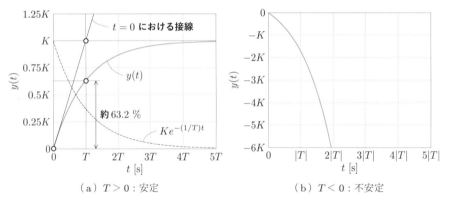

（a）$T > 0$：安定 　　　　（b）$T < 0$：不安定

図 3.10 1 次遅れ系の単位ステップ応答

時定数 $T > 0$ の意味をもう少し詳しく考察してみよう．(3.74) 式の時間微分は

$$\dot{y}(t) = \frac{K}{T}e^{-\frac{1}{T}t} \tag{3.75}$$

であるから，$t = 0$ における単位ステップ応答 $y(t)$ の微係数は $\dot{y}(0) = K/T$ となる．したがって，$t = 0$ における接線は定常値 $y_\infty = K$ と $t = T$ で交わる．また，$t = T$ のとき，単位ステップ応答は

$$y(T) = K\left(1 - e^{-1}\right) \simeq K \times 0.632 = 0.632 y_\infty$$

となるから，**時定数 $T > 0$ は単位ステップ応答が定常値 $y_\infty = K$ の約 63.2 ％ に至るまでの時間**であるといえる．

以上より，1次遅れ系の過渡特性，定常特性について以下のことがいえる．

───　1次遅れ系の過渡特性，定常特性　───

- 1次遅れ系の安定性は時定数 T により決まり，$T > 0$ のとき安定，$T < 0$ のとき不安定となる．また，$T > 0$ のときの単位ステップ応答は**振動がなく，オーバーシュートを生じない**．

- 1次遅れ系の単位ステップ応答の速応性は時定数 T の大きさで決まる．たとえば，$T > 0$ を N 倍大きくすると，反応の速さは $1/N$ 倍となる．つまり，$\bm{T > 0}$ **が小さいほど速応性が向上し，$\bm{t = T}$ のとき単位ステップ応答 $\bm{y(t)}$ が定常値 $\bm{y_\infty = K}$ の約 63.2 %** になる．このように，**時定数 $\bm{T > 0}$ は速応性に関するパラメータ**である．

- 安定 $(T > 0)$ であるとき，単位ステップ応答の定常値は $y_\infty = K$ となるので，**ゲイン $\bm{K \neq 0}$ は定常特性に関するパラメータ**である．

問題 3.7　1次遅れ系のインパルス応答が次式となることを確かめよ．

$$y(t) = \frac{K}{T} e^{-\frac{1}{T}t} \quad (t \geq 0) \tag{3.76}$$

また，$T > 0$ のときのインパルス応答の概略図を描け．

問題 3.8　図 3.11 の RL 回路においてスイッチ S を ON にしたときの過渡現象を解析する以下の問いに答えよ．

(1) 入力 $u(t)$ を電圧 $e(t)$，出力 $y(t)$ を電流 $i(t)$ としたとき，RL 回路の時定数 T を求めよ．

(2) スイッチ S を ON にした後の $i(t)$ および定常電流 i_∞ を求めよ．

(3) R を大きくするにしたがって，立ち上がり時間は長くなるか短くなるか答えよ．また，L を大きくするとどうなるか．

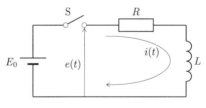

図 3.11　**RL 回路**

問題 3.9　図 3.11 の RL 回路において，$u(t) = e(t) = 1$ [V] の電圧を加えたとき，$y(t) = i(t)$ が $y_\infty = 0.02$ [A] の 63.2 % に達するまでの時間が 0.004 [s] であった（図 3.12）．R, L を定めよ．このように，単位ステップ応答などに基づいて未知パラメータを決定することを**パラメータ同定**という．

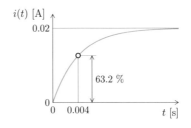

図 3.12　**RL 回路の単位ステップ応答**

3.3.2　2 次遅れ系

ここでは，**2.6.3 項** (p. 21) で説明した

2 次遅れ系の標準形

$$y(s) = P(s)u(s), \quad P(s) = \frac{K\omega_{\mathrm{n}}^2}{s^2 + 2\zeta\omega_{\mathrm{n}}s + \omega_{\mathrm{n}}^2} \quad (\omega_{\mathrm{n}} > 0) \tag{3.77}$$

の単位ステップ応答を求め，その過渡特性，定常特性について説明する．

2 次遅れ要素 $P(s)$ の極は $s = -(\zeta \pm \sqrt{\zeta^2 - 1})\omega_{\mathrm{n}}$ であるから，極は ζ の値により

(i) 複素数 ·················· ($\zeta^2 - 1 < 0 \implies -1 < \zeta < 1$)

(ii) 重複する実数 ········· ($\zeta^2 - 1 = 0 \implies \zeta = 1$ もしくは $\zeta = -1$)

(iii) 異なる実数 ············ ($\zeta^2 - 1 > 0 \implies \zeta > 1$ もしくは $\zeta < -1$)

となる．このように場合分けをしたとき，2 次遅れ系の単位ステップ応答は，(3.77) 式において $u(s) = 1/s$ ($u(t) = 1$) とした

$$y(s) = \frac{K\omega_{\mathrm{n}}^2}{s(s^2 + 2\zeta\omega_{\mathrm{n}}s + \omega_{\mathrm{n}}^2)} \tag{3.78}$$

を逆ラプラス変換することによって，以下のように求められる．

(i) $-1 < \zeta < 1$ の場合

$P(s)$ の極は複素数 $s = -\zeta\omega_{\mathrm{n}} \pm j\omega_{\mathrm{d}}$ ($\omega_{\mathrm{d}} = \omega_{\mathrm{n}}\sqrt{1 - \zeta^2}$) である．このとき，**例 3.14** (p. 39) と同様，(3.78) 式を

$$y(s) = \frac{K\omega_{\mathrm{n}}^2}{s(s^2 + 2\zeta\omega_{\mathrm{n}}s + \omega_{\mathrm{n}}^2)} = K\left(\frac{1}{s} - \frac{s + 2\zeta\omega_{\mathrm{n}}}{s^2 + 2\zeta\omega_{\mathrm{n}}s + \omega_{\mathrm{n}}^2}\right)$$

$$= K\left[\frac{1}{s} - \left\{\frac{s + \zeta\omega_{\mathrm{n}}}{(s + \zeta\omega_{\mathrm{n}})^2 + \omega_{\mathrm{d}}^2} + \frac{\zeta\omega_{\mathrm{n}}}{\omega_{\mathrm{d}}}\frac{\omega_{\mathrm{d}}}{(s + \zeta\omega_{\mathrm{n}})^2 + \omega_{\mathrm{d}}^2}\right\}\right] \tag{3.79}$$

のように部分分数分解し，(3.79) 式を逆ラプラス変換すると，

2次遅れ系の単位ステップ応答 $(-1 < \zeta < 1)$

$$y(t) = K\left\{1 - e^{-\zeta\omega_{\mathrm{n}}t}\left(\cos\omega_{\mathrm{d}}t + \frac{\zeta\omega_{\mathrm{n}}}{\omega_{\mathrm{d}}}\sin\omega_{\mathrm{d}}t\right)\right\} \quad (t \geq 0) \qquad (3.80)$$

が得られる．単位ステップ応答 (3.80) 式には，指数関数と三角関数の積の項が含まれているので，以下のようになる．

- $0 < \zeta < 1$ (不足制動)：図 3.13 (a) に示すように，角周波数 ω_{d} で振動しながら指数関数的に $y_{\infty} = K$ に収束する (安定)．

- $\zeta = 0$ (安定限界)：(3.80) 式は

$$y(t) = K\left(1 - \cos\omega_{\mathrm{n}}t\right) \quad (t \geq 0) \qquad (3.81)$$

となるので，**図 3.13** (a) に示すように，発散も収束もしない角周波数 ω_{n} の持続振動となる (安定限界)．

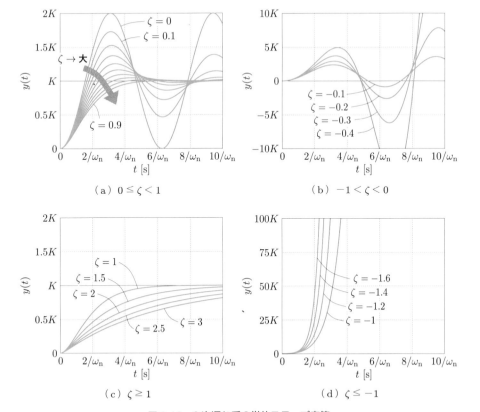

(a) $0 \leq \zeta < 1$　　　　　　　　(b) $-1 < \zeta < 0$

(c) $\zeta \geq 1$　　　　　　　　(d) $\zeta \leq -1$

図 3.13　**2次遅れ系の単位ステップ応答**

- $-1 < \zeta < 0$：図 3.13 (b) に示すように，角周波数 ω_d で振動しながら指数関数的に発散する (不安定).

なお，(3.80) 式は $\tau = \omega_\mathrm{n} t$ の関数であるため，**図 3.13** (a), (b) の横軸は $1/\omega_\mathrm{n}$ が乗じられていることに注意しよう.

つぎに，実用上重要である**不足制動 ($0 < \zeta < 1$) の 2 次遅れ系の単位ステップ応答の過渡特性**を考察してみよう. 単位ステップ応答 (3.80) 式を時間微分すると，

$$\dot{y}(t) = \frac{K\omega_\mathrm{n}}{\sqrt{1-\zeta^2}} e^{-\zeta\omega_\mathrm{n} t} \sin\omega_\mathrm{d} t \quad (t \geq 0) \tag{3.82}$$

となるので，以下の時間で極値を持つことがわかる.

- $t = \underline{t}_i := 2i\pi/\omega_\mathrm{d} \ (i = 0, 1, \ldots)$ のとき，

$$\sin\omega_\mathrm{d} t = 0, \quad \cos\omega_\mathrm{d} t = 1$$

  であり，(3.80) 式は極小となる.
- $t = \bar{t}_i := (2i-1)\pi/\omega_\mathrm{d} \ (i = 1, 2, \ldots)$ のとき，

$$\sin\omega_\mathrm{d} t = 0, \quad \cos\omega_\mathrm{d} t = -1$$

  であり，(3.80) 式は極大となる.

したがって，図 3.14 に示すように，不足制動 ($0 < \zeta < 1$) の単位ステップ応答 (3.80) 式は極小値，極大値がそれぞれ

$$\underline{y}(t) = K\big(1 - e^{-\zeta\omega_\mathrm{n} t}\big) \tag{3.83}$$

$$\bar{y}(t) = K\big(1 + e^{-\zeta\omega_\mathrm{n} t}\big) \tag{3.84}$$

を通り，周期的に振動しながら指数関数的に $y_\infty = K$ に収束する. また，このときの過渡特性の指標は以下のようになる.

　　2 次遅れ系が不足制動 ($0 < \zeta < 1$) であるときの過渡特性の指標

- 振動周期 $T_\mathrm{v} := \bar{t}_{i+1} - \bar{t}_i$

$$T_\mathrm{v} = \frac{2\pi}{\omega_\mathrm{d}} = \frac{2\pi}{\omega_\mathrm{n}\sqrt{1-\zeta^2}} \tag{3.85}$$

- 行き過ぎ時間 $T_\mathrm{p} := \bar{t}_1$，オーバーシュート $A_{\max} := y(T_\mathrm{p}) - y_\infty$

$$T_\mathrm{p} = \frac{\pi}{\omega_\mathrm{d}} = \frac{\pi}{\omega_\mathrm{n}\sqrt{1-\zeta^2}} \tag{3.86}$$

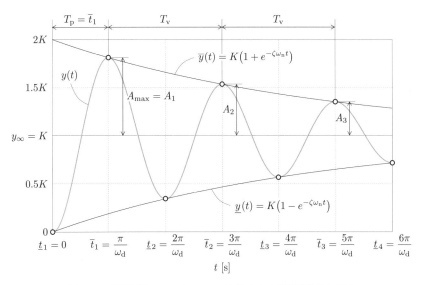

図 3.14　不足制動 $(0 < \zeta < 1)$ であるときの指数関数的な収束

$$A_{\max} = Ke^{-\zeta\omega_{\mathrm{n}}T_{\mathrm{p}}} = K \exp\left(-\frac{\pi\zeta}{\sqrt{1-\zeta^2}}\right) \tag{3.87}$$

$$\widetilde{A}_{\max} = \frac{A_{\max}}{y_{\infty}} \times 100 = \exp\left(-\frac{\pi\zeta}{\sqrt{1-\zeta^2}}\right) \times 100 \ [\%] \tag{3.88}$$

- 減衰率 $\lambda := A_{i+1}/A_i$，対数減衰率 $\delta := \log_e \lambda$

$$A_i = y(\bar{t}_i) - y_{\infty} = Ke^{-\zeta\omega_{\mathrm{n}}\bar{t}_i}$$

$$\implies \quad \lambda = \frac{Ke^{-\zeta\omega_{\mathrm{n}}\bar{t}_{i+1}}}{Ke^{-\zeta\omega_{\mathrm{n}}\bar{t}_i}} = e^{-\zeta\omega_{\mathrm{n}}T} = \exp\left(-\frac{2\pi\zeta}{\sqrt{1-\zeta^2}}\right) \tag{3.89}$$

$$\delta = -\zeta\omega_{\mathrm{n}}T = -\frac{2\pi\zeta}{\sqrt{1-\zeta^2}} \tag{3.90}$$

(3.88), (3.89) 式より減衰係数 ζ とオーバーシュート $\widetilde{A}_{\max}$，減衰率 λ の関係は図 3.15 のようになり，単調減少であることがわかる．

(ii) $\zeta = 1$ もしくは $\zeta = -1$ の場合

$P(s)$ の極は実数の重解 $s = -\zeta\omega_{\mathrm{n}}$ である．このとき，(3.78) 式は

$$y(s) = \frac{K\omega_{\mathrm{n}}^2}{s(s+\zeta\omega_{\mathrm{n}})^2} = K\left\{\frac{1}{s} - \frac{\zeta\omega_{\mathrm{n}}}{(s+\zeta\omega_{\mathrm{n}})^2} - \frac{1}{s+\zeta\omega_{\mathrm{n}}}\right\} \tag{3.91}$$

のように部分分数分解されるので，(3.91) 式を逆ラプラス変換すると，

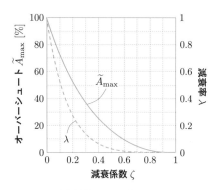

図3.15　減衰係数とオーバシュート，減衰率

2次遅れ系の単位ステップ応答 ($\zeta = 1$ もしくは $\zeta = -1$)

$$y(t) = \begin{cases} K\{1 - e^{-\omega_\mathrm{n}t}(\omega_\mathrm{n}t + 1)\} & (\zeta = 1) \\ K\{1 - e^{\omega_\mathrm{n}t}(-\omega_\mathrm{n}t + 1)\} & (\zeta = -1) \end{cases} \quad (t \geq 0) \tag{3.92}$$

が得られる．(3.92) 式を時間微分すると，

$$\dot{y}(t) = \begin{cases} K\omega_\mathrm{n}^2 t e^{-\omega_\mathrm{n}t} & (\zeta = 1) \\ K\omega_\mathrm{n}^2 t e^{\omega_\mathrm{n}t} & (\zeta = -1) \end{cases} \quad (t \geq 0) \tag{3.93}$$

となる．したがって，$K > 0$ のとき $t \geq 0$ で (3.92) 式は単調増加 ($\dot{y}(t) \geq 0$) となり，振動を生じない．その結果，単位ステップ応答 (3.92) 式は以下のようになる．

- $\zeta = 1$ (臨界制動)：図 3.13 (c) に示したように，振動することなく $y_\infty = K$ に収束する (安定)．
- $\zeta = -1$：図 3.13 (d) に示したように，振動することなく発散する (不安定)．

また，(3.92) 式は $\tau = \omega_\mathrm{n}t$ の関数であるため，図 3.13 (c), (d) の横軸は $1/\omega_\mathrm{n}$ が乗じられていることに注意しよう．

(iii) $\zeta > 1$ もしくは $\zeta < -1$ の場合

$P(s)$ の極は異なる実数 $p_1 = -(\zeta + \sqrt{\zeta^2 - 1})\omega_\mathrm{n}$, $p_2 = -(\zeta - \sqrt{\zeta^2 - 1})\omega_\mathrm{n}$ である．このとき，(3.78) 式は

$$y(s) = \frac{K\omega_\mathrm{n}^2}{s(s^2 + 2\zeta\omega_\mathrm{n}s + \omega_\mathrm{n}^2)} = \frac{Kp_1p_2}{s(s - p_1)(s - p_2)}$$

$$= K\left\{\frac{1}{s} + \frac{1}{p_1 - p_2}\left(\frac{p_2}{s - p_1} - \frac{p_1}{s - p_2}\right)\right\} \tag{3.94}$$

のように部分分数分解されるので，(3.94) 式を逆ラプラス変換すると，

2 次遅れ系の単位ステップ応答 ($\zeta > 1$ もしくは $\zeta < -1$)

$$y(t) = K\left\{1 + \frac{1}{p_1 - p_2}\left(p_2 e^{p_1 t} - p_1 e^{p_2 t}\right)\right\} \quad (t \geq 0) \qquad (3.95)$$

が得られる．(3.95) 式の時間微分を求めると，

$$\dot{y}(t) = \frac{K p_1 p_2}{p_1 - p_2}\left(e^{p_1 t} - e^{p_2 t}\right) = \frac{K\omega_{\mathrm{n}}}{\sqrt{\zeta^2 - 1}}\left(e^{p_2 t} - e^{p_1 t}\right) \quad (t \geq 0) \qquad (3.96)$$

となる．ここで，$p_1 < p_2$, $0 \leq e^{p_1 t} < e^{p_2 t}$ $(t \geq 0)$ なので，$K > 0$ のとき $t \geq 0$ で (3.95) 式は単調増加 ($\dot{y}(t) \geq 0$) となり，振動を生じない．その結果，単位ステップ応答 (3.95) 式は以下のようになる．

- $\zeta > 1$ (過制動)：図 3.13 (c) に示したように，振動することなく $y_\infty = K$ に収束する (安定).
- $\zeta < -1$：図 3.13 (d) に示したように，振動することなく発散する (不安定).

また，(3.95) 式は $\tau = \omega_{\mathrm{n}} t$ の関数であるため，図 3.13 (c), (d) の横軸は $1/\omega_{\mathrm{n}}$ が乗じられていることに注意しよう．

2 次遅れ系の単位ステップ応答の過渡特性，定常特性を以下にまとめる．

― 2 次遅れ系の過渡特性，定常特性 ―――――――

- 減衰係数 ζ：**安定度 (減衰性) に関するパラメータ**であり，以下のような特徴を持つ．

  ‣ $\zeta < 0$ のとき，単位ステップ応答は発散する (**不安定**：図 3.13 (b), (d)).
  ‣ $\zeta = 0$ のとき，単位ステップ応答は発散も減衰もしない持続振動となる (**安定限界**：図 3.13 (a)).
  ‣ $0 < \zeta < 1$ のとき，単位ステップ応答は振動しながら指数関数的に定常値 $y_\infty = K$ に収束する (**不足制動**：図 3.13 (a)). (3.88) 式より百分率のオーバーシュート $\tilde{A}_{\max}$ は減衰係数 ζ のみに依存し，図 3.15 に示したように単調減少である．したがって，**ζ が 0 に近いほどオーバーシュートが大きく，ζ が 1 に近いほどオーバーシュートが小さくなる**.
  ‣ $\zeta = 1$ のとき，単位ステップ応答はオーバーシュートをぎりぎり生じない (**臨界制動**：図 3.13 (c)).
  ‣ $\zeta > 1$ のとき，単位ステップ応答はオーバーシュートをまったく生じない (**過制動**：図 3.13 (c)).

- 固有角周波数 $\omega_n > 0$：**速応性に関するパラメータ**である．単位ステップ応答 (3.80), (3.92), (3.95) 式は $\tau = \omega_n t$ の関数なので，**$\omega_n > 0$ が大きいほど速応性がよい**．たとえば，ω_n を N 倍大きくすると，反応は N 倍速くなる．

- ゲイン $K \neq 0$：**定常特性に関するパラメータ**である．安定 ($\zeta > 0$) であるとき，単位ステップ応答の定常値は $y_\infty = K$ となる．

問題 3.10　図 2.8 (p. 11) に示した RLC 回路において，入力を $u(t) = v_{\mathrm{in}}(t)$，出力を $y(t) = q(t)$ ($q(t)$：電荷) としたとき (**問題 2.2** (p. 12) を参照)，その単位ステップ応答がオーバーシュートを生じないような抵抗 R の範囲を求めよ．

問題 3.11　図 2.15 (p. 16) に示したマス・ばね・ダンパ系において，$u(t) = f(t)$, $y(t) = z(t)$ とすると，$u(s)$ から $y(s)$ への伝達関数は

$$P(s) = \frac{1}{Ms^2 + cs + k} \quad (c := c_1 + c_2) \tag{3.97}$$

となる (**問題 2.6** (p. 16) を参照)．$u(t) = 1$ [N] ($t \geq 0$) を加えたとき，図 3.16 に示すように $y_{\max} = 0.05$ [m], $y_\infty = 0.04$ [m], $T_{\mathrm{p}} = 0.5$ [s] であった．

(1) (3.97) 式を 2 次遅れ要素の標準形 (3.77) 式で表したとき，ζ, ω_n, K を M, c, k を用いて表せ．

(2) $A_{\max} = y_{\max} - y_\infty$, y_∞, T_{p} の値から ζ, ω_n, K の値を定めよ．

(3) (2) で求めた ζ, ω_n, K の値から M, c, k の値を定めよ (パラメータ同定)．

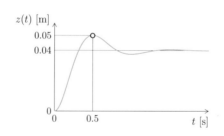

図 3.16　マス・ばね・ダンパ系の単位ステップ応答

3.4　極，零点と過渡特性

3.4.1　極と過渡特性

伝達関数の極 $\alpha + j\beta$ の実部 α や虚部 β と，システムの過渡特性との関係はどうなのであろうか．2 次遅れ系 (3.77) 式を例として，複素平面上に表された極 "✖" と単位ステップ応答との関係を示したのが図 3.17 である．これより以下のことがいえる．

- 極の実部 α が負側に大きくなると安定度 (減衰性) が高くなる．
- 極の虚部 $|\beta|$ が大きくなると振動周期が短くなる．

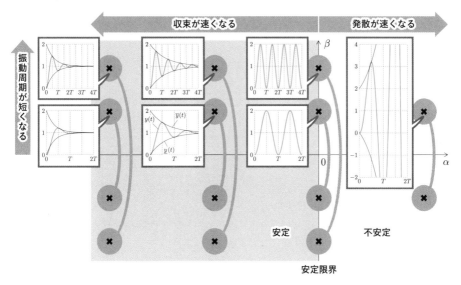

図3.17 2次遅れ要素の極と単位ステップ応答

このことは一般的なシステムに対してもいえ，制御系を設計する際にはこの関係を考慮する必要がある．

つぎに，システムのふるまいを支配する極について説明する．

例3.16 代表極

システム

$$y(s) = P_1(s)u(s), \quad P_1(s) = \frac{1}{(\tau s + 1)(s + 1)} \quad (\tau > 0) \tag{3.98}$$

を考えると，その単位ステップ応答は

$$y(t) = 1 - \frac{1}{1 - \tau}e^{-t} + \frac{\tau}{1 - \tau}e^{-\frac{1}{\tau}t} \tag{3.99}$$

である．したがって，$\tau > 0$ が十分小さいとき，$P_1(s)$ の極 $-1/\tau$ に対するモード $e^{-(1/\tau)t}$ は極 -1 に対するモード e^{-t} よりも十分速く 0 に収束し，極 -1 に対するモードが支配的になる．つまり，τ が十分小さいとき，(3.98) 式の単位ステップ応答はシステム

$$y(s) = P_2(s)u(s), \quad P_2(s) = \frac{1}{s + 1} \tag{3.100}$$

の単位ステップ応答

$$y(t) = 1 - e^{-t} \tag{3.101}$$

で近似される．図3.18 に (3.98) 式と (3.100) 式の単位ステップ応答を示す．

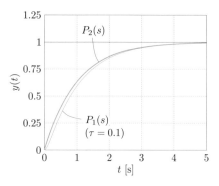

図 3.18　(3.98) 式と (3.100) 式の単位ステップ応答

この例のように，$y(t)$ のふるまいに最も支配的な極を**代表極**という.

3.4.2　零点と過渡特性

ここでは，伝達関数 $P(s)$ の零点がシステムの過渡特性に与える影響を説明する.

例 3.17　零点と過渡特性

$k \neq 0$ であるときに零点 $z = -2/k$ を持つような伝達関数 $P(s)$ で表現されたシステム

$$y(s) = P(s)u(s), \quad P(s) = \frac{ks + 2}{(s + 1)(s + 2)} \tag{3.102}$$

の単位ステップ応答について考察してみよう. (3.102) 式の単位ステップ応答は

$$y(t) = 1 + (k - 2)e^{-t} + (1 - k)e^{-2t} \tag{3.103}$$

となるので，k の値にかかわらず定常値は $y_\infty = 1$ となる. 一方，(3.103) 式の時間微分は

$$\dot{y}(t) = (2 - k)e^{-t} + 2(k - 1)e^{-2t} \tag{3.104}$$

なので，$\dot{y}(t) = 0$ となる (極大もしくは極小となる) 時刻 $t = T_{\mathrm{p}}$ は

$$T_{\mathrm{p}} = \log_e \frac{2(k - 1)}{k - 2} \tag{3.105}$$

である. ここで，$T_{\mathrm{p}} > 0$ となるのは，対数の性質より真数が 1 より大きいときなので，

$$\frac{2(k - 1)}{k - 2} > 1 \implies 2(k - 1)(k - 2) > (k - 2)^2$$

$$\implies k(k - 2) > 0 \implies k > 2 \text{ または } k < 0 \tag{3.106}$$

のときである. $k < 0$ (零点が正の実数 $z > 0$) のときは $\dot{y}(0) = k < 0$ となり，$y(t)$ は**逆ぶれを生じる**ことがわかる. 一方，$k > 2$ (零点が $-1 < z < 0$) のときは

$$y(T_\mathrm{p}) = \frac{k^2}{4(k-1)} \implies A_\max = y(T_\mathrm{p}) - y_\infty = \frac{(k-2)^2}{4(k-1)} > 0 \quad (3.107)$$

より極がすべて実数であるにもかかわらずオーバーシュート $A_\max$ を生じる.

図 3.19 に (3.102) 式の単位ステップ応答 (3.103) 式を示す. 図より零点が $z > 0$ ($k < 0$) のときは逆ぶれが生じている. また, 零点 $z = -2/k$ が極 -1 あるいは -2 に近い値のとき ($k \simeq 2$ あるいは $k \simeq 1$), 極と零点が相殺されて零点の影響はほとんど現れない. このように, 接近した極と零点の組を**ダイポール**という. さらに, 零点が $-1 < z < 0$ ($k > 2$) のとき, オーバーシュートを生じている.

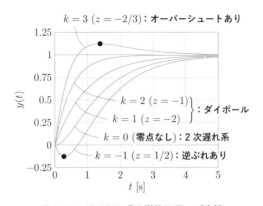

図 3.19 (3.102) 式の単位ステップ応答

　実部が正であるような零点を**不安定零点**という. 不安定零点を持つシステムとしては図 1.4 に示した倒立振子が知られている. たとえば, 振子を倒立させたまま台車の位置を変化させるには, いったん, 目標位置と逆方向に台車を動かして振子を傾けた後, 台車を目標位置に移動させる必要がある (図 3.20 参照).

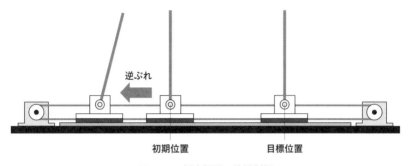

図 3.20　倒立振子の位置制御

3.5　**MATLAB/Simulink を利用した演習**

3.5.1　部分分数分解と時間応答 (residue)

MATLAB では，関数 residue により部分分数分解の係数が得られる．たとえば，

$$y(s) = \frac{4s+5}{s^2+3s+2} = \frac{4s+5}{(s+2)(s+1)} = \frac{k_1}{s-p_1} + \frac{k_2}{s-p_2} \tag{3.108}$$

という部分分数分解における k_i, p_i $(i = 1, 2)$ を求め，(3.38) 式 (p. 36) により計算される時間応答 $y(t) = \mathcal{L}^{-1}[y(s)]$ を描画するには，以下の M ファイルを実行すればよい．

M ファイル "sample_residue1.m"

```
01  num = [4 5];               …… y(s) の分子          08  figure(1)              …… Figure 1 に時間応答
02  den = [1 3 2];             …… y(s) の分母          09  plot(t,y)                   y(t) を描画
03  [k,p] = residue(num,den)                           10  xlabel('time [s]')     …… 横軸のラベル
04                             …… y(s) の部分分数分解  11  ylabel('y(t)')         …… 縦軸のラベル
05  t = 0:0.001:10;            …… 時間 t のデータ生成  12  grid on                …… 補助線の表示
06  y = k(1)*exp(p(1)*t) + k(2)*exp(p(2)*t);
07                             …… y(t) のデータ生成
```

M ファイル "sample_residue1.m" を実行すると，

M ファイル "sample_residue1.m" の実行結果

```
>> sample_residue1 ↵                              p =
k =                                                    -2 ……………………………………… p₁ = -2
      3 ……………………………………… k₁ = 3                   -1 ……………………………………… p₂ = -1
      1 ……………………………………… k₂ = 1
```

のように，$k_1 = 3$, $k_2 = 1$, $p_1 = -2$, $p_2 = -1$ と求められ，図 3.21 のように時間応答 $y(t)$ が描画される．

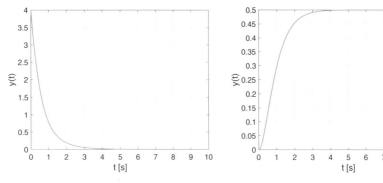

図 3.21　"sample_residue1.m" の実行結果　　図 3.22　"sample_residue2.m" の実行結果

つぎに，$y(s)$ の分母に二重解を含む場合を考える．たとえば，

$$y(s) = \frac{2}{s^3 + 4s^2 + 4s} = \frac{2}{(s+2)^2 s} \tag{3.109}$$

は，$p_1 = -2, p_3 = 0$ としたとき以下の形式に部分分数分解される．

$$y(s) = \frac{k_{1,2}}{(s-p_1)^2} + \frac{k_{1,1}}{s-p_1} + \frac{k_3}{s-p_3} \tag{3.110}$$

このときの $k_{1,2}, k_{1,1}, k_3$ および p_1, p_3 を求め，(3.46) 式 (p. 37) により計算される時間応答 $y(t) = \mathcal{L}^{-1}[y(s)]$ を描画する M ファイルは以下のようになる[†7]．

M ファイル "sample_residue2.m"

```
01  num = 2;                ······ y(s) の分子
02  den = [1 4 4 0];        ······ y(s) の分母
03  [k,p] = residue(num,den)
04                          ······ y(s) の部分分数分解
05  t = 0:0.001:10;         ······ 時間 t のデータ生成
06  y = k(1)*exp(p(1)*t) + k(2)*t.*exp(p(2)*t) + k(3)*exp(p(3)*t);
07                          ······ y(t) = k_{1,1}e^{p_1 t} + k_{1,2}te^{p_1 t} + k_3 e^{p_3 t} のデータ生成
     "sample_residue1.m" (p. 56) の 8 〜 12 行目
```

M ファイル "sample_residue2.m" を実行すると，

M ファイル "sample_residue2.m" の実行結果

```
>> sample_residue2 ↵
k =
   -0.5000 ················· k_{1,1} = -0.5        p =
   -1.0000 ················· k_{1,2} = -1             -2 ················· p_1 = -2
    0.5000 ················· k_3 = 0.5               -2 ················· p_1 = -2
                                                      0 ················· p_3 = 0
```

のように，$k_{1,1} = -0.5, k_{1,2} = -1, k_3 = 0.5, p_1 = -2, p_3 = 0$ と求められる．また，図 3.22 のように時間応答 $y(t)$ が描画される．

3.5.2 インパルス応答と単位ステップ応答 (impulse, step)

　MATLAB では，関数 impulse を用いることによってインパルス応答を，関数 step を用いることによって単位ステップ応答を描画することができる．たとえば，**例 3.13** (p. 38) で示したシステム (3.53) 式のインパルス応答および単位ステップ応答を得るための M ファイルを以下に示す．

[†7] **付録 A.3** に示すように，データ列のべき乗やデータ列どうしの乗算，除算は "`.^`"，"`.*`"，"`./`" のように演算子の前に "`.`" を記入する必要がある．このことに注意すると，t と exp(p(2)*t) の乗算は t.*exp(p(2)*t) となる．

Mファイル "sample_impulse_step1.m"

```
01  sysP = tf([10],[1 2 10]);
02              ……  伝達関数 P(s) の定義
03  figure(1); impulse(sysP)
04  figure(2); step(sysP)
      ……  時間指定をせずに Figure 1, 2 にインパルス
           応答，単位ステップ応答を描画
```

Mファイル "sample_impulse_step2.m"

```
01  sysP = tf([10],[1 2 10]);
02              ……  伝達関数 P(s) の定義
03  figure(1); impulse(sysP,5)
04  figure(2); step(sysP,5)  ……  終端時間：5秒
```

Mファイル "sample_impulse_step3.m"

```
01  sysP = tf([10],[1 2 10]);
02              ……  伝達関数 P(s) の定義
03  t = 0:0.001:5;      ……  時間 t のデータ生成
04  figure(1); impulse(sysP,t)
05  figure(2); step(sysP,t)
              ……  時間データを指定して描画
```

Mファイル "sample_impulse.m"

```
01  sysP = tf([10],[1 2 10]);
02              ……  伝達関数 P(s) の定義
03  t = 0:0.001:5;      ……  時間 t のデータ生成
04  y = impulse(sysP,t);
05  figure(1)        ……  インパルス応答 y(t) を
06  plot(t,y)         計算して Figure 1 に描画
07  xlabel('t [s]')   ……  横軸にラベルを表示
08  ylabel('y(t)')    ……  縦軸にラベルを表示
09  grid on           ……  補助線の表示
```

Mファイル "sample_step.m"

```
01  sysP = tf([10],[1 2 10]);
02              ……  伝達関数 P(s) の定義
03  t = 0:0.001:5;      ……  時間 t のデータ生成
04  y = step(sysP,t);
05  figure(2)        ……  単位ステップ応答 y(t) を
06  plot(t,y)         計算して Figure 2 に描画
07  xlabel('t [s]')   ……  横軸にラベルを表示
08  ylabel('y(t)')    ……  縦軸にラベルを表示
09  grid on           ……  補助線の表示
```

Mファイル "sample_impulse.m" の実行結果を図 3.23 に，"sample_step.m" の実行結果を図 3.24 に示す．

また，複数のシステムのインパルス応答や単位ステップ応答を描画するための M ファイルを以下に示す．

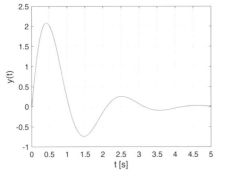

図 3.23　"sample_impulse.m" の実行結果

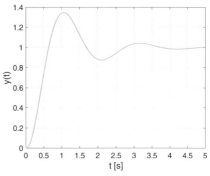

図 3.24　"sample_step.m" の実行結果

M ファイル "sample_impulse_step_multi1.m"

```
01  sysP1 = tf([10],[1 2 10]);
02  sysP2 = tf([1],[1 1]);
03
04  figure(1); impulse(sysP1,sysP2)
05  figure(2); step(sysP1,sysP2)
```

M ファイル "sample_impulse_step_multi2.m"

```
01  sysP1 = tf([10],[1 2 10]);
02  sysP2 = tf([1],[1 1]);
03
04  figure(1); impulse(sysP1,sysP2,10)
05  figure(2); step(sysP1,sysP2,10)
```

M ファイル "sample_impulse_step_multi3.m"

```
01  sysP1 = tf([10],[1 2 10]);
02  sysP2 = tf([1],[1 1]);
03
04  t = 0:0.001:5;
05  figure(1); impulse(sysP1,sysP2,t)
06  figure(2); step(sysP1,sysP2,t)
```

M ファイル "sample_impulse_multi.m"

```
01  sysP1 = tf([10],[1 2 10]);
02  sysP2 = tf([1],[1 1]);
03
04  t = 0:0.001:5;
05  y1 = impulse(sysP1,t);
06  y2 = impulse(sysP2,t);
07
08  figure(1); plot(t,y1,t,y2)
09  xlabel('t [s]')
10  ylabel('y1(t) and y2(t)')
11  legend('y1(t)','y2(t)')      …… 凡例の表示
12  grid on
```

M ファイル "sample_step_multi.m"

```
 :      "sample_impulse_multi.m" の 1 ～ 4 行目
05  y1 = step(sysP1,t);
06  y2 = step(sysP2,t);
07
08  figure(2); plot(t,y1,t,y2)
 :      "sample_impulse_multi.m" の 9 ～ 12 行目
```

3.5.3 任意の入力に対する応答 (lsim)

MATLAB では，関数 lsim を用いることによって，任意の入力 $u(t)$ に対する時間応答 $y(t)$ を得ることができる．たとえば，システム (3.53) 式 (p. 38) の単位ランプ応答や $u(t) = \sin 4t$ に対する時間応答を描画するための M ファイルは以下のようになる．

M ファイル "sample_lsim1.m"

```
01  sysP = tf([10],[1 2 10]);
02                …… 伝達関数 P(s) の定義
03  t = 0:0.001:5;    …… 時間 t のデータ生成
04
05  u1 = t;            …… u(t) = t
06  figure(1); lsim(sysP,u1,t)
07      …… Figure 1 に単位ランプ応答 y(t) を描画
08  u2 = sin(4*t);     …… u(t) = sin 4t
09  figure(2); lsim(sysP,u2,t)
        …… Figure 2 に u(t) = sin 4t に対する
           時間応答 y(t) を描画
```

M ファイル "sample_lsim2.m"

```
01  sysP = tf([10],[1 2 10]);
02
03  t = 0:0.001:5;
04
```

```
05  u1 = t;
06  y1 = lsim(sysP,u1,t);
07  figure(1)
08  plot(t,u1,'--',t,y1)
09  xlabel('t [s]')
10  ylabel('u(t) and y(t)')
11  legend({'u(t)','y(t)'},'NumColumns',2)
12  grid on          …… 凡例を 2 列に並べて表示
13
14  u2 = sin(4*t);
15  y2 = lsim(sysP,u2,t);
16  figure(2)
17  plot(t,u2,'--',t,y2)
18  xlabel('t [s]')
19  ylabel('u(t) and y(t)')
20  legend('u(t)','y(t)'
21  grid on
```

M ファイル "sample_lsim2.m" の実行結果を図 3.25 に示す．

問題 3.12 伝達関数 $P(s)$ が**問題 3.4** (p. 40) のように与えられたとき，関数 impulse, step, lsim を利用してインパルス応答，単位ステップ応答，単位ランプ応答を描画せよ．

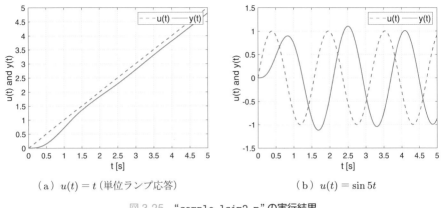

（a）$u(t) = t$（単位ランプ応答） （b）$u(t) = \sin 5t$

図 3.25 "sample_lsim2.m" の実行結果

問題 3.13 問題 3.11 (p. 52) において，MATLAB を利用して M, c, k を定める M ファイルを作成せよ．また，単位ステップ応答を描画し，$y_{max} = 0.05$ [m]，$y_{\infty} = 0.04$ [m]，$T_p = 0.5$ [s] となることを確認せよ．

3.5.4 Symbolic Math Toolbox を利用した時間応答の計算

Symbolic Math Toolbox を利用することで，様々な数式処理を行うことができる．

■ ラプラス変換と逆ラプラス変換 (laplace, ilaplace)

MATLAB では，関数 laplace によりラプラス変換 $f(s) = \mathcal{L}\big[f(t)\big]$ を求めることができる．たとえば，**例 3.6** (1), (2) (p. 31) の結果を得るための M ファイルは

M ファイル "sample_laplace1.m"
```
01  syms t real      ……  時間 t を実数として定義
02
03  ft = 1 - 3*exp(-2*t) + 2*exp(-3*t)
04  fs = laplace(ft)         ……  f(s) = L[f(t)]
05  fs = prod(factor(fs))    ……  f(s) を通分して
                                   因数分解
```

M ファイル "sample_laplace2.m"
```
01  syms t real
02
03  ft = exp(-t)*(cos(2*t) - (3/2)*sin(2*t))
04  fs = laplace(ft)
05  fs = prod(factor(fs))
```

となる．これらの M ファイルを実行すると，

M ファイル "sample_laplace1.m" の実行結果
```
>> sample_laplace1 ↵
ft =
2*exp(-3*t) - 3*exp(-2*t) + 1
fs =
2/(s + 3) - 3/(s + 2) + 1/s
fs =
6/(s*(s + 2)*(s + 3))
```

M ファイル "sample_laplace2.m" の実行結果
```
>> sample_laplace2 ↵
ft =
exp(-t)*(cos(2*t) - (3*sin(2*t))/2)
fs =
(s + 1)/((s + 1)^2 + 4) - 3/((s + 1)^2 + 4)
fs =
(s - 2)/(s^2 + 2*s + 5)
```

となり，**例 3.6** (1), (2) の結果と一致する．

一方，MATLAB では，関数 ilaplace により逆ラプラス変換 $f(t) = \mathcal{L}^{-1}\big[f(s)\big]$ を

求めることができる．たとえば，**例 3.7** (p. 32) の結果を得るための M ファイルは

M ファイル "sample_ilaplace1.m"
```
01  syms s        …… ラプラス演算子 s の定義
02
03  fs = 6/(s*(s + 2)*(s + 3))
04  ft = ilaplace(fs)  …… f(t) = L⁻¹[f(s)]
```

M ファイル "sample_ilaplace2.m"
```
01  syms s
02
03  fs = (s - 2)/(s^2 + 2*s + 5)
04  ft = ilaplace(fs)
```

となる．これら M ファイルを実行すると以下のようになり，**例 3.7** の結果と一致する．

M ファイル "sample_ilaplace1.m" の実行結果
```
>> sample_ilaplace1 ↵
fs =
6/(s*(s + 2)*(s + 3))
ft =
2*exp(-3*t) - 3*exp(-2*t) + 1
```

M ファイル "sample_ilaplace2.m" の実行結果
```
>> sample_ilaplace2 ↵
fs =
(s - 2)/(s^2 + 2*s + 5)
ft =
exp(-t)*(cos(2*t) - (3*sin(2*t))/2)
```

■ 部分分数分解 (partfrac)

関数 partfrac を利用すれば，部分分数分解を行うことができる．たとえば，(3.108)
式 (p. 56) や (3.109) 式 (p. 57) を部分分数分解する M ファイルは以下のようになる．

M ファイル "sample_partfrac1.m"
```
01  syms s        …… ラプラス演算子 s の定義
02
03  ys = (4*s + 5)/(s^2 + 3*s + 2)
04  ys = partfrac(ys)
05      …… (3.108) 式の y(s) を定義して部分分数分解
```

M ファイル "sample_partfrac2.m"
```
01  syms s        …… ラプラス演算子 s の定義
02
03  ys = 2/(s^3 + 4*s^2 + 4*s)
04  ys = partfrac(ys)
05      …… (3.109) 式の y(s) を定義して部分分数分解
```

これら M ファイルを実行すると，以下の結果が得られる．

M ファイル "sample_partfrac1.m" の実行結果
```
>> sample_partfrac1 ↵
ys =
(4*s + 5)/(s^2 + 3*s + 2)
ys =
1/(s + 1) + 3/(s + 2)
```

M ファイル "sample_partfrac2.m" の実行結果
```
>> sample_partfrac2 ↵
ys =
2/(s^3 + 4*s^2 + 4*s)
ys =
1/(2*s) - 1/(s + 2)^2 - 1/(2*(s + 2))
```

■ 時間応答の計算と描画

Symbolic Math Toolbox を利用して，**例 3.13** (p. 38) で示したシステム (3.53) 式
の単位ステップ応答 $y(t)$ を求め，そのグラフを描画する M ファイルは以下のように
なる．

M ファイル "sample_step_sym.m"
```
01  syms t real  …… 時間 t を実数として定義    11  yt = ilaplace(ys)  …… 単位ステップ応答
02  syms s       …… ラプラス演算子 s の定義    12                         y(t) = L⁻¹[y(s)]
03                                              13  dyt = diff(yt,t);   …… y(t) の時間微分 ẏ(t)
04  ut = sym(1)  …… 単位ステップ関数 u(t) = 1  14  dyt = simplify(dyt)   を計算し，簡略化
05  us = laplace(ut)  …… u(s) = L[u(t)]         15
06                                              16  figure(1)      …… Figure 1 に y(t) を描画
07  Ps = 10/(s^2 + 2*s + 10) …… 伝達関数 P(s)  17  fplot(yt,[0 5])      (0 ～ 5 秒)
08  ys = Ps*us    …… y(s) = P(s)u(s)            18  xlabel('t [s]')  …… 横軸にラベルを表示
09  ys = partfrac(ys)  …… y(s) を部分分数分解  19  ylabel('y(t)')   …… 縦軸にラベルを表示
10                    (9 行目は省略可)           20  grid on          …… 補助線の表示
```

なお，4, 5 行目の代わりに us = 1/s ($u(s) = 1/s$) を直接，記述してもよい．M ファイル "sample_step_sym.m" を実行すると，

M ファイル "sample_step_sym.m" の実行結果

```
>> sample_step_sym ↵          ys = ················ y(s) = P(s)u(s)
ut = ················ u(t) = 1   10/(s*(s^2 + 2*s + 10))
1                             ys = ········ y(s) を部分分数分解：(3.62) 式 (p. 40)
us = ················ u(s) = 1/s   1/s - (s + 2)/(s^2 + 2*s + 10)
1/s                           yt = ········· y(t)：(3.57) 式 (p. 39)
Ps = ········ P(s)：(3.53) 式 (p. 38)   1 - exp(-t)*(cos(3*t) + sin(3*t)/3)
10/(s^2 + 2*s + 10)           dyt = ················· 時間微分 ẏ(t)
                              (10*sin(3*t)*exp(-t))/3
```

となり，図 3.24 (p. 58) と同様のグラフが表示される．

3.5.5　Simulink を利用した時間応答の描画

付録 B.2 を参考にして，例 3.13 (p. 38) で示したシステム (3.53) 式の単位ステップ応答 $y(t)$ を，Simulink を利用して描画してみよう．

ステップ 1　空の Simulink モデルを開き，表 3.2 のようにモデルコンフィギュレーションパラメータを設定する．そして，図 3.26 のように Simulink ブロックを配置する．

ステップ 2　図 3.26 の Simulink ブロックを表 3.3 のように設定した後，図 3.27 のように結線し，"sim_step.slx" という名前で適当なフォルダに保存する．

作成した Simulink モデル "sim_step.slx" を実行すると，以下のいずれかの方法により，シミュレーション結果を表示することができる．

表 3.2　モデルコンフィギュレーションパラメータの設定

ソルバ/シミュレーション時間	開始時間：0，終了時間：5
ソルバ/ソルバの選択	タイプ：固定ステップ，ソルバ：ode4 (Runge-Kutta)
ソルバ/ソルバの詳細	固定ステップサイズ：0.001
データのインポート/エクスポート	ワークスペースまたはファイルに保存：「単一のシミュレーション出力」のチェックを外す

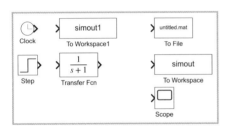

図 3.26　Simulink ブロックの配置

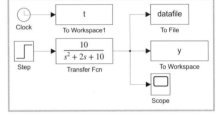

図 3.27　Simulink モデル "sim_step.slx"

表 3.3 Simulink ブロックのパラメータ設定

Simulink ブロック	変更するパラメータ
Step	ステップ時間：0
Transfer Fcn	分子係数：[10]， 分母係数：[1 2 10]
To Workspace	変数名：y，保存形式：配列
To Workspace1	変数名：t，保存形式：配列
To File	ファイル名：datafile （または datafile.mat）， 変数名：output

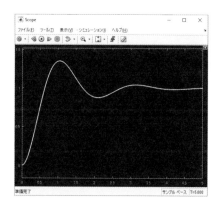

図 3.28 Scope でのシミュレーション結果の表示

- Simulink ブロック "Scope" をダブルクリックする．その結果，図 3.28 に示すように Scope ウィンドウにシミュレーション結果が表示される．
- Simulink ブロック "To Workspace"，"To Workspace1" により，シミュレーション結果が t, y という変数名で「配列」(データ列) としてワークスペースに保存されているので，コマンドウィンドウで

```
>> figure(1); plot(t,y) ↵
>> xlabel('t [s]'); ylabel('y(t)') ↵
```

と入力すると，**図 3.24** (p. 58) と同様のグラフが表示される．また，t, y を mat ファイル "data.mat" として保存するには，

```
>> save('data','t','y') ↵
```

と入力する．

- Simulink ブロック "To File" により，mat ファイル "datafile.mat" にシミュレーション結果が変数 output として保存される．変数 output の保存形式はデフォルトの「時系列」としているため，構造体配列となっており，時間データは output.Time，時間応答のデータは output.Data に格納される．したがって，コマンドウィンドウで

```
>> load('datafile') ↵
>> figure(1); plot(output.Time,output.Data) ↵
>> xlabel('t [s]'); ylabel('y(t)') ↵
```

と入力すると，**図 3.24** (p. 58) と同様のグラフが表示される．

第4章 s領域での制御系解析/設計

　フィードバック制御系を構成するとき，まず，安定性が確保されているかをチェックして
おく必要がある．そこで本章では，フィードバック制御系の安定判別を s 領域で行ういくつ
かの方法を説明する．ついで，フィードバック制御系の定常特性を改善するための条件につ
いて考察する．

4.1 フィードバック制御

4.1.1 ブロック線図の結合

　図 4.1 に示すように，伝達関数表現における基本操作は，ブロック線図により記述
することができる．

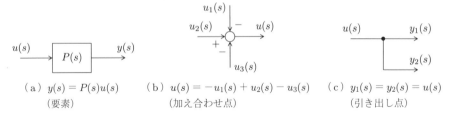

（a）$y(s) = P(s)u(s)$　　　（b）$u(s) = -u_1(s) + u_2(s) - u_3(s)$　　　（c）$y_1(s) = y_2(s) = u(s)$

（要素）　　　　　　　　　　（加え合わせ点）　　　　　　　　　　　　（引き出し点）

図 4.1　基本操作のブロック線図

　以下に，伝達関数の基本結合とそのブロック線図での表現を示す[†1]．

■ 直列結合

　図 4.2 (a) に示す直列結合では，$u(s)$ から $y(s)$ への伝達関数 $P(s)$ は

$$\begin{cases} y(s) = P_1(s)v(s) \\ v(s) = P_2(s)u(s) \end{cases} \implies \begin{cases} y(s) = P(s)u(s), \\ P(s) = P_1(s)P_2(s) \end{cases} \tag{4.1}$$

のようになる．

---

†1　MATLAB を利用した基本結合の計算は 4.4.2 項 (p. 84) で説明する．また，Simulink を利用した
　　基本結合の計算は 4.4.3 項 (p. 86) で説明する．

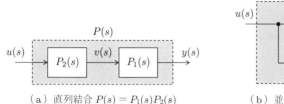

（a）直列結合 $P(s) = P_1(s)P_2(s)$

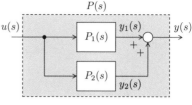

（b）並列結合 $P(s) = P_1(s) + P_2(s)$

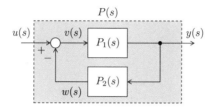

（c）フィードバック結合 $P(s) = \dfrac{P_1(s)}{1 + P_1(s)P_2(s)}$

図 4.2　ブロック線図の基本結合

■ 並列結合

図 4.2 (b) に示す並列結合では，$u(s)$ から $y(s)$ への伝達関数 $P(s)$ は

$$\begin{cases} y_1(s) = P_1(s)u(s) \\ y_2(s) = P_2(s)u(s) \\ \quad y(s) = y_1(s) + y_2(s) \end{cases} \implies \begin{cases} y(s) = P(s)u(s), \\ \quad P(s) = P_1(s) + P_2(s) \end{cases} \tag{4.2}$$

のようになる．

■ フィードバック結合

図 4.2 (c) に示すフィードバック結合では，

$$\begin{cases} y(s) = P_1(s)v(s) \\ v(s) = u(s) - w(s) \\ w(s) = P_2(s)y(s) \end{cases} \implies \begin{cases} y(s) = P_1(s)v(s) = P_1(s)(u(s) - w(s)) \\ \quad = P_1(s)(u(s) - P_2(s)y(s)) \end{cases}$$

となるので，$u(s)$ から $y(s)$ への伝達関数 $P(s)$ は

$$y(s) = P(s)u(s), \quad P(s) = \frac{P_1(s)}{1 + P_1(s)P_2(s)} \tag{4.3}$$

のようになる．

4.1.2　フィードバック制御系

フィードバック制御系のブロック線図は図 4.3 となる．ただし，$y(t) = \mathcal{L}^{-1}\big[y(s)\big]$：制御量，$u(t) = \mathcal{L}^{-1}\big[u(s)\big]$：操作量，$d(t) = \mathcal{L}^{-1}\big[d(s)\big]$：外乱，$e(t) = \mathcal{L}^{-1}\big[e(s)\big]$：偏差，$r(t) = \mathcal{L}^{-1}\big[r(s)\big]$：目標値，$P(s)$：制御対象の伝達関数，$C(s)$：コントローラの伝達関数である．図において，外部入力 $r(s), d(s)$ と出力 $y(s)$ との間には

$$
\begin{aligned}
y(s) &= P(s)\big(d(s) + C(s)e(s)\big) \\
&= P(s)\big\{d(s) + C(s)\big(r(s) - y(s)\big)\big\}
\end{aligned}
\tag{4.4}
$$

より

$$
y(s) = G_{yr}(s)r(s) + G_{yd}(s)d(s)
$$
$$
G_{yr}(s) = \frac{P(s)C(s)}{1 + P(s)C(s)}, \quad G_{yd}(s) = \frac{P(s)}{1 + P(s)C(s)}
\tag{4.5}
$$

という関係式が成立する．(4.5) 式における $G_{yr}(s)$ を $r(s)$ から $y(s)$ への伝達関数，$G_{yd}(s)$ を $d(s)$ から $y(s)$ への伝達関数という．

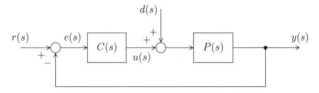

図 4.3　**フィードバック制御系**

問題 4.1　図 4.3 のフィードバック制御系において，$r(s), d(s)$ から偏差 $e(s)$ への伝達関数 $G_{er}(s)$，$G_{ed}(s)$ がそれぞれ

$$
G_{er}(s) = \frac{1}{1 + P(s)C(s)}, \quad G_{ed}(s) = -\frac{P(s)}{1 + P(s)C(s)}
\tag{4.6}
$$

となることを示せ．また，$r(s), d(s)$ からコントローラの出力 $u(s)$ への伝達関数 $G_{ur}(s), G_{ud}(s)$ がそれぞれ

$$
G_{ur}(s) = \frac{C(s)}{1 + P(s)C(s)}, \quad G_{ud}(s) = -\frac{P(s)C(s)}{1 + P(s)C(s)}
\tag{4.7}
$$

となることを示せ．

4.1.3　フィードフォワード制御系

フィードフォワード制御系のブロック線図は図 4.4 となる．図において，外部入力 $r(s), d(s)$ と出力 $y(s)$ との間には

$$
y(s) = P(s)\big(d(s) + C(s)r(s)\big) = G_{yr}(s)r(s) + G_{yd}(s)d(s)
\tag{4.8}
$$

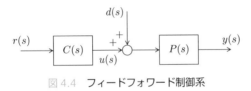

図 4.4 **フィードフォワード制御系**

$$G_{yr}(s) = P(s)C(s), \quad G_{yd}(s) = P(s)$$

という関係式が成立する.

4.1.4 フィードバック制御の利点

制御対象

$$y(t) + T\dot{y}(t) = K\bigl(u(t) + d(t)\bigr) \tag{4.9}$$

が与えられたとき, 制御量 $y(t)$ をその目標値 $r(t)$ に追従させることを考えよう. なお, 制御量の初期値が $y(0) = 0$ のとき, (4.9) 式は

$$y(s) = P(s)\bigl(u(s) + d(s)\bigr), \quad P(s) = \frac{K}{1 + Ts} \tag{4.10}$$

と等価である.

例 4.1 **フィードフォワード制御の問題点**

図 4.4 に示したフィードフォワード制御では, $T > 0$ であるような安定な制御対象に対して, たとえばコントローラを

$$u(s) = C(s)r(s), \quad C(s) = \frac{1 + Ts}{K(1 + T_{\mathrm{m}}s)} \quad (T_{\mathrm{m}} > 0) \tag{4.11}$$

とすれば,

$$G_{yr}(s) = P(s)C(s) = \frac{1}{1 + T_{\mathrm{m}}s}, \quad G_{yd}(s) = P(s) = \frac{K}{1 + Ts} \tag{4.12}$$

となる. したがって, 外乱が $d(t) = 0$ であるとき,

$$y(s) = G_{yr}(s)r(s) \tag{4.13}$$

なので, 最終値の定理より目標値 $r(t) = 1$ に対する制御量 $y(t)$ の定常値は $y_\infty = G_{yr}(0) = 1$ となり, 目標値と一致する. しかしながら, 以下のような問題がある.

- 問題点 1 目標値が $r(t) = 0$, 外乱が $d(t) = 1$ であるとき,

$$y(s) = G_{yd}(s)d(s) \tag{4.14}$$

となるので, 最終値の定理より $y(t)$ の定常値は $y_\infty = G_{yd}(0) = K \neq 0$ となる. し

たがって，定値外乱 $d(t) = 1$ により目標値 $r(t) = 0$ からずれてしまう (図 4.5 (a) 参照).

- 問題点 2　外乱は $d(t) = 0$ であるが，制御対象のパラメータが変動し，実際には

$$P'(s) = \frac{K'}{1 + T's} \quad (T' > 0) \tag{4.15}$$

であった場合，

$$y(s) = G'_{yr}(s)r(s), \quad G'_{yr}(s) = P'(s)C(s) = \frac{K'(1 + Ts)}{K(1 + T's)(1 + T_m s)} \tag{4.16}$$

となる．したがって，最終値の定理より目標値 $r(t) = 1$ に対する制御量 $y(t)$ の定常値は $y_\infty = G'_{yr}(0) = K'/K$ となり，目標値からずれてしまう (図 4.5 (b) 参照).

- 問題点 3　$T < 0$ である場合，(4.14) 式より伝達関数 $G_{yd}(s)$ は不安定であるから，外乱 $d(t)$ が加わると $y(t)$ が発散してしまう．また，$T < 0$ であっても (4.14) 式の伝達関数 $G_{yr}(s)$ は安定なので，外乱 $d(t)$ が加わらないときは問題ないように見えるが，$P(s)$ と $C(s)$ とで不安定な極零相殺 ($P(s)$ の不安定極 $s = -1/T$ と $C(s)$ の不安定零点 $s = -1/T$ が相殺される) が生じるため，初期値 $y(0) = y_0$ が 0 でない限り，$y(t)$ は発散する．つまり，初期値 $y(0) = y_0$ を考慮して (4.9) 式をラプラス変換すると，

$$y(s) + T\big(sy(s) - y_0\big) = K\big(u(s) + d(s)\big)$$

$$\implies \quad y(s) = P(s)\big(u(s) + d(s)\big) + Q(s)y_0, \quad Q(s) = \frac{T}{1 + Ts} \tag{4.17}$$

となる．したがって，(4.17), (4.11) 式より

$$y(s) = G_{yr}(s)r(s) + G_{yd}(s)d(s) + Q(s)y_0 \tag{4.18}$$

となるので，$T < 0$ のとき，伝達関数 $G_{yd}(s)$ だけでなく $Q(s)$ も不安定であり，$y_0 \neq 0$ であれば $y(t)$ が発散してしまうことがわかる.

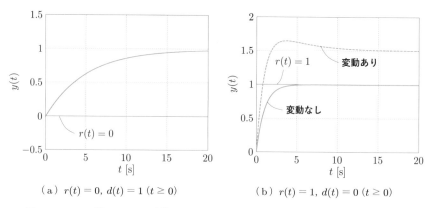

（a）$r(t) = 0,\ d(t) = 1\ (t \geq 0)$　　　（b）$r(t) = 1,\ d(t) = 0\ (t \geq 0)$

図 4.5　フィードフォワード制御 ($T = 5,\ K = 1,\ T_m = 1,\ T' = 4,\ K' = 1.5$)

それに対し，フィードバック制御では，上記の問題点に対処することができる．

例 4.2　フィードバック制御の利点

図 4.3 に示したフィードバック制御では，たとえば，コントローラを

$$u(s) = C(s)e(s), \quad C(s) = \frac{k_{\mathrm{P}}s + k_{\mathrm{I}}}{s} \tag{4.19}$$

と選べば，(4.17)，(4.19) 式より

$$y(s) = G_{yr}(s)r(s) + G_{yd}(s)d(s) + G_{yy_0}(s)y_0 \tag{4.20}$$

$$\begin{cases} G_{yr}(s) = \dfrac{P(s)C(s)}{1 + P(s)C(s)} = \dfrac{K(k_{\mathrm{P}}s + k_{\mathrm{I}})}{Ts^2 + (1 + Kk_{\mathrm{P}})s + Kk_{\mathrm{I}}} \\[3mm] G_{yd}(s) = \dfrac{P(s)}{1 + P(s)C(s)} = \dfrac{Ks}{Ts^2 + (1 + Kk_{\mathrm{P}})s + Kk_{\mathrm{I}}} \\[3mm] G_{yy_0}(s) = \dfrac{Q(s)}{1 + P(s)C(s)} = \dfrac{Ts}{Ts^2 + (1 + Kk_{\mathrm{P}})s + Kk_{\mathrm{I}}} \end{cases}$$

となる．ただし，$Ts^2 + (1 + Kk_{\mathrm{P}})s + Kk_{\mathrm{I}} = 0$ の解の実部がすべて負となるように k_{P}，k_{I} を与えたとする．このとき，定常特性に関して以下のことがいえ，**問題点 1** および**問題点 3** に対処できる (図 4.6 (a) 参照)．

- 外乱が $d(t) = 0$，初期値が $y_0 = 0$ であるとき，目標値 $r(t) = 1$ に対する制御量 $y(t)$ の定常値は $y_\infty = G_{yr}(0) = 1$ となり，目標値と一致する．
- 目標値が $r(t) = 0$，初期値が $y_0 = 0$ であるとき，外乱 $d(t) = 1$ に対する制御量 $y(t)$ の定常値は $y_\infty = G_{yd}(0) = 0$ となり，外乱を完全に除去することができる．
- 目標値が $r(t) = 0$，外乱が $d(t) = 0$ であるとき，初期値 y_0 に対する制御量 $y(t)$ の定常値は $y_\infty = \lim_{s \to 0} sG_{yy_0}(s)y_0 = 0$ となり，初期値の影響を 0 にすることができる．

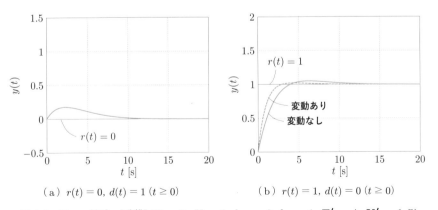

(a) $r(t) = 0$, $d(t) = 1$ $(t \geq 0)$ 　　　(b) $r(t) = 1$, $d(t) = 0$ $(t \geq 0)$

図 4.6　**フィードバック制御** ($T = 5$, $K = 1$, $k_{\mathrm{P}} = 3$, $k_{\mathrm{I}} = 1$, $T' = 4$, $K' = 1.5$)

また，パラメータ変動を生じた制御対象が (4.15) 式であった場合，

$$y(s) = G'_{yr}(s)r(s) + G'_{yd}(s)d(s) \tag{4.21}$$

$$\begin{cases} G'_{yr}(s) = \dfrac{P'(s)C(s)}{1+P'(s)C(s)} = \dfrac{K'(k_\mathrm{P}s+k_\mathrm{I})}{T's^2 + (1+K'k_\mathrm{P})s + K'k_\mathrm{I}} \\[3mm] G'_{yd}(s) = \dfrac{P'(s)}{1+P'(s)C(s)} = \dfrac{K's}{T's^2 + (1+K'k_\mathrm{P})s + K'k_\mathrm{I}} \end{cases}$$

となる．ただし，初期値が $y_0 = 0$ であるとした．したがって，$T's^2 + (1+K'k_\mathrm{P})s + K'k_\mathrm{I} = 0$ の解の実部がすべて負となるように $k_\mathrm{P}, k_\mathrm{I}$ が選ばれているならば，$G'_{yr}(0) = 1$，$G'_{yd}(0) = 0$ なので，定常特性が悪化することはなく，**問題点 2** に対処できる（**図 4.6** (b) 参照）．

このように，フィードフォワード制御と比べてフィードバック制御には以下の利点がある．

┌─ フィードバック制御の利点 ────────────────
- パラメータ変動や外乱などの未知動特性に対処できる．
- 制御対象が不安定であっても制御系を安定化できる．
└────────────────────────────────────

4.2　フィードバック制御系の安定性

4.2.1　特性方程式と内部安定性

図 4.3 のフィードバック制御系において，$P(s) = N_\mathrm{p}(s)/D_\mathrm{p}(s)$，$C(s) = N_\mathrm{c}(s)/D_\mathrm{c}(s)$（$N_\mathrm{p}(s), D_\mathrm{p}(s), N_\mathrm{c}(s), D_\mathrm{c}(s)$ は多項式）とする．このとき，外部入力 $r(s), d(s)$ から $P(s), C(s)$ の出力 $y(s), u(s)$ への伝達関数 $G_{yr}(s), G_{yd}(s), G_{ur}(s), G_{ud}(s)$ は

$$G_{yr}(s) = \frac{P(s)C(s)}{1+P(s)C(s)} = \frac{N_\mathrm{p}(s)N_\mathrm{c}(s)}{D_\mathrm{p}(s)D_\mathrm{c}(s) + N_\mathrm{p}(s)N_\mathrm{c}(s)} \tag{4.22}$$

$$G_{yd}(s) = \frac{P(s)}{1+P(s)C(s)} = \frac{N_\mathrm{p}(s)D_\mathrm{c}(s)}{D_\mathrm{p}(s)D_\mathrm{c}(s) + N_\mathrm{p}(s)N_\mathrm{c}(s)} \tag{4.23}$$

$$G_{ur}(s) = \frac{C(s)}{1+P(s)C(s)} = \frac{D_\mathrm{p}(s)N_\mathrm{c}(s)}{D_\mathrm{p}(s)D_\mathrm{c}(s) + N_\mathrm{p}(s)N_\mathrm{c}(s)} \tag{4.24}$$

$$G_{ud}(s) = -\frac{P(s)C(s)}{1+P(s)C(s)} = -\frac{N_\mathrm{p}(s)N_\mathrm{c}(s)}{D_\mathrm{p}(s)D_\mathrm{c}(s) + N_\mathrm{p}(s)N_\mathrm{c}(s)} \tag{4.25}$$

となる．したがって，以下の安定条件が得られる．

┌─ フィードバック制御系の安定条件 ─────────────

図 4.3 のフィードバック制御系は**特性方程式**

$$1 + P(s)C(s) = 0 \implies \Delta(s) := D_{\mathrm{p}}(s)D_{\mathrm{c}}(s) + N_{\mathrm{p}}(s)N_{\mathrm{c}}(s) = 0 \quad (4.26)$$

の解の実部がすべて負であるとき，**内部安定**である．

└──────────────────────────────────

ここでいう安定性は，フィードバック制御系の制御量 $y(t)$ だけでなく内部信号である操作量 $u(t)$ も考慮しているため，**内部安定性**と呼ばれる．

例 4.3 **内部安定性**

図 4.3 のフィードバック制御系において，

$$P(s) = \frac{N_{\mathrm{p}}(s)}{D_{\mathrm{p}}(s)} = \frac{1}{s+1}, \quad C(s) = \frac{N_{\mathrm{c}}(s)}{D_{\mathrm{c}}(s)} = \frac{s+2}{s} \quad (4.27)$$

であるとき，特性方程式は

$$\begin{aligned}
\Delta(s) &= D_{\mathrm{p}}(s)D_{\mathrm{c}}(s) + N_{\mathrm{p}}(s)N_{\mathrm{c}}(s) \\
&= (s+1) \times s + 1 \times (s+2) = s^2 + 2s + 2 = 0
\end{aligned} \quad (4.28)$$

である．(4.28) 式の解は $s = -1 \pm j$ であり，実部はすべて負なので，内部安定である．

問題 4.2 図 4.3 のフィードバック制御系において，$P(s), C(s)$ が以下のように与えられたとき，特性方程式 (4.26) 式の解を求めることによって安定性を調べよ．

(1) $P(s) = \dfrac{1}{s-1}, \quad C(s) = \dfrac{2s+1}{s}$ 　(2) $P(s) = \dfrac{1}{(s-1)(s+2)}, \quad C(s) = 1$

4.2.2 不安定な極零相殺と内部安定性

$P(s)$ と $C(s)$ との間で不安定な極零相殺が生じている場合，以下の例に示すように，取り扱いに注意が必要である．

例 4.4 **$P(s)$ の不安定極と $C(s)$ の不安定零点の相殺**

図 4.3 のフィードバック制御系において，

$$P(s) = \frac{N_{\mathrm{p}}(s)}{D_{\mathrm{p}}(s)} = \frac{1}{s-1}, \quad C(s) = \frac{N_{\mathrm{c}}(s)}{D_{\mathrm{c}}(s)} = \frac{s-1}{s+1} \quad (4.29)$$

とする．このとき，特性方程式

$$\Delta(s) = (s-1)(s+2) = 0 \quad (4.30)$$

の解は $s = -2, 1$ となるため，図 4.3 のフィードバック制御系は内部安定ではない．実際，$r(s)$ から $y(s)$ への伝達関数 $G_{yr}(s)$ は

$$G_{yr}(s) = \frac{P(s)C(s)}{1 + P(s)C(s)} = \frac{1}{s + 2} \tag{4.31}$$

となり安定であるが，$d(s)$ から $y(s)$ への伝達関数 $G_{yd}(s)$ は

$$G_{yd}(s) = \frac{P(s)}{1 + P(s)C(s)} = \frac{s + 1}{(s - 1)(s + 2)} \tag{4.32}$$

のように不安定である．したがって，入力外乱 $d(t)$ が加わると制御量 $y(t)$ は発散する．

例 4.5　$P(s)$ の不安定零点と $C(s)$ の不安定極の相殺

図 4.3 のフィードバック制御系において，

$$P(s) = \frac{N_{\mathrm{p}}(s)}{D_{\mathrm{p}}(s)} = \frac{s - 1}{s + 1}, \quad C(s) = \frac{N_{\mathrm{c}}(s)}{D_{\mathrm{c}}(s)} = \frac{1}{s - 1} \tag{4.33}$$

とする．このとき，特性方程式は (4.30) 式となり，その解は $s = -2, 1$ となる．したがって，図 4.3 のフィードバック制御系は内部安定ではない．実際，$r(s)$ から $y(s)$ への伝達関数 $G_{yr}(s)$ は (4.31) 式となり安定であるが，$r(s)$ から $u(s)$ への伝達関数 $G_{ur}(s)$ は

$$G_{ur}(s) = \frac{C(s)}{1 + P(s)C(s)} = \frac{s + 1}{(s - 1)(s + 2)} \tag{4.34}$$

のように不安定である．したがって，目標値 $r(t)$ が加わると内部信号である操作量 $u(t)$ が発散する．

　これらの例からわかるように，$P(s)$ と $C(s)$ の間での不安定な極零相殺は避けねばならない．また，極零相殺がなければ，四つの伝達関数 $G_{yr}(s)$, $G_{yd}(s)$, $G_{ur}(s)$, $G_{ud}(s)$ の極は特性方程式 (4.26) 式の解と等しいので，たとえば，$G_{yr}(s)$ の極を調べることで内部安定性を判別できることに注意しよう．

4.2.3　フルビッツの安定判別法

　伝達関数が高次であるような場合や係数にパラメータを含む場合，特性方程式 (4.26) 式の解を求めることは困難である．このような場合，以下に示す**フルビッツ (Hurwitz) の安定判別法**を利用する[†2]．

┌─ フルビッツの安定判別法 (簡略化した結果) ───────────

特性方程式 (4.26) 式を

$$\Delta(s) = a_n s^n + a_{n-1} s^{n-1} + \cdots + a_1 s + a_0 = 0 \tag{4.35}$$

とする．ただし，$a_n < 0$ のときには (4.35) 式の代わりに $-\Delta(s) = 0$ を考える．

[†2]　本来の結果は，条件 II は「すべての小行列式が正 $(H_i > 0 \; (i = 1, 2, \ldots, n))$」である．

このとき，以下の条件を満足することと内部安定であることは等価である．

- 条件 I　$\Delta(s)$ のすべての係数 a_i が正
- 条件 II　$\begin{cases} n = 2k \text{ のとき,} H_3, H_5, \ldots, H_{2k-1} \text{ がすべて正} \\ n = 2k+1 \text{ のとき,} H_2, H_4, \ldots, H_{2k} \text{ がすべて正} \end{cases}$

ここで，H_i は**フルビッツ行列**（a_{-1} や a_{-2} のように存在しない要素は 0 とする）

$$
\boldsymbol{H} = \begin{bmatrix}
a_{n-1} & a_{n-3} & a_{n-5} & a_{n-7} & \cdots & 0 & 0 \\
a_n & a_{n-2} & a_{n-4} & a_{n-6} & \cdots & 0 & 0 \\
0 & a_{n-1} & a_{n-3} & a_{n-5} & \cdots & 0 & 0 \\
0 & a_n & a_{n-2} & a_{n-4} & \cdots & 0 & 0 \\
\vdots & \vdots & \vdots & \vdots & \ddots & \vdots & \vdots \\
0 & 0 & \cdots & \cdots & & a_3 & a_1 & 0 \\
0 & 0 & \cdots & \cdots & & a_4 & a_2 & a_0
\end{bmatrix} \tag{4.36}
$$

に対する主座小行列式

$$
H_1 = a_{n-1}, \quad H_2 = \begin{vmatrix} a_{n-1} & a_{n-3} \\ a_n & a_{n-2} \end{vmatrix}, \quad \ldots, \quad H_n = |\boldsymbol{H}|
$$

である．条件 II を具体的に記述すると，以下のようになる．

$n=1$	$n=2$	$n=3$	$n=4$
条件 II は不要	条件 II は不要	$H_2 > 0$	$H_3 > 0$

$n=5$	$n=6$	$n=7$
$H_2 > 0, H_4 > 0$	$H_3 > 0, H_5 > 0$	$H_2 > 0, H_4 > 0, H_6 > 0$

たとえば，$n=3$ のときの $\boldsymbol{H}$ および H_2 は

$$
\boldsymbol{H} = \begin{bmatrix} a_2 & a_0 & 0 \\ a_3 & a_1 & 0 \\ 0 & a_2 & a_0 \end{bmatrix}, \quad H_2 = \begin{vmatrix} a_2 & a_0 \\ a_3 & a_1 \end{vmatrix} \tag{4.37}
$$

であり，$n=4$ のときの $\boldsymbol{H}$ および H_3 は

$$
\boldsymbol{H} = \begin{bmatrix} a_3 & a_1 & 0 & 0 \\ a_4 & a_2 & a_0 & 0 \\ 0 & a_3 & a_1 & 0 \\ 0 & a_4 & a_2 & a_0 \end{bmatrix}, \quad H_3 = \begin{vmatrix} a_3 & a_1 & 0 \\ a_4 & a_2 & a_0 \\ 0 & a_3 & a_1 \end{vmatrix} \tag{4.38}
$$

である．

例 4.6　フルビッツの安定判別法 (高次系)

特性方程式が

(1) $\Delta(s) = s^3 + 2s^2 + 9s + 68 = 0$

(2) $\Delta(s) = s^4 + 4s^3 + 11s^2 + 14s + 10 = 0$

のように与えられたとき，内部安定性を判別してみよう．

(1) $\Delta(s)$ の係数 $a_3 = 1$, $a_2 = 2$, $a_1 = 9$, $a_0 = 68$ はすべて正であるので，条件 I を満足する．一方，$n = 3$ なので，条件 II における小行列式である (4.37) 式は

$$H_2 = \begin{vmatrix} a_2 & a_0 \\ a_3 & a_1 \end{vmatrix} = \begin{vmatrix} 2 & 68 \\ 1 & 9 \end{vmatrix} = -50 < 0 \tag{4.39}$$

となる．したがって，条件 II を満足しないので不安定である．なお，$\Delta(s) = 0$ の解は $s = -4, 1 \pm 4j$ であり，実部が正のものを含む．

(2) $\Delta(s)$ の係数 $a_4 = 1$, $a_3 = 4$, $a_2 = 11$, $a_1 = 14$, $a_0 = 10$ はすべて正であるので，条件 I を満足する．一方，$n = 4$ なので条件 II における小行列式である (4.38) 式は

$$H_3 = \begin{vmatrix} a_3 & a_1 & 0 \\ a_4 & a_2 & a_0 \\ 0 & a_3 & a_1 \end{vmatrix} = \begin{vmatrix} 4 & 14 & 0 \\ 1 & 11 & 10 \\ 0 & 4 & 14 \end{vmatrix} = 260 > 0 \tag{4.40}$$

となる．したがって，条件 II を満足するので内部安定である．なお，$\Delta(s) = 0$ の解は $s = -1 \pm j, -1 \pm 2j$ であり，実部はすべて負である．

例 4.7　フルビッツの安定判別法 (係数にパラメータを含む場合)

図 4.3 のフィードバック制御系において，制御対象を**例 2.4** (p. 16) で示した鉛直面を回転するアーム系としたとき，フィードバック制御系が内部安定となるようなコントローラの伝達関数

$$C(s) = k_\mathrm{P} + \frac{k_\mathrm{I}}{s} = \frac{k_\mathrm{P}s + k_\mathrm{I}}{s} \quad (k_\mathrm{I} \neq 0) \tag{4.41}$$

のパラメータ k_P, k_I の範囲を求めてみよう．

アーム系の $y(t) = 0$ 近傍における伝達関数は

$$P(s) = \frac{1}{Js^2 + cs + Mg\ell} \tag{4.42}$$

であり，特性方程式は

$$\Delta(s) = a_3 s^3 + a_2 s^2 + a_1 s + a_0 = 0 \tag{4.43}$$

となる．ただし，$a_3 = J$, $a_2 = c$, $a_1 = k_\mathrm{P} + Mg\ell$, $a_0 = k_\mathrm{I}$ である．また，J, c, M, g, ℓ はすべて正である．

- 条件 I　$a_3 = J > 0$, $a_2 = c > 0$ であるから，次式が成立せねばならない．

$$a_1 = k_\mathrm{P} + Mg\ell > 0, \quad a_0 = k_\mathrm{I} > 0 \tag{4.44}$$

- 条件 II $n = 3$ なので，条件 II における小行列式である (4.37) 式は

$$H_2 = \begin{vmatrix} a_2 & a_0 \\ a_3 & a_1 \end{vmatrix} = a_1 a_2 - a_0 a_3 = c(k_P + Mg\ell) - Jk_I > 0 \tag{4.45}$$

でなければならない．

(4.44), (4.45) 式より，コントローラのパラメータが

$$k_P > -Mg\ell, \quad 0 < k_I < \frac{c(k_P + Mg\ell)}{J} \tag{4.46}$$

であればフィードバック制御系は内部安定である．

問題 4.3 特性方程式が以下のように与えられたとき，内部安定性を判別せよ．
(1) $\Delta(s) = s^3 + 4s^2 + 14s + 20 = 0$
(2) $\Delta(s) = s^4 + 2s^3 + 5s^2 + 34s + 30 = 0$

問題 4.4 図 4.3 のフィードバック制御系において，制御対象が 2 次遅れ要素

$$P(s) = \frac{5}{s^2 + 2s + 2} \tag{4.47}$$

であるとき，以下の問いに答えよ．
(1) コントローラを $C(s) = k_P$ としたとき，フィードバック制御系が内部安定となる k_P の範囲をフルビッツの安定判別法により求めよ．
(2) コントローラを $C(s) = \dfrac{k_P s + k_I}{s}$ $(k_I \neq 0)$ としたとき，フィードバック制御系が内部安定となる k_P, k_I の範囲をフルビッツの安定判別法により求めよ．

4.2.4 ラウスの安定判別法

フルビッツの安定判別法を利用する代わりに，**ラウス (Routh) の安定判別法**を利用することもある．両者は等価であるため，これらをあわせて**ラウス・フルビッツの安定判別法**と呼ぶこともある．歴史的には，ラウスの安定判別法が先に提案された．また，ラウスの安定判別法では，実部が正の解 (不安定極) の数を知ることもできる．

--- ラウスの安定判別法 ---

特性方程式 (4.35) 式を考える．ただし，$a_n < 0$ のときには (4.35) 式の代わりに $-\Delta(s) = 0$ を考える．このとき，以下の条件を満足することと内部安定であることは等価である．

- 条件 I $\Delta(s)$ のすべての係数 a_i が正
- 条件 III **ラウス数列**の要素がすべて正

なお，ラウス数列とは**ラウス表**

$$
\begin{array}{c|ccccc}
s^n & R_{1,1}=a_n & R_{1,2}=a_{n-2} & R_{1,3}=a_{n-4} & R_{1,4}=a_{n-6} & \cdots \\
s^{n-1} & R_{2,1}=a_{n-1} & R_{2,2}=a_{n-3} & R_{2,3}=a_{n-5} & R_{2,4}=a_{n-7} & \cdots \\
s^{n-2} & R_{3,1} & R_{3,2} & R_{3,3} & R_{3,4} & \cdots \\
s^{n-3} & R_{4,1} & R_{4,2} & R_{4,3} & R_{4,4} & \cdots \\
\vdots & \vdots & \vdots & \vdots & \vdots & \vdots \\
s^2 & R_{n-1,1} & R_{n-1,2} & 0 & \cdots & \\
s^1 & R_{n,1} & 0 & \cdots & & \\
s^0 & R_{n+1,1} & 0 & \cdots & &
\end{array}
$$

の第 1 列 $\{R_{1,1}, R_{2,1}, \ldots, R_{n+1,1}\}$ であり，ラウス表の 3 行目以降の各要素は

$$
R_{3,1} = \frac{R_{2,1}R_{1,2} - R_{1,1}R_{2,2}}{R_{2,1}}, \quad R_{3,2} = \frac{R_{2,1}R_{1,3} - R_{1,1}R_{2,3}}{R_{2,1}},
$$

$$
R_{3,3} = \frac{R_{2,1}R_{1,4} - R_{1,1}R_{2,4}}{R_{2,1}}, \quad \ldots
$$

$$
R_{4,1} = \frac{R_{3,1}R_{2,2} - R_{2,1}R_{3,2}}{R_{3,1}}, \quad R_{4,2} = \frac{R_{3,1}R_{2,3} - R_{2,1}R_{3,3}}{R_{3,1}},
$$

$$
R_{4,3} = \frac{R_{3,1}R_{2,4} - R_{2,1}R_{3,4}}{R_{3,1}}, \quad \ldots
$$

で定義される．ただし，存在しない要素は 0 とする．

不安定であるとき，ラウス数列 $\{R_{1,1}, R_{2,1}, \ldots, R_{n+1,1}\}$ の符号が変化するが，このときの符号の変わる回数は実部が正の解 (不安定極) の数に等しい．また，ラウスの安定判別法を用いると，ラウス数列の k 番目の要素が $R_{k,1} = 0$ となってしまい，$R_{k+1,1}$ の計算ができない場合がある．本書では省略するが，このような場合の対処法については，文献 3) に詳しい．

例 4.8　ラウスの安定判別法 (高次系)

例 4.6 をラウスの安定判別法により解いてみよう．

(1) $n = 3$ としたラウス表は

$$
\begin{array}{c|ll}
s^3 & a_3 = 1 & a_1 = 9 \\
s^2 & a_2 = 2 & a_0 = 68 \\
s^1 & \dfrac{9 \times 2 - 1 \times 68}{2} = -25 & 0 \\
s^0 & \dfrac{68 \times (-25) - 2 \times 0}{-25} = 68 & *
\end{array}
$$

である．ただし，*は不要な部分であるので，省略していることを意味する．したがって，ラウス数列は $\{1, 2, -25, 68\}$ であり，符号が「正，正，負，正」なので不安定である．また，符号が 2 回変わるので実部が正の解 (不安定極) を 2 個持つ．

(2) $n = 4$ としたラウス表は

s^4	$a_4 = 1$	$a_2 = 11$	$a_0 = 10$
s^3	$a_3 = 4$	$a_1 = 14$	0
s^2	$\dfrac{11 \times 4 - 1 \times 14}{4} = \dfrac{15}{2}$	$\dfrac{10 \times 4 - 1 \times 0}{4} = 10$	0
s^1	$\dfrac{14 \times \dfrac{15}{2} - 4 \times 10}{\dfrac{15}{2}} = \dfrac{26}{3}$	$\dfrac{0 \times \dfrac{15}{2} - 4 \times 0}{\dfrac{15}{2}} = 0$	*
s^0	$\dfrac{10 \times \dfrac{26}{3} - \dfrac{15}{2} \times 0}{\dfrac{26}{3}} = 10$	*	*

である．したがって，ラウス数列は $\{1, 4, 15/2, 26/3, 10\}$ であり，符号が「正，正，正，正，正」なので内部安定である．

■ **問題 4.5**　問題 4.3 をラウスの安定判別法により解け．

4.2.5　根軌跡

根軌跡とは，$C(s) = k\widetilde{C}(s)$ において $k = 0$ から $k = \infty$ まで変化させたときの特性方程式

$$1 + kP(s)\widetilde{C}(s) = 0 \tag{4.48}$$

の解 s の軌跡を複素平面上に描いたものである．通常，複素平面上に $P(s)\widetilde{C}(s)$ の極を "×"，零点を "○" で表し，k が増大する方向に矢印をつける．

例 4.9　根軌跡

図 4.3 のフィードバック制御系において，制御対象が

$$P(s) = \frac{5}{s^2 + 2s + 2} \tag{4.49}$$

であるときの根軌跡を描いてみよう．コントローラを $C(s) = k_{\mathrm{P}} > 0$ とすると，$\widetilde{C}(s) = 1$，$k = k_{\mathrm{P}}$ であり，特性方程式は

$$\Delta(s) = s^2 + 2s + 2 + 5k_{\mathrm{P}} = 0 \tag{4.50}$$

である．特性方程式の解は $s = -1 \pm \sqrt{1 + 5k_{\mathrm{P}}}\,j$ であり，根軌跡の出発点 ($k_{\mathrm{P}} = 0$) は $s = -1 \pm j$ である．$k_{\mathrm{P}} > 0$ を大きくすると，実部は -1 のままであるが虚部 $\sqrt{1 + 5k_{\mathrm{P}}}$ は大

きくなる．したがって，根軌跡は図4.7 (a) のようになる．また，**図4.7 (b)** に $r(t) = 1$，$d(t) = 0$ $(t \geq 0)$ とした時間応答 (単位ステップ応答) を示す．

図4.7 (a) の根軌跡からわかるように，k_P を大きくすると，特性方程式の解の実部は変化しないが虚部は大きくなる．そのため，$r(t) = 1$，$d(t) = 0$ $(t \geq 0)$ とした時間応答 (単位ステップ応答)[†3] は，**図4.7 (b)** に示すように，k_P を大きくすると，収束の速さは変化しないが振動周期は短くなり，安定度が低くなる (**3.4.1項の図3.17** (p. 53) を参照のこと)．

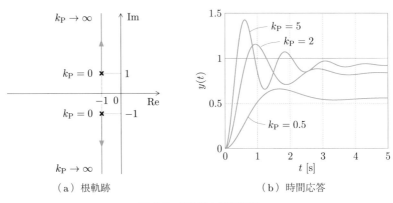

（a）根軌跡 　　　　　　　（b）時間応答

図4.7　**根軌跡と時間応答**

例4.9 では特性方程式の解が解析的に求められたため，容易に根軌跡を描くことができたが，一般には，特性方程式の解を解析的に求めることはできない[†4]．そこで，以下に示す根軌跡の性質を利用して根軌跡を描く．

⎡ 根軌跡の性質

$P(s)\widetilde{C}(s)$ が

$$P(s)\widetilde{C}(s) = \frac{b(s - z_1)(s - z_2)\cdots(s - z_m)}{(s - p_1)(s - p_2)\cdots(s - p_n)} \tag{4.51}$$

であるとき，以下の性質が成り立つ．

- 性質1　根軌跡の始点は $P(s)\widetilde{C}(s)$ の n 個の極 p_i であり，終点は $P(s)\widetilde{C}(s)$ の m 個の零点 z_i および $n - m$ 個の無限遠点である．また，根軌跡は実軸に関して対称である．
- 性質2　実軸上の点の右側に実軸上の極，零点が合計で奇数個存在するとき，その点は根軌跡上の点である．

---

†3　MATLAB を利用したシミュレーションの方法は **4.4.2項** (p. 84)，Simulink を利用したシミュレーションの方法は **4.4.4項** (p. 88) で説明する．

†4　**4.4.5項** (p. 89) で説明するように，MATLAB を利用すれば根軌跡を数値的に描くことができる．

- 性質 3　無限遠点に向かう軌跡の $n-m$ 本の漸近線は

$$始点 : \left(\frac{1}{n-m}\left(\sum_{i=1}^{n} p_i - \sum_{i=1}^{m} z_i \right), 0 \right), \quad 勾配 : \phi = \frac{(2\ell+1)\pi}{n-m} \quad (4.52)$$

である．ただし，$\ell = 0, 1, 2, \ldots$ である．

- 性質 4　次式を満足する解が根軌跡上にあるとき，その点が実軸上での分岐点 (または合流点) となる．

$$\frac{\mathrm{d}}{\mathrm{d}s}\left(\frac{1}{P(s)\tilde{C}(s)} \right) = 0 \quad (4.53)$$

- 性質 5　根軌跡が虚軸と交わる点は安定限界を意味するから，たとえばラウス・フルビッツの安定判別法により虚軸との交点が求められる．

例 4.10　根軌跡の性質の利用

$P(s)\tilde{C}(s)$ が

$$P(s)\tilde{C}(s) = \frac{1}{s^3 + 12s^2 + 39s + 28} = \frac{1}{(s+1)(s+4)(s+7)} \quad (4.54)$$

であるとき，根軌跡の性質を利用して根軌跡を描いてみよう．

- 性質 1　$P(s)\tilde{C}(s)$ は 3 個の極 $p_1 = -7$, $p_2 = -4$, $p_3 = -1$ を持ち，零点を持たない．したがって，根軌跡の始点は 3 個の極であり，終点は無限遠点である．
- 性質 2　$P(s)\tilde{C}(s)$ は実軸上に 3 個の極 $p_1 = -7$, $p_2 = -4$, $p_3 = -1$ を持つため，$p_1 = -7$ より左の実軸，$p_2 = -4$ と $p_3 = -1$ の間の実軸は根軌跡の一部である．
- 性質 3　無限遠点に向かう根軌跡の 3 本の漸近線は，(4.52) 式より始点が $(-4, 0)$，勾配が $\phi = \pi/3, \pi, 5\pi/3$ である．
- 性質 4　(4.53) 式より得られる

$$\frac{\mathrm{d}}{\mathrm{d}s}(s^3 + 12s^2 + 39s + 28) = 3s^2 + 24s + 39 = 3(s^2 + 8s + 13) = 0 \quad (4.55)$$

の解は $s = -4 \pm \sqrt{3}$ である．根軌跡上にあるのは $(-4+\sqrt{3}, 0)$ であり，この点が根軌跡の実軸上の分岐点である．

- 性質 5　特性方程式は

$$\Delta(s) = s^3 + 12s^2 + 39s + 28 + k = 0 \quad (4.56)$$

であるから，ラウス・フルビッツの安定判別法により特性方程式の解の実部が負であるような $k > 0$ の範囲は $0 < k < 440$ である．したがって，$k = 440$ のとき安定限界であり，このときの特性方程式

$$\Delta(s) = s^3 + 12s^2 + 39s + 468 = (s+12)(s^2 + 39) = 0 \quad (4.57)$$

の解は $s = -12, \pm\sqrt{39}j$ である．以上より，根軌跡と虚軸の交点は $(0, \pm\sqrt{39})$ である．

上記の性質を考慮すると，図 4.8 (a) の根軌跡を描くことができる．また，図 4.8 (b) に $r(t) = 1, d(t) = 0 \ (t \geq 0)$ とした時間応答 (単位ステップ応答) を示す．

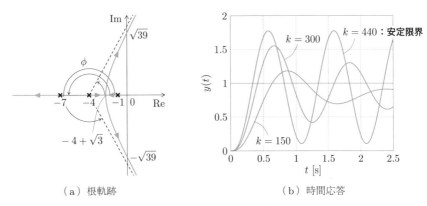

（a）根軌跡   （b）時間応答

図 4.8　根軌跡と時間応答

問題 4.6　$P(s)\tilde{C}(s)$ が以下のように与えられたとき，根軌跡を描け．

(1) $P(s)\tilde{C}(s) = \dfrac{1}{s(s+1)(s+2)(s+3)}$ (2) $P(s)\tilde{C}(s) = \dfrac{s+2}{s(s+1)}$

(3) $P(s)\tilde{C}(s) = \dfrac{s+1}{(s+2)(s^2+2s+2)}$

4.3　フィードバック制御系の定常特性

4.3.1　目標値応答の定常特性

外乱が $d(t) = 0$ であるような図 4.3 のフィードバック制御系において，目標値 $r(t)$ が加わったときの制御量 $y(t)$ を**目標値応答**という．ここでは，目標値応答の定常特性について説明する．

図 4.3 における目標値 $r(s)$ から偏差 $e(s)$ への伝達関数 $G_{er}(s)$ は

$$G_{er}(s) = 1 - G_{yr}(s) = \frac{1}{1 + P(s)C(s)} \tag{4.58}$$

となる．したがって，フィードバック制御系が安定であるとき，目標値応答の偏差 $e(t)$ の定常値 (**定常偏差**と呼ぶ) e_∞ は，最終値の定理 (3.64) 式により次式のように求められる．

定常偏差

$$e_\infty = \lim_{t \to \infty} e(t) = \lim_{s \to 0} sG_{er}(s)r(s) \tag{4.59}$$

特に，目標値が単位ステップ関数 $r(t) = 1$ の場合，$r(s) = 1/s$ なので

定常位置偏差

$$e_\infty = \lim_{s \to 0} G_{er}(s) = \frac{1}{1 + \lim_{s \to 0} P(s)C(s)} \tag{4.60}$$

となる．(4.60) 式を**定常位置偏差**と呼ぶ．したがって，$\lim_{s \to 0} P(s)C(s)$ が十分大きくなるように $C(s)$ を設計すれば定常位置偏差 e_∞ は 0 に近づく．定常位置偏差が $e_\infty = 0$ となるのは，$\lim_{s \to 0} P(s)C(s) = \infty$ のときであり，**開ループ伝達関数 $L(s) :=$** $P(s)C(s)$ が

$$L(s) := P(s)C(s) = \frac{1}{s} \times \frac{\square s^\square + \cdots + \square s + \square}{\square s^\square + \cdots + \square s + \square} \tag{4.61}$$

のように積分器 $1/s$ を含むのであれば，**定常位置偏差は必ず 0** となる．このような制御系を **1 型の制御系**と呼ぶ．たとえば，$s = 0$ という零点を持たない制御対象 $P(s)$ に対しては，**コントローラ $C(s)$ に積分器 $1/s$ を含ませる**ことで 1 型の制御系となる．

問題 4.7 $d(t) = 0$ とした図 4.3 のフィードバック制御系において，制御対象が 2 次遅れ要素 (4.49) 式 (p. 77) であるとき，以下の問いに答えよ．
  (1) コントローラが $C(s) = 2, 5$ のとき，定常位置偏差 e_∞ を求めよ．
  (2) コントローラが $C(s) = (2s + 1.25)/s$ のとき，定常位置偏差 e_∞ を求めよ．
(1), (2) のようにコントローラを選んだ場合の目標値応答 ($r(t) = 1$, $d(t) = 0$ としたときの $y(t)$) を図 4.9 に示す[5]．

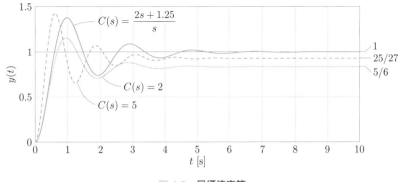

図 4.9　**目標値応答**

[5] MATLAB を利用したシミュレーションの方法は 4.4.2 項 (p. 84)，Simulink を利用したシミュレーションの方法は 4.4.4 項 (p. 88) で説明する．

4.3.2　外乱応答の定常特性

目標値が $r(t) = 0$ であるような図4.3のフィードバック制御系において，外乱 $d(t)$ が加わったときの制御量 $y(t)$ を**外乱応答**という．ここでは，外乱応答の定常特性について説明する．

図4.3における外乱 $d(s)$ から制御量 $y(s)$ への伝達関数 $G_{yd}(s)$ は

$$G_{yd}(s) = \frac{P(s)}{1 + P(s)C(s)} \tag{4.62}$$

となる．したがって，フィードバック制御系が安定であるとき，単位ステップ関数の外乱 $d(t) = 1$ $(d(s) = 1/s)$ に対する外乱応答の定常値は，最終値の定理 (3.64) 式により

$$y_\infty = \lim_{t \to \infty} y(t) = \lim_{s \to 0} sG_{yd}(s)d(s) = \lim_{s \to 0} sG_{yd}(s)\frac{1}{s}$$

$$= \lim_{s \to 0} G_{yd}(s) = \lim_{s \to 0} \frac{P(s)}{1 + P(s)C(s)} = \frac{1}{\lim_{s \to 0} \dfrac{1}{P(s)} + \lim_{s \to 0} C(s)} \tag{4.63}$$

のように求められる．したがって，$\lim_{s \to 0} C(s)$ が十分大きくなるように $C(s)$ を設計すると，y_∞ は0に近づく．また，完全に y_∞ が0となるのは，以下のいずれかの場合である．

- コントローラ $C(s)$ が積分器 $1/s$ を含む場合

$$C(s) = \frac{1}{s} \times \frac{\Box s^\Box + \cdots + \Box s + \Box}{\Box s^\Box + \cdots + \Box s + \Box} \implies \lim_{s \to 0} C(s) = \infty \tag{4.64}$$

- 制御対象 $P(s)$ が微分器 s を含む場合

$$P(s) = s \times \frac{\Box s^\Box + \cdots + \Box s + \Box}{\Box s^\Box + \cdots + \Box s + \Box} \implies \lim_{s \to 0} \frac{1}{P(s)} = \infty \tag{4.65}$$

問題 4.8　$r(t) = 0$ とした図4.3のフィードバック制御系において，制御対象が2次遅れ要素 (4.49) 式 (p. 77) であるとき，以下の問いに答えよ．
(1) コントローラが $C(s) = 2, 5$ のとき，外乱 $d(t) = 1$ に対する $y(t)$ の定常値 y_∞ を求めよ．
(2) コントローラが $C(s) = (2s + 1.25)/s$ のとき，外乱 $d(t) = 1$ に対する $y(t)$ の定常値 y_∞ を求めよ．
(1), (2) のようにコントローラを選んだ場合の外乱応答 ($r(t) = 0$, $d(t) = 1$ としたときの $y(t)$) を図4.10に示す[†6]．

[†6]　MATLAB を利用したシミュレーションの方法は **4.4.2項** (p. 84)，Simulink を利用したシミュレーションの方法は **4.4.4項** (p. 88) で説明する．

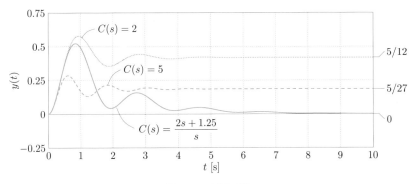

図 4.10　外乱応答

4.3.3　フィードバック制御における定常特性のまとめ

コントローラを $C(s) = k_P$ としたとき，「$k_P \to$ 大」とすると，以下のことがいえる．

┌─ $C(s) = k_P \to$ 大としたときの定常特性と過渡特性 ─────────

定常特性

- ステップ状に変化する目標値 $(r(t) = r_c, d(t) = 0)$ に対する定常偏差 (定常位置偏差) e_∞ は 0 に近づく．
- ステップ状に変化する外乱 $(r(t) = 0, d(t) = d_c)$ に対する制御量 $y(t)$ の定常値 y_∞ は 0 に近づく．

過渡特性

- 速応性が向上し，反応が速くなる．
- 安定度が低くなり，振動的になる．

また，制御対象 $P(s)$ が $s = 0$ という零点を持たないとき，コントローラ $C(s)$ に積分器 $1/s$ を含ませることによって，定常特性は以下のようになる．

┌─ $C(s)$ に積分器 $1/s$ を含ませたときの定常特性 ─────────

- $\lim_{s \to 0} P(s)C(s) = \infty$ となるので，ステップ状に変化する目標値 $(r(t) = r_c, d(t) = 0)$ に対する定常偏差 (定常位置偏差) e_∞ は 0 となる．
- $\lim_{s \to 0} C(s) = \infty$ となるので，ステップ状に変化する外乱 $(r(t) = 0, d(t) = d_c)$ に対する制御量 $y(t)$ の定常値 y_∞ は 0 となる．

4.4 MATLAB/Simulink を利用した演習

4.4.1 内部安定性

特性方程式 (4.26) 式 (p. 71) の解は

$$1 + P(s)C(s) = \frac{\Delta(s)}{D_{\mathrm{p}}(s)D_{\mathrm{c}}(s)} \tag{4.66}$$

の零点に等しい．このことを考慮すると，関数 zero を利用することで，内部安定性を判別することができる．以下に，使用例を示す．

内部安定性の判別 (例 4.3)
```
>> sysP = tf(1,[1 1]);  ↵  ········ P(s)
>> sysC = tf([1 2],[1 0]);  ↵  ···· C(s)
>> zero(1 + sysP*sysC)  ↵
ans = ················· 1 + P(s)C(s) の零点の実部が
    -1.0000 + 1.0000i  すべて負なので，内部安定
    -1.0000 - 1.0000i
```

内部安定性の判別 (例 4.4)
```
>> sysP = tf(1,[1 -1]);  ↵  ········ P(s)
>> sysC = tf([1 -1],[1 1]);  ↵  ···· C(s)
>> zero(1 + sysP*sysC)  ↵
ans = ················· 1 + P(s)C(s) の零点の実部が
    -2               正のものを含むので，内部安定
    1                ではない
```

4.4.2 ブロック線図の結合と目標値応答，外乱応答

MATLAB では，演算子 "*"，"/"，"+"，"-" や関数 feedback を用いることによってブロック線図の結合を行うことができる．以下に，伝達関数

$$P_1(s) = \frac{1}{s^2 + 3s + 2}, \quad P_2(s) = \frac{1}{10s + 1} \tag{4.67}$$

の直列結合，並列結合，フィードバック結合を行った例を示す．

ブロック線図の結合
```
>> sysP1 = tf([1],[1 3 2]);  ↵  ······· P_1(s)
>> sysP2 = tf([1],[10 1]);  ↵  ········ P_2(s)
>> sysP = sysP1*sysP2  ↵
                ········ 直列結合 P(s) = P_1(s)P_2(s)
sysP =

                  1
    ---------------------------
    10 s^3 + 31 s^2 + 23 s + 2

連続時間の伝達関数です．

>> sysP = sysP1 + sysP2  ↵
                ········ 並列結合 P(s) = P_1(s) + P_2(s)
sysP =

         s^2 + 13 s + 3
    ---------------------------
    10 s^3 + 31 s^2 + 23 s + 2

連続時間の伝達関数です．

>> sysP = sysP1 - sysP2  ↵
                ········ 並列結合 P(s) = P_1(s) - P_2(s)
sysP =
```

```
         -s^2 + 7 s - 1
    ---------------------------
    10 s^3 + 31 s^2 + 23 s + 2

連続時間の伝達関数です．

>> sysP1P2 = minreal(sysP1*sysP2);  ↵
>> sysP = minreal(sysP1/(1 + sysP1P2))  ↵
                ········ フィードバック結合  P(s) = \frac{P_1(s)}{1 + P_1(s)P_2(s)}
sysP =

           s + 0.1
    ---------------------------
    s^3 + 3.1 s^2 + 2.3 s + 0.3

連続時間の伝達関数です．

>> sysP = feedback(sysP1,sysP2)  ↵
                ········ フィードバック結合  P(s) = \frac{P_1(s)}{1 + P_1(s)P_2(s)}
sysP =

           10 s + 1
    ---------------------------
    10 s^3 + 31 s^2 + 23 s + 3

連続時間の伝達関数です．
```

ここで，関数 `minreal` は，伝達関数の分母と分子の共通因子を約分するために用いられている．

上記のことを踏まえると，**図 4.3** のフィードバック制御系において，

$$P(s) = \frac{5}{s^2 + 2s + 2}, \quad C(s) = 2 \tag{4.68}$$

としたときの $G_{yr}(s)$, $G_{yd}(s)$, $G_{er}(s)$, $G_{ed}(s)$ を求めるためには，コマンドウィンドウで以下のように入力すればよい．

```
>> sysP = tf([5],[1 2 2]); ↵  ......... P(s)
>> sysC = 2; ↵  ...................... C(s)
>> sysL = minreal(sysP*sysC) ↵
                 .............. L(s) = P(s)C(s)

sysL =

       10
    -------------
    s^2 + 2 s + 2

連続時間の伝達関数です。

>> sysGyr = minreal(sysL/(1 + sysL)) ↵
                 ............................ G_{yr}(s)

sysGyr =

       10
    -------------
    s^2 + 2 s + 12

連続時間の伝達関数です。

>> sysGyd = minreal(sysP/(1 + sysL)) ↵
                 ............................ G_{yd}(s)
```

```
sysGyd =

       5
    -------------
    s^2 + 2 s + 12

連続時間の伝達関数です。

>> sysGer = 1 - sysGyr ↵
         ......... G_{er}(s) = 1 - G_{yr}(s)

sysGer =

    s^2 + 2 s + 2
    -------------
    s^2 + 2 s + 12

連続時間の伝達関数です。

>> sysGed = - sysGyd ↵
         ......... G_{ed}(s) = -G_{yd}(s)

sysGed =

       -5
    -------------
    s^2 + 2 s + 12

連続時間の伝達関数です。
```

したがって，目標値を $r(t) = 1$ としたときの目標値応答，外乱を $d(t) = 1$ としたときの外乱応答を描くには，

```
>> t = 0:0.01:10; ↵
>> y = step(sysGyr,t); ↵  .............. 目標値応答
>> figure(1); plot(t,y) ↵
>> xlabel('t [s]'); ylabel('y(t)') ↵
```

```
>> y = step(sysGyd,t); ↵  ............. 外乱応答
>> figure(2); plot(t,y) ↵
>> xlabel('t [s]'); ylabel('y(t)') ↵
```

と入力すればよく，その結果，**図 4.11, 4.12** の目標値応答，外乱応答が描画される．

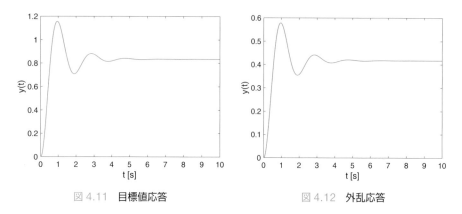

図 4.11 目標値応答　　　　図 4.12 外乱応答

4.4.3 Simulink を利用したブロック線図の結合 (`linmod`)

複雑なブロック線図の結合を行う場合，Simulink を利用すると便利である．例として，図 4.3 のフィードバック制御系において $P(s)$, $C(s)$ を (4.68) 式としたとき，$G_{yr}(s)$, $G_{yd}(s)$, $G_{er}(s)$, $G_{ed}(s)$ を求めてみよう．

ステップ1　図 4.13 に示すように，Simulink ブロックを空の Simulink モデルに配置する．

ステップ2　図 4.13 の Simulink ブロックを表 4.1 のように設定した後[7]，図 4.14 のように結線し，"`fbk_block.slx`"という名前で適当なフォルダに保存する．

ステップ3　Simulink モデル "`fbk_block.slx`" と同じフォルダに以下の M ファイル

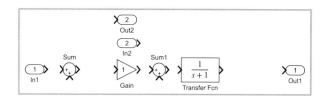

図 4.13　Simulink ブロックの配置

表 4.1　Simulink ブロックのパラメータ設定

Simulink ブロック	変更するパラメータ
`Transfer Function`	分子係数：[5]，分母係数：[1 2 2]
`Gain`	ゲイン：2
`Sum`	符号リスト：|+-
`Sum1`	符号リスト：++|

---

†7　Simulink ブロック "Sum" のパラメータ設定については，付録 B の表 B.3 を参照すること．

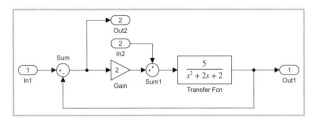

図 4.14 Simulink モデル "`fbk_block.slx`"

を保存する[8].

M ファイル "`sample_linmod.m`" (ブロック線図の結合)

```
01  [A B C D] = linmod('fbk_block');     … Simulinkモデル "fbk_block.slx" から入力を In1,
02  sys = ss(A,B,C,D);                       In2, 出力を Out1, Out2 とした状態空間表現を生成
03  sys = tf(sys);                       … 状態空間表現を伝達関数表現に変換
04
05  sysGyr = sys(1,1)                    … r(s) (In1) から y(s) (Out1) への伝達関数 G_{yr}(s)
06  sysGyd = sys(1,2)                    … d(s) (In2) から y(s) (Out1) への伝達関数 G_{yd}(s)
07  sysGer = sys(2,1)                    … r(s) (In1) から e(s) (Out2) への伝達関数 G_{er}(s)
08  sysGed = sys(2,2)                    … d(s) (In2) から e(s) (Out2) への伝達関数 G_{ed}(s)
```

M ファイル "`sample_linmod.m`" では,

$$\begin{bmatrix} y(s) \\ e(s) \end{bmatrix} = \begin{bmatrix} G_{yr}(s) & G_{yd}(s) \\ G_{er}(s) & G_{ed}(s) \end{bmatrix} \begin{bmatrix} r(s) \\ d(s) \end{bmatrix} \Longleftrightarrow \begin{bmatrix} \texttt{Out1} \\ \texttt{Out2} \end{bmatrix} = \begin{bmatrix} \texttt{sys(1,1)} & \texttt{sys(1,2)} \\ \texttt{sys(2,1)} & \texttt{sys(2,2)} \end{bmatrix} \begin{bmatrix} \texttt{In1} \\ \texttt{In2} \end{bmatrix}$$

という関係式に基づいて,sys に $r(s)$, $d(s)$ (In1, In2) から $y(s)$, $e(s)$ (Out1, Out2) への四つの伝達関数 $G_{yr}(s)$, $G_{yd}(s)$, $G_{er}(s)$, $G_{ed}(s)$ が格納される.M ファイル "`sample_linmod.m`" を実行すると,以下の結果が得られる.

M ファイル "`sample_linmod.m`" の実行結果

```
>> sample_linmod ↵
```

sysGyr =   ………… $G_{yr}(s) = \dfrac{P(s)C(s)}{1 + P(s)C(s)}$

```
      10
  --------------
   s^2 + 2 s + 12
```

連続時間の伝達関数です.

sysGer =   ………… $G_{er}(s) = \dfrac{1}{1 + P(s)C(s)}$

```
   s^2 + 2 s + 2
  --------------
   s^2 + 2 s + 12
```

連続時間の伝達関数です.

sysGyd =   ………… $G_{yd}(s) = \dfrac{P(s)}{1 + P(s)C(s)}$

```
       5
  --------------
   s^2 + 2 s + 12
```

連続時間の伝達関数です.

sysGed =   ………… $G_{ed}(s) = -\dfrac{P(s)}{1 + P(s)C(s)}$

```
      -5
  --------------
   s^2 + 2 s + 12
```

連続時間の伝達関数です.

---

[8] 状態空間表現は **8.1.1 項** (p. 166) で説明する.また関数 **ss** については **8.5.1 項** (p. 180) を参照すること.

問題 4.9　図 4.3 のフィードバック制御系において，

$$P(s) = \frac{5}{s^2 + 2s + 2}, \quad C(s) = \frac{2s + 1.25}{s} \tag{4.69}$$

であるとき，Simulink と関数 linmod を利用して $G_{yr}(s)$, $G_{yd}(s)$, $G_{er}(s)$, $G_{ed}(s)$ を求めよ．また，$G_{yr}(s)$, $G_{yd}(s)$ の単位ステップ応答を描け．

4.4.4　Simulink を利用したシミュレーション

図 4.3 のフィードバック制御系において $P(s)$, $C(s)$ を (4.68) 式としたとき，Simulink を利用したシミュレーションにより目標値応答，外乱応答を描いてみよう．

ステップ 1　空の Simulink モデルを開き，表 4.2 のようにモデルコンフィギュレーションパラメータを設定する．そして，図 4.15 のように Simulink ブロックを配置する．

ステップ 2　図 4.15 の Simulink ブロックを表 4.1 および表 4.3 のように設定した後，図 4.16 のように結線し，"sim_fbk.slx" という名前で適当なフォルダに

表 4.2　モデルコンフィギュレーションパラメータの設定

ソルバ/シミュレーション時間	開始時間：0，終了時間：10
ソルバ/ソルバの選択	タイプ：固定ステップ，ソルバ：ode4（Runge-Kutta）
ソルバ/ソルバの詳細	固定ステップサイズ：0.001
データのインポート/エクスポート	ワークスペースまたはファイルに保存：「単一のシミュレーション出力」のチェックを外す

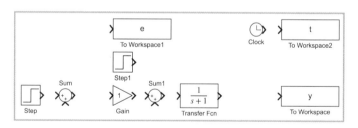

図 4.15　Simulink ブロックの配置

表 4.3　Simulink ブロックのパラメータ設定

Simulink ブロック	変更するパラメータ
To Workspace	変数名：y，保存形式：配列
To Workspace1	変数名：e，保存形式：配列
To Workspace2	変数名：t，保存形式：配列
Step	ステップ時間：0，最終値：rc
Step1	ステップ時間：0，最終値：dc

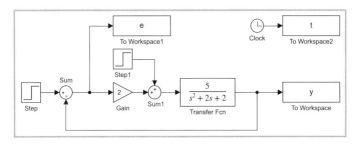

図 4.16 Simulink モデル "sim_fbk.slx"

保存する.

ステップ 3 Simulink モデル "sim_fbk.slx" と同じフォルダに以下の M ファイルを
保存する.

M ファイル "plot_sim_fbk.m" (目標値応答と外乱応答)

```
01  rc = 1;  dc = 0;                       …… 目標値 r(t) = r_c = 1,  外乱 d(t) = d_c = 0
02  sim('sim_fbk')                         …… Simulink モデル "sim_fbk.slx" の実行
03
04  figure(1); plot(t,y)                   …… Figure 1 に目標値応答 y(t) を描画
05  xlabel('t [s]'); ylabel('y(t)')        …… 横軸のラベル, 縦軸のラベル
06  % --------------------------
07  rc = 0;  dc = 1;                        …… 目標値 r(t) = r_c = 0,  外乱 d(t) = d_c = 1
08  sim('sim_fbk')                         …… Simulink モデル "sim_fbk.slx" の実行
09
10  figure(2); plot(t,y)                   …… Figure 2 に外乱応答 y(t) を描画
11  xlabel('t [s]'); ylabel('y(t)')        …… 横軸のラベル, 縦軸のラベル
```

M ファイル "plot_sim_fbk.m" を実行すると, 図 4.11, 4.12 のシミュレーション
結果が得られる.

> **問題 4.10** 図 4.3 のフィードバック制御系において, $P(s)$, $C(s)$ が問題 4.9 (p. 88) のように
> 与えられたとき, Simulink を利用してシミュレーションを行い, 目標値応答 $(r(t) = 1, d(t) = 0$
> としたときの $y(t))$, 外乱応答 $(r(t) = 0, d(t) = 1$ としたときの $y(t))$ を描け.

4.4.5 根軌跡 (rlocus)

MATLAB を利用して根軌跡を描くには, 関数 rlocus を利用すればよい. たとえ
ば, $P(s)\tilde{C}(s)$ が例 4.10 で示した (4.54) 式であるときの根軌跡を描くには, 以下の
M ファイルを実行すればよい.

M ファイル "sample_rlocus.m" (根軌跡)

```
01  s = tf('s');                           …… ラプラス演算子 s の定義
02  sysPCd = 1/((s + 1)*(s + 4)*(s + 7));  …… P(s)C̃(s) の定義
03
04  figure(1); rlocus(sysPCd)              …… Figure 1 に根軌跡を描画
```

その結果，図 4.17 の根軌跡が描画される．**図 4.17** は横軸，縦軸のラベルに「**秒⁻¹**」
が記述されている．このラベルを変更するには，以下のように M ファイルを修正す
ればよい[9].

M ファイル "`sample_rlocus2.m`" (根軌跡)

```
     "sample_rlocus.m" の 1 ～ 4 行目
05
06  axis_x = findall(gcf,'String','実軸（秒^{-1}）');        ……… すべてのグラフィックス
07  axis_y = findall(gcf,'String','虚軸（秒^{-1}）');            オブジェクトから文字列を検索
08  set(axis_x,'String','実軸');            ……… 文字列を再定義
09  set(axis_y,'String','虚軸');
```

M ファイル "`sample_rlocus2.m`" を実行すると，図 4.18 の根軌跡が描画される．

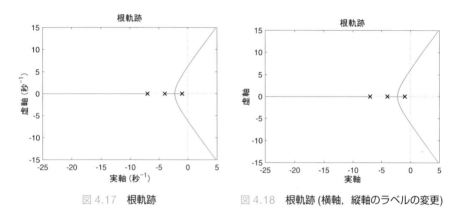

図 4.17　**根軌跡**　　　　　　　　　図 4.18　**根軌跡 (横軸，縦軸のラベルの変更)**

問題 4.11　$P(s)\tilde{C}(s)$ が問題 4.6 (p. 80) のように与えられたとき，MATLAB により根軌跡を
描け.

---

[9]　古いバージョンでは「秒^{-1}」の代わりに「seconds^{-1}」を指定する.

第5章 s 領域での制御系設計 (PID 制御)

　PID 制御とは，実際の現場で最も多く使われているフィードバック制御の方式である．"P"，"I"，"D" がそれぞれ比例，積分，微分の英訳である Proportional, Integral, Derivative の頭文字であることからもわかるように，PID 制御は偏差 $e(t)$ に関する現在 (比例)，過去 (積分)，未来 (微分) の状況を操作量 $u(t)$ に反映させており，直感的に理解しやすい．ここでは，鉛直面を回転するアーム系の角度制御を行う例によって，s 領域における PID コントローラの設計法について説明する．

5.1 PID 制御

　図 5.1 に示す標準型の PID 制御には，以下の三つの動作が含まれる．

- 比例動作 (P 動作)：制御量 $y(t)$ とその目標値 $r(t)$ との偏差 $e(t) := r(t) - y(t)$ が大きければ操作量 $u(t)$ を大きくし，偏差 $e(t)$ が小さければ操作量 $u(t)$ を小さくする (偏差 $e(t)$ の**現在の状況を反映**)．
- 積分動作 (I 動作)：偏差 $e(t)$ の積分値を反映 (偏差 $e(t)$ の**過去の状況を反映**) するような制御を行い，定常偏差を改善する．
- 微分動作 (D 動作)：偏差 $e(t)$ の微分値を反映 (偏差 $e(t)$ の**未来の予測を反映**) するような制御を行い，安定度を改善する．

標準型の PID コントローラを式で表すと，次のようになる．

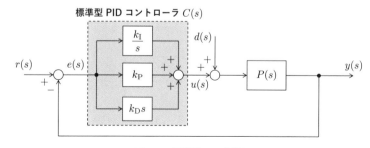

図 5.1　標準型 PID 制御

標準型 PID コントローラ

$$u(t) = k_{\mathrm{P}} \left(e(t) + \frac{1}{T_{\mathrm{I}}} \int_0^t e(\tau)\mathrm{d}\tau + T_{\mathrm{D}}\dot{e}(t) \right)$$

$$= \underbrace{k_{\mathrm{P}} e(t)}_{\text{比例動作}} + \underbrace{k_{\mathrm{I}} \int_0^t e(\tau)\mathrm{d}\tau}_{\text{積分動作}} + \underbrace{k_{\mathrm{D}}\dot{e}(t)}_{\text{微分動作}}$$

$$\Longleftrightarrow \quad u(s) = C(s)e(s),$$

$$C(s) = C_1(s) := k_{\mathrm{P}} \left(1 + \frac{1}{T_{\mathrm{I}}s} + T_{\mathrm{D}}s \right) = k_{\mathrm{P}} + \frac{k_{\mathrm{I}}}{s} + k_{\mathrm{D}}s \quad (5.1)$$

PID コントローラの係数パラメータをそれぞれ k_{P}：**比例ゲイン**，T_{I}：**積分時間**，T_{D}：**微分時間**，$k_{\mathrm{I}} := k_{\mathrm{P}}/T_{\mathrm{I}}$：**積分ゲイン**，$k_{\mathrm{D}} := k_{\mathrm{P}}T_{\mathrm{D}}$：**微分ゲイン**と呼ぶ．標準型の PID 制御では，$r(s), d(s)$ から $y(s)$ への伝達関数はそれぞれ次式のようになる．

$$G_{yr}(s) = \frac{P(s)C_1(s)}{1 + P(s)C_1(s)}, \quad G_{yd}(s) = \frac{P(s)}{1 + P(s)C_1(s)} \quad (5.2)$$

なお，微分動作を使用するときには注意が必要である．センサにより制御量 $y(t)$ を検出する際，高周波信号であるノイズ $n(t)$ が加算される．このとき，$y_{\mathrm{n}}(t) = y(t) + n(t)$ の微分値 $\dot{y}_{\mathrm{n}}(t)$ を微分動作に利用することになるが，図 5.2 の上側に示すように，ノイズに敏感となってしまう．そこで実際には，図の下側に示すように，**ローパスフィルタ**に通過させてから微分を行う**不完全微分**を用いることが多く，PID コント

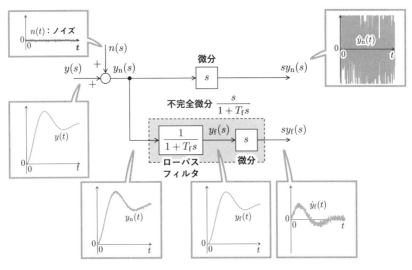

図 5.2 　不完全微分

ローラを

$$u(s) = C(s)e(s), \quad C(s) = k_\mathrm{P} + \frac{k_\mathrm{I}}{s} + k_\mathrm{D}\frac{s}{1 + T_\mathrm{f}s} \tag{5.3}$$

とする．ローパスフィルタについては，後述の **6.3.1 項**の末尾 (p. 123) で説明する．なお，ローパスフィルタの時定数 T_f は $T_\mathrm{D}/10$ 程度に選ばれることが多い．

$k_\mathrm{P}, k_\mathrm{I}, k_\mathrm{D}$ のいくつかを 0 とすることによって，PID 制御は以下の制御方式を含んだ形式となっている．

- P 制御：(5.1) 式において $k_\mathrm{I} = 0, k_\mathrm{D} = 0$ としたとき **P 制御**と呼ぶ．また，このときのコントローラ

$$u(t) = k_\mathrm{P}e(t) \iff u(s) = C(s)e(s), \quad C(s) = k_\mathrm{P} \tag{5.4}$$

　を **P コントローラ**と呼ぶ．P 制御は最も単純なフィードバック制御である．

- PI 制御：(5.1) 式において $k_\mathrm{D} = 0$ としたとき **PI 制御**と呼ぶ．また，このときのコントローラ

$$u(t) = k_\mathrm{P}e(t) + k_\mathrm{I}\int_0^t e(\tau)\mathrm{d}\tau$$

$$\iff u(s) = C(s)e(s), \quad C(s) = k_\mathrm{P} + \frac{k_\mathrm{I}}{s} \tag{5.5}$$

　を **PI コントローラ**と呼ぶ．PI コントローラには積分器 $1/s$ が含まれているため，ステップ状の目標値に定常偏差なく追従し，また，ステップ状の外乱に対する影響を完全に除去することができる．そのため，PI 制御はモータなどのサーボ系の制御に用いられることが多い．

- PD 制御：(5.1) 式において $k_\mathrm{I} = 0$ としたとき **PD 制御**と呼ぶ．また，このときのコントローラ

$$u(t) = k_\mathrm{P}e(t) + k_\mathrm{D}\dot{e}(t)$$

$$\iff u(s) = C(s)e(s), \quad C(s) = k_\mathrm{P} + k_\mathrm{D}s \tag{5.6}$$

　を **PD コントローラ**と呼ぶ．ロボットマニピュレータの制御では，後述の微分先行型 PD 制御が用いられることが多い．

PID コントローラの三つのパラメータを決定する方法には様々なものが知られている．たとえば，プロセス制御を行う実際の現場では，ジーグラ・ニコルス (Ziegler and Nichols) の**ステップ応答法**や**限界感度法**が多く用いられている．限界感度法では，まず，P コントローラを用いた予備実験で比例ゲイン k_P を小さな値から徐々に大きくし，安定限界となる $k_\mathrm{P} = k_{\mathrm{Pc}}$ を調べる．このときの k_{Pc} と持続振動の周期 T_c

表 5.1　限界感度法によるパラメータ設定

制御方式	比例ゲイン k_P	積分時間 T_I	微分時間 T_D
P 制御	$0.5k_{Pc}$	—	—
PI 制御	$0.45k_{Pc}$	$0.83T_c$	—
PID 制御	$0.6k_{Pc}$	$0.5T_c$	$0.125T_c$

の値を基にして，k_P, T_I, T_D を表 5.1 のように決定する．詳細は文献 8), 14) を参照されたい．

5.2　改良型 PID 制御

5.2.1　PI–D 制御 (微分先行型 PID 制御)

標準型の PID 制御では，偏差の微分値 $\dot{e}(t) = \dot{r}(t) - \dot{y}(t)$ を用いるため，目標値 $r(t)$ がステップ関数のように急激に変化する場合，大きな操作量 $u(t)$ を必要とし，制限値を超えてしまう恐れがある．このような場合，偏差の微分値 $\dot{e}(t) = \dot{r}(t) - \dot{y}(t)$ の代わりに制御量の微分値 $-\dot{y}(t)$ を用いることが多い．図 5.3 のように，$\dot{e}(t)$ の代わりに $-\dot{y}(t)$ を用いた PID 制御を PI–D 制御 (微分先行型 PID 制御) という．すなわち，PI–D コントローラは

PI–D コントローラ (微分先行型 PID コントローラ)

$$u(t) = k_P e(t) + k_I \int_0^t e(\tau)\mathrm{d}\tau - k_D \dot{y}(t)$$
$$\iff u(s) = \left(k_P + \frac{k_I}{s}\right)e(s) - k_D s y(s) \qquad (5.7)$$

である．また，特に $k_I = 0$ としたとき，P–D 制御 (微分先行型 PD 制御) と呼び，

$$u(t) = k_P e(t) - k_D \dot{y}(t) \iff u(s) = k_P e(s) - k_D s y(s) \qquad (5.8)$$

という P–D コントローラを用いる．

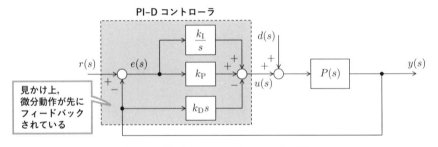

図 5.3　PI–D 制御 (微分先行型 PID 制御)

PI–D 制御では，$r(s)$, $d(s)$ から $y(s)$ への伝達関数はそれぞれ

$$G_{yr}(s) = \frac{P(s)C_2(s)}{1 + P(s)C_1(s)}, \quad G_{yd}(s) = \frac{P(s)}{1 + P(s)C_1(s)} \tag{5.9}$$

$$C_1(s) := k_\mathrm{P} + \frac{k_\mathrm{I}}{s} + k_\mathrm{D}s, \quad C_2(s) := k_\mathrm{P} + \frac{k_\mathrm{I}}{s}$$

である．(5.2), (5.9) 式からわかるように，同一の k_P, k_I, k_D を用いたとき，標準型 PID 制御と PI–D 制御とでは目標値応答は異なるが，外乱応答は変わらない．

5.2.2　I–PD 制御 (比例・微分先行型 PID 制御)

PI–D 制御では，微分動作を制御量 $y(t)$ のみに働くようにしたが，図 5.4 に示す I–PD 制御 (比例・微分先行型 PID 制御) では，さらに，比例動作も制御量 $y(t)$ のみに働くようにした

I–PD コントローラ (比例・微分先行型 PID コントローラ)

$$u(t) = -k_\mathrm{P}y(t) + k_\mathrm{I}\int_0^t e(\tau)\mathrm{d}\tau - k_\mathrm{D}\dot{y}(t)$$

$$\Longleftrightarrow \quad u(s) = \frac{k_\mathrm{I}}{s}e(s) - \left(k_\mathrm{P} + k_\mathrm{D}s\right)y(s) \tag{5.10}$$

をコントローラとして用いる．また，特に $k_\mathrm{D} = 0$ としたとき I–P 制御 (比例先行型 PI 制御) と呼び，

$$u(t) = -k_\mathrm{P}y(t) + k_\mathrm{I}\int_0^t e(\tau)\mathrm{d}\tau \iff u(s) = \frac{k_\mathrm{I}}{s}e(s) - k_\mathrm{P}y(s) \tag{5.11}$$

という I–P コントローラを用いる．

I–PD 制御では，$r(s)$, $d(s)$ から $y(s)$ への伝達関数はそれぞれ

$$G_{yr}(s) = \frac{P(s)C_3(s)}{1 + P(s)C_1(s)}, \quad G_{yd}(s) = \frac{P(s)}{1 + P(s)C_1(s)} \tag{5.12}$$

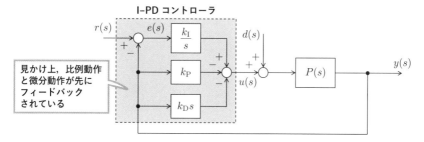

図 5.4　I–PD 制御 (比例・微分先行型 PID 制御)

$$C_1(s) := k_{\mathrm{P}} + \frac{k_{\mathrm{I}}}{s} + k_{\mathrm{D}}s, \quad C_3(s) := \frac{k_{\mathrm{I}}}{s}$$

である.(5.2), (5.9), (5.12) 式からわかるように,同一の $k_{\mathrm{P}}, k_{\mathrm{I}}, k_{\mathrm{D}}$ を用いたときの標準型 PID 制御,PI–D 制御,I–PD 制御を比べると,目標値応答は異なるが,外乱応答は変わらない.

また,I–PD コントローラ (5.10) 式を書き換えると,

$$u(s) = C_1(s)\big(C_{\mathrm{f}}(s)r(s) - y(s)\big), \quad C_{\mathrm{f}}(s) := \frac{k_{\mathrm{I}}}{k_{\mathrm{D}}s^2 + k_{\mathrm{P}}s + k_{\mathrm{I}}} \tag{5.13}$$

となる.したがって,図 5.4 の I–PD 制御系は,図 5.5 に示す 2 自由度制御系と等価であり,(5.12) 式は

$$G_{yr}(s) = \frac{P(s)C_1(s)C_{\mathrm{f}}(s)}{1 + P(s)C_1(s)}, \quad G_{yd}(s) = \frac{P(s)}{1 + P(s)C_1(s)} \tag{5.14}$$

となる.つまり,I–PD 制御では,目標値 $r(t)$ を 2 次遅れ要素の目標値フィルタ $G_{\mathrm{f}}(s)$ に通すことによって滑らかにし,標準型の PID 制御を行っていることになる.

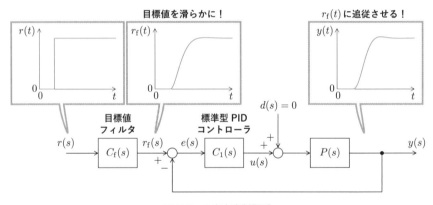

図 5.5　2 自由度制御系

5.3　設計例：鉛直面を回転するアーム系の PID 制御

ここでは,例 2.4 (p. 16) で示した鉛直面を回転するアーム系を対象とし,アーム角度の PID 制御を行う.ただし,$y(t) = 0$ 近傍で動作するとし,そのモデルを

$$y(s) = P(s)u(s), \quad P(s) = \frac{b_0}{s^2 + a_1 s + a_0} \tag{5.15}$$

のように記述する.ここで,$a_0 = Mg\ell/J, a_1 = c/J, b_0 = 1/J$ であり,表 2.2 (p. 25) の値を用いる.

5.3.1 P制御

P コントローラ (5.4) 式を用いると，(5.15), (5.2) 式より $G_{yr}(s)$, $G_{yd}(s)$ は，それぞれ 2 次遅れ要素

$$G_{yr}(s) = \frac{b_0 k_\mathrm{P}}{s^2 + a_1 s + a_0 + b_0 k_\mathrm{P}} = \frac{K_1 \omega_\mathrm{n}^2}{s^2 + 2\zeta\omega_\mathrm{n}s + \omega_\mathrm{n}^2} \tag{5.16}$$

$$G_{yd}(s) = \frac{b_0}{s^2 + a_1 s + a_0 + b_0 k_\mathrm{P}} = \frac{K_2 \omega_\mathrm{n}^2}{s^2 + 2\zeta\omega_\mathrm{n}s + \omega_\mathrm{n}^2} \tag{5.17}$$

となる．ただし，

$$\begin{cases} \omega_\mathrm{n} = \sqrt{a_0 + b_0 k_\mathrm{P}}, \quad \zeta = \dfrac{a_1}{2\omega_\mathrm{n}} = \dfrac{a_1}{2\sqrt{a_0 + b_0 k_\mathrm{P}}} \\[3mm] K_1 = \dfrac{b_0 k_\mathrm{P}}{a_0 + b_0 k_\mathrm{P}}, \quad K_2 = \dfrac{b_0}{a_0 + b_0 k_\mathrm{P}} \end{cases} \tag{5.18}$$

である．したがって，P 制御を行った場合，以下のことがいえる．

- 比例ゲイン k_P によって指定できるのは固有角周波数 ω_n，減衰係数 ζ のいずれかのみであり，速応性か安定度のどちらか一方しか指定できない．たとえば，ω_n を指定した値 ω_m とするには，k_P を次式のように選べばよい．

$$k_\mathrm{P} = \frac{\omega_\mathrm{m}^2 - a_0}{b_0} \tag{5.19}$$

- ステップ状の目標値 $r(t) = 1$ が加わったとき，定常位置偏差

$$e_\infty = 1 - G_{yr}(0) = 1 - K_1 = \frac{a_0}{a_0 + b_0 k_\mathrm{P}} \tag{5.20}$$

が残る．また，ステップ状の外乱 $d(t) = 1$ に対する定常値

$$y_\infty = G_{yd}(0) = K_2 = \frac{b_0}{a_0 + b_0 k_\mathrm{P}} \tag{5.21}$$

は比例ゲイン $k_\mathrm{P} > 0$ の値にかかわらず 0 ではない．なお，k_P が大きいほど定常位置偏差 e_∞，ステップ状の外乱に対する定常値 y_∞ は 0 に近づく．

比例ゲイン k_P を (5.19) 式にしたがって定め，シミュレーションを行った結果を図 5.6 に示す．図からわかるように，固有周波数 ω_n の指定値 ω_m を大きくするにしたがって，定常位置偏差 e_∞ および外乱 $d(t) = 1$ に対する定常値 y_∞ は 0 に近づくが，振動的な応答となっている．

問題 5.1 $G_{yr}(s)$, $G_{yd}(s)$ が (5.16) ～ (5.18) 式となることを示せ．また，(5.16) 式における減衰係数 ζ を指定した値 ζ_m とするには比例ゲイン k_P をどのように選べばよいか．

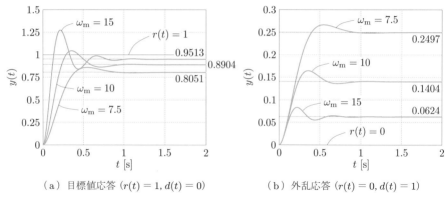

（a）目標値応答 $(r(t) = 1, d(t) = 0)$ （b）外乱応答 $(r(t) = 0, d(t) = 1)$

図 5.6　鉛直面を回転するアーム系の P 制御

5.3.2　P–D 制御

P 制御では速応性か安定度のどちらか一方しか指定できないという問題があった. ここでは，この問題に対処するために P–D 制御を行うことを考える.

P–D コントローラ (5.8) 式を用いると，(5.15), (5.9) 式より $G_{yr}(s)$, $G_{yd}(s)$ は

$$G_{yr}(s) = \frac{b_0 k_P}{s^2 + (a_1 + b_0 k_D)s + (a_0 + b_0 k_P)} = \frac{K_1 \omega_n^2}{s^2 + 2\zeta\omega_n s + \omega_n^2} \quad (5.22)$$

$$G_{yd}(s) = \frac{b_0}{s^2 + (a_1 + b_0 k_D)s + (a_0 + b_0 k_P)} = \frac{K_2 \omega_n^2}{s^2 + 2\zeta\omega_n s + \omega_n^2} \quad (5.23)$$

のように 2 次遅れ要素となる. ただし,

$$\begin{cases} \omega_n = \sqrt{a_0 + b_0 k_P}, \quad \zeta = \dfrac{a_1 + b_0 k_D}{2\omega_n} = \dfrac{a_1 + b_0 k_D}{2\sqrt{a_0 + b_0 k_P}} \\[3mm] K_1 = \dfrac{b_0 k_P}{a_0 + b_0 k_P}, \quad K_2 = \dfrac{b_0}{a_0 + b_0 k_P} \end{cases} \quad (5.24)$$

である. したがって，P–D 制御を行った場合，以下のことがいえる.

- 比例ゲイン k_P，微分ゲイン k_D を

$$k_P = \frac{\omega_m^2 - a_0}{b_0}, \quad k_D = \frac{2\zeta_m \omega_m - a_1}{b_0} \quad (5.25)$$

と選べば，固有角周波数 ω_n，減衰係数 ζ を任意の値 ω_m, ζ_m に指定できる. したがって，P 制御と比べて過渡特性を改善できる.

- P 制御の場合とゲイン K_1, K_2 が同じであるため，P 制御と同一の k_P を用いたとき，定常特性は改善できない.

P–D 制御と P 制御を比較したシミュレーション結果を図 5.7 に示す．ただし，P–D 制御においては $\omega_{\mathrm{m}} = 10$, $\zeta_{\mathrm{m}} = 0.7$ として (5.25) 式により k_{P}, k_{D} を定め，P 制御においては $\omega_{\mathrm{m}} = 10$ として (5.19) 式により k_{P} を定めた．図からわかるように，P 制御と比べて P–D 制御はオーバーシュートが小さく，過渡特性 (安定度) が改善されているが，定常特性は改善されていない．

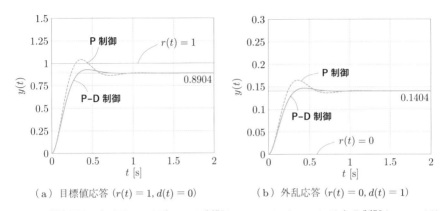

（a）目標値応答 $(r(t) = 1, d(t) = 0)$　　　（b）外乱応答 $(r(t) = 0, d(t) = 1)$

図 5.7　鉛直面を回転するアーム系の P–D 制御 $(\omega_{\mathrm{m}} = 10, \zeta_{\mathrm{m}} = 0.7)$ と P 制御 $(\omega_{\mathrm{m}} = 10)$

▌ **問題 5.2**　$G_{yr}(s)$, $G_{yd}(s)$ が (5.22) 〜 (5.24) 式となることを示せ．また，(5.25) 式を導出せよ．

5.3.3　PI–D 制御

P 制御や P–D 制御では，コントローラに積分器 $1/s$ を含んでいないため，定常位置偏差やステップ状の外乱に対する定常値が 0 とならないという問題があった．そこで，ここでは PI–D 制御を行うことを考え，目標値応答や外乱応答に注目した**部分的モデルマッチング法 (北森の方法)** により PI–D コントローラ (5.7) 式のパラメータ k_{P}, k_{I}, k_{D} を決定する．なお，PI–D コントローラ (5.7) 式を用いると，(5.15), (5.9) 式より $G_{yr}(s)$, $G_{yd}(s)$ は次式のようになる．

$$G_{yr}(s) = \frac{b_0(k_{\mathrm{P}}s + k_{\mathrm{I}})}{s^3 + (a_1 + b_0 k_{\mathrm{D}})s^2 + (a_0 + b_0 k_{\mathrm{P}})s + b_0 k_{\mathrm{I}}} \tag{5.26}$$

$$G_{yd}(s) = \frac{b_0 s}{s^3 + (a_1 + b_0 k_{\mathrm{D}})s^2 + (a_0 + b_0 k_{\mathrm{P}})s + b_0 k_{\mathrm{I}}} \tag{5.27}$$

まず，部分的モデルマッチング法で利用する規範モデルについて説明する．規範モデルとは，理想的な単位ステップ応答が得られる伝達関数であり，

2 次の規範モデル　$G_{\mathrm{m}}(s) = \dfrac{\omega_{\mathrm{m}}^2}{s^2 + \alpha_1 \omega_{\mathrm{m}} s + \omega_{\mathrm{m}}^2}$,　$\alpha_1 = 2\zeta_{\mathrm{m}}$ $\tag{5.28}$

$$3 次の規範モデル \quad G_{\mathrm{m}}(s) = \frac{\omega_{\mathrm{m}}^3}{s^3 + \alpha_2 \omega_{\mathrm{m}} s^2 + \alpha_1 \omega_{\mathrm{m}}^2 s + \omega_{\mathrm{m}}^3} \tag{5.29}$$

という形式で与えられる. $\omega_{\mathrm{m}} > 0$ は固有角周波数に相当し, 速応性に関するパラメータである. また, α_i は安定度に関するパラメータであり, たとえば, 表 5.2 のように選ばれ, その単位ステップ応答 $y_{\mathrm{m}}(t)$ は図 5.8 のようになる. 各標準形の特徴を以下に示す.

- **2 項係数標準形**：極が重解 $-\omega_{\mathrm{m}}$ となるように選ばれている. 2 次遅れ系の臨界制動に相当しており, ステップ応答はぎりぎりオーバーシュートを生じない.
- **バターワース標準形**：極は半径 ω_{m} の円上に図 5.9 のように配置されている. ステップ応答は若干のオーバーシュートを生じる.
- **ITAE 最小標準形**：ω_{m} の値が与えられたとき, 偏差の時間重み付けされた積分 (Integral of Time-weighted Absolute Error)

$$J_{\mathrm{ITAE}} = \int_0^\infty t|e(t)|\mathrm{d}t, \quad e(t) = 1 - y_{\mathrm{m}}(t) \tag{5.30}$$

がほぼ最小となるように選ばれている.

部分的モデルマッチング法の具体的な設計手順を以下に示す.

表 5.2　規範モデルの安定度に関するパラメータの選定

規範モデル	2 項係数標準形	バターワース標準形	ITAE 最小標準形
(5.28) 式	$\alpha_1 = 2$ ($\zeta_{\mathrm{m}} = 1$)	$\alpha_1 = \sqrt{2} \simeq 1.4$ ($\zeta_{\mathrm{m}} \simeq 0.7$)	$\alpha_1 = 1.4$ ($\zeta_{\mathrm{m}} = 0.7$)
(5.29) 式	$\alpha_1 = \alpha_2 = 3$	$\alpha_1 = \alpha_2 = 2$	$\alpha_1 = 2.15, \alpha_2 = 1.75$

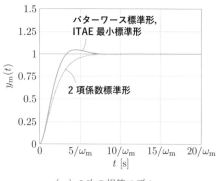

（a）2 次の規範モデル　　　　（b）3 次の規範モデル

図 5.8　規範モデルの単位ステップ応答 $y_{\mathrm{m}}(t)$

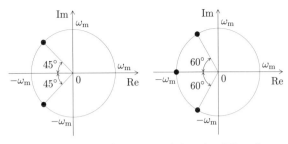

（a）2 次の規範モデル 　　（b）3 次の規範モデル

図 5.9 バターワース標準形の極の位置

■ 目標値応答に注目した部分的モデルマッチング法

目標値応答に注目した部分的モデルマッチング法では，マクローリン展開 ($s = 0$ でのテイラー展開) により $G_{yr}(s)$ の逆数 $1/G_{yr}(s)$ を

$$\frac{1}{G_{yr}(s)} = 1 + \frac{a_0}{b_0 k_\mathrm{I}}s + \left(\frac{a_1 + b_0 k_\mathrm{D}}{b_0 k_\mathrm{I}} - \frac{a_0 k_\mathrm{P}}{b_0 k_\mathrm{I}^2}\right)s^2$$
$$+ \left\{\frac{1}{b_0 k_\mathrm{I}} - \frac{k_\mathrm{P}(a_1 + b_0 k_\mathrm{D})}{b_0 k_\mathrm{I}^2} + \frac{a_0 k_\mathrm{P}^2}{b_0 k_\mathrm{I}^3}\right\}s^3 + \cdots \tag{5.31}$$

のように無限級数で表す．そして，(5.31) 式と規範モデル $G_\mathrm{m}(s)$ の逆数 $1/G_\mathrm{m}(s)$ を近似的に一致させる．たとえば，$G_\mathrm{m}(s)$ を 2 次の規範モデル (5.28) 式とし，その逆数

$$\frac{1}{G_\mathrm{m}(s)} = 1 + \frac{\alpha_1}{\omega_\mathrm{m}}s + \frac{1}{\omega_\mathrm{m}^2}s^2 + 0 \cdot s^3 \tag{5.32}$$

と (5.31) 式の 3 次までの項を一致させる．その結果，各ゲインが

$$k_\mathrm{I} = \frac{\omega_\mathrm{m} a_0}{\alpha_1 b_0}, \quad k_\mathrm{P} = \frac{\omega_\mathrm{m}^2}{b_0}, \quad k_\mathrm{D} = \frac{\alpha_1 \omega_\mathrm{m}}{b_0} - \frac{a_1}{b_0} + \frac{a_0}{\alpha_1 \omega_\mathrm{m} b_0} \tag{5.33}$$

のように設計される．なお，(5.33) 式のように選ぶと，(5.26) 式の $G_{yr}(s)$ は極零相殺され，(5.28) 式の $G_\mathrm{m}(s)$ と完全に一致する．

■ 外乱応答に注目した部分的モデルマッチング法

外乱応答に注目した部分的モデルマッチング法では，$G_{yd}(s)$ の逆数[†1] は

$$\frac{1}{G_{yd}(s)} = \frac{k_\mathrm{I}}{s}\left(1 + \frac{a_0 + b_0 k_\mathrm{P}}{b_0 k_\mathrm{I}}s + \frac{a_1 + b_0 k_\mathrm{D}}{b_0 k_\mathrm{I}}s^2 + \frac{1}{b_0 k_\mathrm{I}}s^3\right) \tag{5.34}$$

[†1] 制御対象が (5.15) 式のように，k 次遅れ要素 $P(s) = \dfrac{b_0}{a_k s^k + \cdots + a_1 s + a_0}$ である場合は，マクローリン展開しなくても，直接，(5.34) 式のような有限次数の級数が得られる．

となるので,

$$\frac{s}{k_{\mathrm{I}}}\frac{1}{G_{yd}(s)} = 1 + \frac{a_0 + b_0 k_{\mathrm{P}}}{b_0 k_{\mathrm{I}}}s + \frac{a_1 + b_0 k_{\mathrm{D}}}{b_0 k_{\mathrm{I}}}s^2 + \frac{1}{b_0 k_{\mathrm{I}}}s^3 \tag{5.35}$$

と規範モデルの逆数 $1/G_{\mathrm{m}}(s)$ の 3 次までの項を一致させる。たとえば, $G_{\mathrm{m}}(s)$ を 3 次の規範モデル (5.29) 式としたとき,

$$\frac{1}{G_{\mathrm{m}}(s)} = 1 + \frac{\alpha_1}{\omega_{\mathrm{m}}}s + \frac{\alpha_2}{\omega_{\mathrm{m}}^2}s^2 + \frac{1}{\omega_{\mathrm{m}}^3}s^3 \tag{5.36}$$

なので, 各ゲインが

$$k_{\mathrm{I}} = \frac{\omega_{\mathrm{m}}^3}{b_0}, \quad k_{\mathrm{P}} = \frac{\alpha_1 \omega_{\mathrm{m}}^2 - a_0}{b_0}, \quad k_{\mathrm{D}} = \frac{\alpha_2 \omega_{\mathrm{m}} - a_1}{b_0} \tag{5.37}$$

のように設計され, (5.35) 式は (5.36) 式と完全に一致する。

図 5.10 に, (5.33), (5.37) 式にしたがって k_{P}, k_{I}, k_{D} を定め, PI–D 制御を行ったシミュレーション結果を示す。ただし, 目標値応答に注目した場合は $\omega_{\mathrm{m}} = 10$, $\alpha_1 = 2\zeta_{\mathrm{m}} = 1.4$ ($\zeta_{\mathrm{m}} = 0.7$) に指定し, 外乱応答に注目した場合は $\omega_{\mathrm{m}} = 10$, $\alpha_1 = \alpha_2 = 2$ に指定した。目標値応答に注目した場合, 目標値応答は適度な速応性と安定度を兼ね備えており, 定常位置偏差も 0 であるが, 外乱の影響を完全に抑制するまでに時間を要する。一方, 外乱応答に注目した場合, 外乱の影響は速やかに抑制できるが, 目標値応答におけるオーバーシュートが大きいことがわかる。

問題 5.3 (5.33) 式のように選ぶと, (5.26) 式の $G_{yr}(s)$ は (5.28) 式 (p. 99) に示す 2 次の規範モデル $G_{\mathrm{m}}(s)$ と完全に一致することを示せ.

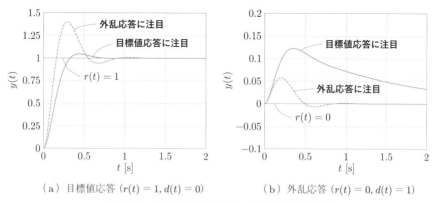

（a）目標値応答 ($r(t) = 1$, $d(t) = 0$)   （b）外乱応答 ($r(t) = 0$, $d(t) = 1$)

図 5.10 鉛直面を回転するアーム系の PI–D 制御

5.3.4 I–PD 制御

外乱応答に注目して設計された PI–D 制御では，外乱の影響は速やかに抑制できた
が，目標値応答のオーバーシュートが大きいという問題があった．そこで，ここでは
外乱応答に注目した PI–D 制御と同等の外乱抑制ができ，しかも目標値応答を改善す
る I–PD コントローラ (5.10) 式を設計する．

I–PD コントローラ (5.10) 式を用いると，(5.15), (5.12) 式より $G_{yr}(s)$, $G_{yd}(s)$ は

$$G_{yr}(s) = \frac{b_0 k_\mathrm{I}}{s^3 + (a_1 + b_0 k_\mathrm{D})s^2 + (a_0 + b_0 k_\mathrm{P})s + b_0 k_\mathrm{I}} \tag{5.38}$$

$$G_{yd}(s) = \frac{b_0 s}{s^3 + (a_1 + b_0 k_\mathrm{D})s^2 + (a_0 + b_0 k_\mathrm{P})s + b_0 k_\mathrm{I}} \tag{5.39}$$

となる．したがって，$G_{yr}(s)$ の逆数

$$\frac{1}{G_{yr}(s)} = 1 + \frac{a_0 + b_0 k_\mathrm{P}}{b_0 k_\mathrm{I}}s + \frac{a_1 + b_0 k_\mathrm{D}}{b_0 k_\mathrm{I}}s^2 + \frac{1}{b_0 k_\mathrm{I}}s^3 \tag{5.40}$$

を，3 次の規範モデル (5.29) 式の逆数 (5.36) 式と完全に一致させるには，各ゲインを
(5.37) 式と選べばよい．このとき，I–PD 制御の $G_{yd}(s)$ は，外乱応答に注目した場合
の PI–D 制御の $G_{yd}(s)$ と一致する．

図 5.11 に，(5.37) 式にしたがって k_P, k_I, k_D を定め，I–PD 制御，PI–D 制御を
行ったシミュレーション結果を示す．ただし，$\omega_\mathrm{m} = 10$, $\alpha_1 = \alpha_2 = 2$ に指定した．
図からわかるように，I–PD 制御は PI–D 制御の優れた外乱除去の特性を維持しつつ
目標値応答の過渡特性を改善している．

問題 5.4 図 2.13 (p. 15) で示した台車系において $u(t) = f(t)$, $y(t) = z(t)$ とする．台車の位
置制御を行う I–PD コントローラのゲイン k_P, k_I, k_D を目標値応答に注目した部分モデルマッチ
ング法により設計せよ．ただし，規範モデルは (5.29) 式 (p. 100) とする．

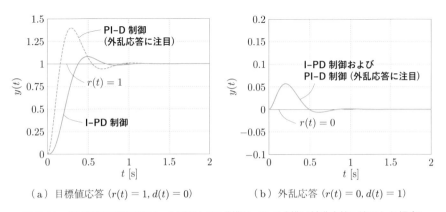

（a）目標値応答 ($r(t) = 1, d(t) = 0$)　　　（b）外乱応答 ($r(t) = 0, d(t) = 1$)

図 5.11　鉛直面を回転するアーム系の I–PD 制御と PI–D 制御 (外乱応答に注目した場合)

5.4 MATLAB/Simulink を利用した演習

5.4.1 アーム系の PI–D 制御の線形シミュレーション

　ここでは，Simulink を利用して **5.3.3** 項で説明したアーム系の PI–D 制御の時間応答が図 **5.10** となることを確認する．ただし，アーム系のモデルは $y(t) = 0$ 近傍で線形化された (5.15) 式とする．

ステップ **1**　空の Simulink モデルを開き，表 5.3 のようにモデルコンフィギュレーションパラメータを設定する．そして，図 5.12 のように Simulink ブロックを配置する．

ステップ **2**　図 **5.12** の Simulink ブロックを表 5.4 のように設定した後，図 5.13 のように結線し，"arm_sim_pi_d_cont.slx" という名前で適当なフォルダに保

表 5.3　モデルコンフィギュレーションパラメータの設定

ソルバ/シミュレーション時間	開始時間：0，終了時間：3
ソルバ/ソルバの選択	タイプ：固定ステップ，ソルバ：ode4 (Runge-Kutta)
ソルバ/ソルバの詳細	固定ステップサイズ：0.001
データのインポート/エクスポート	ワークスペースまたはファイルに保存：「単一のシミュレーション出力」のチェックを外す

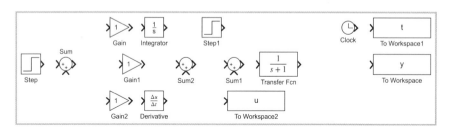

図 5.12　Simulink ブロックの配置

表 5.4　図 5.12 における Simulink ブロックのパラメータ設定

Simulink ブロック	変更するパラメータ
Transfer Fcn	分子係数：[b0]，分母係数：[1 a1 a0]
Step	ステップ時間：0，最終値：rc
Step1	ステップ時間：1.5，最終値：dc
Gain, Gain1, Gain2	ゲイン：それぞれ kI, kP, kD
Sum, Sum1, Sum2	符号リスト：それぞれ |+-, ++|, +--
To Workspace	変数名：y，保存形式：配列
To Workspace1	変数名：t，保存形式：配列
To Workspace2	変数名：u，保存形式：配列

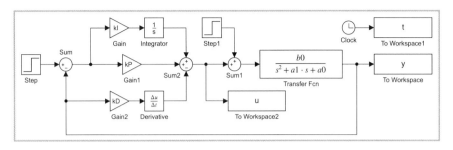

図 5.13 Simulink モデル "arm_sim_pi_d_cont.slx"

存する.

ステップ 3 Simulink モデル "arm_sim_pi_d_cont.slx" と同じフォルダに M ファイル "arm_para.m" (p. 25) と以下の M ファイル "plot_pi_d_cont.m" を保存する.

M ファイル "plot_pi_d_cont.m" (部分的モデルマッチング法による PI-D 制御)

```
01  arm_para                                    … "arm_para.m" (p. 25) の実行
02  a0 = M*g*l/J; a1 = c/J; b0 = 1/J;           … (5.15) 式における a0, a1, b0 の定義
03
04  rc = 30*(pi/180);                           … 目標値を r(t) = rc = 30 [deg] に設定
05  dc = 0.5;                                   … 外乱を d(t) = dc = 0.5 [N·m] に設定
06  % ------------------------------------
07  wm = 10; alpha1 = 1.4;                      … ωm = 10, α1 = 1.4 (ζm = 0.7) に設定
08
09  disp('***** 目標値応答に注目した PI-D 制御 *****')  … コマンドウィンドウに表示
10  kI = (wm*a0)/(alpha1*b0)                    … (5.33) 式により k1, kP, kD を設計
11  kP = wm^2/b0
12  kD = (alpha1*wm)/b0 - a1/b0 + a0/(alpha1*wm*b0)
13
14  sim('arm_sim_pi_d_cont')                    … "arm_sim_pi_d_cont.slx" を実行
15  figure(1); plot(t,y*(180/pi))              … Figure 1 にシミュレーション結果を描画
16  hold on                                     … グラフの保持
17  % ------------------------------------
18  wm = 10; alpha1 = 2; alpha2 = 2;            … ωm = 10, α1 = α2 = 2 に設定
19
20  disp('***** 外乱応答に注目した PI-D 制御 *****')  … コマンドウィンドウに表示
21  kI = wm^3/b0                                … (5.37) 式により k1, kP, kD を設計
22  kP = (alpha1*wm^2)/b0 - a0/b0
23  kD = (alpha2*wm)/b0 - a1/b0
24
25  sim('arm_sim_pi_d_cont')                    … "arm_sim_pi_d_cont.slx" を実行
26  figure(1); plot(t,y*(180/pi),'--')         … Figure 1 にシミュレーション結果を破線で描画
27  hold off                                    … グラフの解放
28  % ------------------------------------
29  xlabel('t [s]'); ylabel('y(t) [deg]')      … 横軸, 縦軸のラベル
30  grid on                                     … 補助線
31  legend('目標値応答に注目','外乱応答に注目')        … 凡例の表示
32  ylim([0 45])                                … 縦軸の範囲
33  set(gca,'YTick',[0:7.5:45])                 … 縦軸の目盛り
```

M ファイル "plot_pi_d_cont.m" を実行すると,コマンドウィンドウに

M ファイル "plot_pi_d_cont.m" の実行結果

```
>> plot_pi_d_cont ↵
***** 目標値応答に注目した PI-D 制御 *****
kI =
    5.5749
kP =
    7.1200
kD =
    0.3575
```

```
***** 外乱応答に注目した PI-D 制御 *****
kI =
    71.2000
kP =
    13.4595
kD =
    0.7290
```

と表示され，$r(t) = 30\,[\deg]$ $(t \geq 0)$, $d(t) = 0.5\,[\mathrm{N \cdot m}]$ $(t \geq 1.5)$ としたときのシミュ
レーション結果である図 5.14 が描画される．

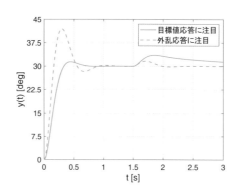

図 5.14 　PI–D 制御のシミュレーション結果

問題 5.5 問題 5.4 で設計した I–PD コントローラを用いた台車系の位置制御をシミュレーショ
ンする Simulink モデルを構築せよ．ただし，台車の物理パラメータを $M = 0.440\,[\mathrm{kg}]$, $c = 8.32\,[\mathrm{kg/s}]$ とし，I–PD コントローラの設計パラメータは $\alpha_1 = \alpha_2 = 3$, $\omega_\mathrm{m} = 20$ と指定せよ．
また，目標値を $r(t) = 1$，外乱を $d(t) = 0$ とする．

5.4.2　アーム系の PI–D 制御の非線形シミュレーション

5.4.1 項では，鉛直面を回転するアーム系のモデルを $y(t) = 0$ 近傍で線形化された
(5.15) 式としたが，アーム角 $y(t)$ が 0 から大きくはなれた領域で動作する場合，線形
化の近似の精度は十分ではない．ここでは，アーム系のモデルを (2.39) 式 (p. 17) の
非線形微分方程式

$$J\ddot{y}(t) + c\dot{y}(t) + Mg\ell \sin y(t) = u(t)$$
$$\implies \ddot{y}(t) = \frac{1}{J}\big(-c\dot{y}(t) - Mg\ell \sin y(t) + u(t)\big) \tag{5.41}$$

のまま取り扱い，PI–D 制御の非線形シミュレーションを行う方法を説明する．

　非線形シミュレーションを行うために，**図 5.13** の Simulink モデルを修正する手順
を以下に示す．

- 図 5.13 の Simulink モデル "`arm_sim_pi_d_cont.slx`" における Simulink ブロック "`Transfer Fcn`" を，図 5.15 のように Simulink ブロック "`Subsystem`" に置き換える．なお，"`Subsystem`" は (5.41) 式をブロック線図で表現した図 5.16 を記述するために用いる．

- 図 5.15 の "`Subsystem`" をダブルクリックすると，図 5.17 (a) のように "`In1`" と "`Out1`" が結線されているので，この線を削除し，図 5.17 (b) のように Simulink ブロックを配置する．

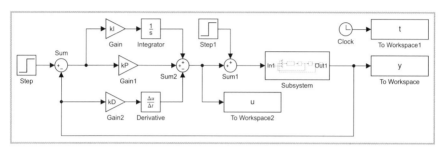

図 5.15 Simulink モデル "`arm_sim_pi_d_cont_nonlinear.slx`"

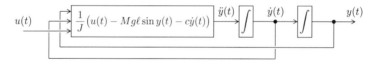

図 5.16 非線形微分方程式 (5.41) 式のブロック線図による表現

（a）"Subsystem" 内の初期状態

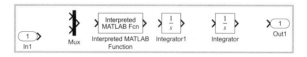

（b）"Subsystem" 内の Simulink ブロックの配置

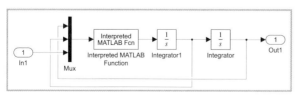

（c）"Subsystem" 内の Simulink ブロックの結線

図 5.17 "Subsystem" 内の Simulink ブロックの設定

表5.5　図 5.17 における Simulink ブロックのパラメータ設定

Simulink ブロック	変更するパラメータ
Mux	入力数：3
Interpreted MATLAB Function	式：(u(3) - M*g*l*sin(u(1)) - c*u(2))/J

- 表 5.5 のようにパラメータを設定し，**図 5.17** (c) のように Simulink ブロックを結線する.
- 関連する他の M ファイルや Simulink モデルと同じフォルダに，**図 5.15** の Simulink モデルを "`arm_sim_pi_d_cont_nonlinear.slx`" という名前で保存する.

非線形シミュレーションと線形シミュレーションを比較するための M ファイルを以下に示す.

M ファイル "plot_pi_d_cont_nonlinear.m" (非線形シミュレーション)

```
01  arm_para                                 ..... "arm_para.m" の実行
02  a0 = M*g*l/J; a1 = c/J; b0 = 1/J;        ..... (5.15) 式における a0, a1, b0 の定義
03  % ------------------------------------
04  wm = 10; alpha1 = 1.4;                   ..... ωm = 10, α1 = 1.4 (ζm = 0.7) に設定
05
06  disp('***** 目標値応答に注目した PI-D 制御 *****')  ..... コマンドウィンドウに表示
07  kI = (wm*a0)/(alpha1*b0)                 ..... (5.33) 式により kI, kP, kD を設計
08  kP = wm^2/b0
09  kD = (alpha1*wm)/b0 - a1/b0 + a0/(alpha1*wm*b0)
10
11  for k = [1 4]                            ..... k = 1, 4 として反復処理
12     rc = k*30*(pi/180);                   ..... 目標値を r(t) = rc = k × 30 [deg] に設定
13     dc = k*0.5;                           ..... 外乱を d(t) = dc = k × 0.5 [N·m] に設定
14     % ------------------------------------
15     sim('arm_sim_pi_d_cont')              ..... "arm_sim_pi_d_cont.slx" を実行
16     figure(k); plot(t,y*(180/pi),'--')    ..... Figure k に線形シミュレーションの結果を破線で描画
17     hold on                               ..... グラフの保持
18     % ------------------------------------
19     sim('arm_sim_pi_d_cont_nonlinear')    ..... "arm_sim_pi_d_cont_nonlinear.slx" を実行
20     figure(k); plot(t,y*(180/pi))         ..... Figure k に非線形シミュレーションの結果を描画
21     hold off                              ..... グラフの解放
22     % ------------------------------------
23     xlabel('t [s]'); ylabel('y(t) [deg]') ..... 横軸, 縦軸のラベル
24     grid on                               ..... 補助線
25     legend('線形シミュレーション','非線形シミュレーション')  ..... 凡例の表示
26     ylim(k*[0 45])                        ..... 縦軸の範囲
27     set(gca,'YTick',k*[0:7.5:45])         ..... 縦軸の目盛り
28  end
```

　この M ファイルを実行すると，図 5.18 の結果が得られる. 線形シミュレーションでは，重力項 $Mg\ell y(t)$ はアーム角 $y(t)$ に比例するので，目標値 $r(t)$ の大きさに関係なく，シミュレーション結果の形状は同じである. それに対し，非線形シミュレーションでは，重力項 $Mg\ell \sin y(t)$ の影響がアーム角 $y(t)$ に応じて非線形的に変化するので，$r(t) = 30 \, [\mathrm{deg}]$ のときよりも $r(t) = 120 \, [\mathrm{deg}]$ の方が線形化誤差の影響が大きい. そのため，後者の方がオーバーシュートが大きく，整定時間が長くなっている.

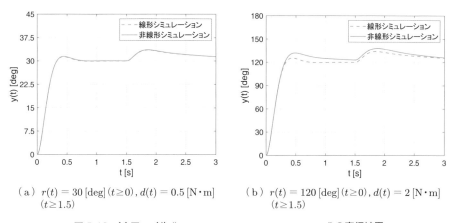

（a）$r(t) = 30\,[\deg]\,(t \geq 0)$, $d(t) = 0.5\,[\text{N·m}]$ $(t \geq 1.5)$

（b）$r(t) = 120\,[\deg]\,(t \geq 0)$, $d(t) = 2\,[\text{N·m}]$ $(t \geq 1.5)$

図 5.18　M ファイル "`plot_pi_d_cont_nonlinear.m`" の実行結果

第6章 システムの周波数特性

　システムの特性を調べる方法には，ステップ入力などを加えて過渡特性を調べる方法のほかに，入力に様々な周波数の正弦波を加える方法がある．このように，様々な周波数の正弦波入力を加えたときのシステムの特性を周波数特性という．ここでは，伝達関数とシステムの周波数特性の関係について述べる．

6.1 周波数応答とゲイン，位相差

6.1.1 周波数応答と周波数特性

　図 6.1 に示すように，安定なシステム

$$y(s) = P(s)u(s) \tag{6.1}$$

に様々な角周波数 ω の正弦波入力

$$u(t) = A \sin \omega t \quad (A > 0,\ \omega > 0) \iff u(s) = \frac{A\omega}{s^2 + \omega^2} \tag{6.2}$$

を加えたとき，定常状態における出力

$$y(t) \simeq y_{\mathrm{app}}(t) := B(\omega) \sin\bigl(\omega t + \phi(\omega)\bigr) \tag{6.3}$$

を**周波数応答**という．(6.3) 式からわかるように，角周波数 ω に依存した

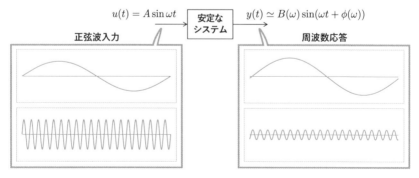

図 6.1　周波数応答

入出力の振幅比（ゲイン）　$G_{\mathrm{g}}(\omega) := \dfrac{B(\omega)}{A}$ [倍] $\qquad$ (6.4)

入出力の位相差 $\qquad\qquad G_{\mathrm{p}}(\omega) := \phi(\omega)$ [rad]（または [deg]）$\qquad$ (6.5)

によりシステムの特性を把握することができる．このような特性を**周波数特性**という．ゲイン $G_{\mathrm{g}}(\omega)$，位相差 $G_{\mathrm{p}}(\omega)$ を利用すると，周波数応答 (6.3) 式は

$$y(t) \simeq y_{\mathrm{app}}(t) := AG_{\mathrm{g}}(\omega)\sin\bigl(\omega t + G_{\mathrm{p}}(\omega)\bigr) \qquad (6.6)$$

のように記述することができる．

例 6.1　ラプラス変換による周波数応答の計算[†1]
　安定なシステム

$$y(s) = P(s)u(s), \quad P(s) = \frac{1}{s+1} \qquad (6.7)$$

に正弦波入力 (6.2) 式を加えたときの周波数応答 $y_{\mathrm{app}}(t)$ を，ラプラス変換を利用して求めてみよう．
　(6.7), (6.2) 式より，$y(s)$ は

$$y(s) = P(s)u(s) = \frac{1}{s+1}\frac{A\omega}{s^2+\omega^2} = \frac{h}{s+1} + \frac{k_1}{s-j\omega} + \frac{k_2}{s+j\omega} \qquad (6.8)$$

$$h = \frac{A\omega}{1+\omega^2}, \quad k_1 = -\frac{A(j+\omega)}{2(1+\omega^2)}, \quad k_2 = \frac{A(j-\omega)}{2(1+\omega^2)}$$

のように部分分数分解できる．したがって，(6.8) 式を逆ラプラス変換すると，$y(t)$ が

$$
\begin{aligned}
y(t) &= he^{-t} + k_1 e^{j\omega t} + k_2 e^{-j\omega t} \\
&= he^{-t} + k_1\bigl(\cos\omega t + j\sin\omega t\bigr) + k_2\bigl(\cos\omega t - j\sin\omega t\bigr) \\
&= \frac{A\omega}{1+\omega^2}e^{-t} + \frac{A}{1+\omega^2}\bigl(\sin\omega t - \omega\cos\omega t\bigr) \\
&= \frac{A\omega}{1+\omega^2}e^{-t} + B(\omega)\sin\bigl(\omega t + \phi(\omega)\bigr) \quad (t \geq 0)
\end{aligned}
\qquad (6.9)
$$

のように求められる[†2]．ただし，

$$B(\omega) = \frac{A}{\sqrt{1+\omega^2}}, \quad \phi(\omega) = \tan^{-1}(-\omega) = -\tan^{-1}\omega$$

であり，ゲイン $G_{\mathrm{g}}(\omega)$，位相差 $G_{\mathrm{p}}(\omega)$ はそれぞれ

$$G_{\mathrm{g}}(\omega) = \frac{B(\omega)}{A} = \frac{1}{\sqrt{1+\omega^2}}, \quad G_{\mathrm{p}}(\omega) = \phi(\omega) = -\tan^{-1}\omega \qquad (6.10)$$

[†1]　MATLAB を利用した周波数応答の描画については，**6.4.3 項** (p. 135) で説明する．
[†2]　三角関数の合成 $a\sin\theta + b\cos\theta = \sqrt{a^2+b^2}\sin(\theta+\phi)$, $\phi = \tan^{-1}(b/a)$ を利用した．

となる．十分時間が経過すると $e^{-t} \simeq 0$ であるから，(6.9) 式は (6.3) 式の周波数応答 $y_{\mathrm{app}}(t)$ で近似できる．

図 6.2 に，$A = 1$，$\omega = 0.1, 10$ としたときの入力 $u(t)$，出力 $y(t)$ および周波数応答 $y_{\mathrm{app}}(t)$ を示す．図より，t が大きくなるにしたがい，$y(t)$ は $y_{\mathrm{app}}(t)$ に漸近することがわかる．また，$\omega = 0.1, 10$ としたときのゲインや位相差が

$$G_{\mathrm{g}}(0.1) = \frac{B(0.1)}{A} = \frac{1}{\sqrt{1 + (0.1)^2}} \simeq 1 \,[\text{倍}]$$

$$G_{\mathrm{p}}(0.1) = \phi(0.1) = -\tan^{-1} 0.1 = -5.7106 \,[\text{deg}] \simeq 0 \,[\text{deg}]$$

$$G_{\mathrm{g}}(10) = \frac{B(10)}{A} = \frac{1}{\sqrt{1 + (10)^2}} \simeq \frac{1}{10} \,[\text{倍}]$$

$$G_{\mathrm{p}}(10) = \phi(10) = -\tan^{-1} 10 = -84.2894 \,[\text{deg}] \simeq -90 \,[\text{deg}]$$

となる．したがって，低周波数では入力 $u(t)$ と出力 $y(t) \simeq y_{\mathrm{app}}(t)$ の振幅，位相はほとんど同じであるが，高周波数では入力 $u(t)$ と比べて出力 $y(t) \simeq y_{\mathrm{app}}(t)$ の振幅は小さくなり，位相も遅れる．

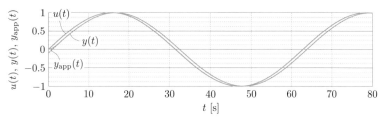

（a）低周波入力 $u(t) = \sin 0.1t$ を加えたときの出力 $y(t)$ と周波数応答 $y_{\mathrm{app}}(t)$

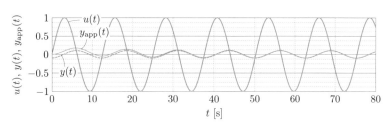

（b）高周波入力 $u(t) = \sin 10t$ を加えたときの出力 $y(t)$ と周波数応答 $y_{\mathrm{app}}(t)$

図 6.2　**(6.7) 式の周波数応答**

問題 6.1　不安定なシステム

$$y(s) = P(s)u(s), \quad P(s) = \frac{1}{s - 1} \tag{6.11}$$

に正弦波入力 $u(t) = \sin t$ を加えたときの $y(t)$ を求めよ．この結果から，不安定なシステムに正弦波入力を加えたときの出力が (6.3) 式で近似できないことを説明せよ．

6.1.2　周波数伝達関数とゲイン，位相差の関係

　ゲイン，位相差を求めるのにラプラス変換を利用して計算することは面倒である．そのため，周波数伝達関数からゲイン，位相差を求めることが多い．

　伝達関数 $P(s)$ における s を $j\omega$ で置き換えた $P(j\omega)$ を**周波数伝達関数**という．$P(j\omega)$ の実部を $\mathrm{Re}\big[P(j\omega)\big]$，虚部を $\mathrm{Im}\big[P(j\omega)\big]$ とすると，ゲインや位相差を

ゲインと位相差

$$\text{ゲイン}\quad G_{\mathrm{g}}(\omega) = |P(j\omega)| = \sqrt{\mathrm{Re}\big[P(j\omega)\big]^2 + \mathrm{Im}\big[P(j\omega)\big]^2} \tag{6.12}$$

$$\text{位相差}\quad G_{\mathrm{p}}(\omega) = \angle P(j\omega) = \tan^{-1}\frac{\mathrm{Im}\big[P(j\omega)\big]}{\mathrm{Re}\big[P(j\omega)\big]} \tag{6.13}$$

のように求めることができる．つまり，ゲイン，位相差はそれぞれ図 6.3 に示す複素平面上のベクトル $P(j\omega)$ の大きさ $|P(j\omega)|$ および偏角 $\angle P(j\omega)$ である．

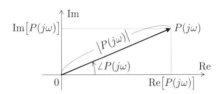

図 6.3　$P(j\omega)$ の複素平面での表現

━━━━━━━━━━━━━━━━━━━━━━━━▶ **解説：周波数伝達関数とゲイン，位相差**

　安定なシステム (6.1) 式に正弦波入力 (6.2) 式を加えたとき，$y(s)$ は

$$y(s) = P(s)\frac{A\omega}{s^2 + \omega^2} = \sum_{i=1}^{n}\frac{h_i}{s - p_i} + \frac{k_1}{s - j\omega} + \frac{k_2}{s + j\omega} \tag{6.14}$$

$$k_1 = (s - j\omega)y(s)\big|_{s=j\omega} = P(s)\frac{A\omega}{s + j\omega}\bigg|_{s=j\omega} = \frac{A}{2j}P(j\omega)$$

$$k_2 = (s + j\omega)y(s)\big|_{s=-j\omega} = P(s)\frac{A\omega}{s - j\omega}\bigg|_{s=-j\omega} = -\frac{A}{2j}P(-j\omega)$$

のように部分分数分解できる．ただし，$p_i\ (i = 1, 2, \ldots, n)$ は $P(s)$ の極であり，簡単のため，互いに異なるとする．システム (6.1) 式は安定なので $\mathrm{Re}[p_i] < 0$ であり，t が十分大きいとき $e^{p_i t} \simeq 0$ である．このことを考慮して，(6.14) 式を逆ラプラス変換すると，

$$y(t) = \sum_{i=1}^{n}h_i e^{p_i t} + k_1 e^{j\omega t} + k_2 e^{-j\omega t} \simeq y_{\mathrm{app}}(t) = k_1 e^{j\omega t} + k_2 e^{-j\omega t} \tag{6.15}$$

となる．ここで，図 6.3 より

$$\mathrm{Re}\big[P(j\omega)\big] = |P(j\omega)|\cos\angle P(j\omega), \quad \mathrm{Im}\big[P(j\omega)\big] = |P(j\omega)|\sin\angle P(j\omega) \quad (6.16)$$

であるから，オイラーの公式 (3.10) 式 (p. 30) より周波数伝達関数 $P(j\omega)$ は極座標

$$P(j\omega) = \mathrm{Re}\big[P(j\omega)\big] + j\,\mathrm{Im}\big[P(j\omega)\big] = |P(j\omega)|\big(\cos\angle P(j\omega) + j\sin\angle P(j\omega)\big)$$
$$= |P(j\omega)|e^{\angle P(j\omega)} \tag{6.17}$$

で表すことができる．また，$P(j\omega)$ と $P(-j\omega)$ が共役複素数であることから $P(-j\omega) = |P(j\omega)|e^{-j\angle P(j\omega)}$ となる．極座標形式を利用して (6.15) 式を書き換えると，

$$
\begin{aligned}
y_{\mathrm{app}}(t) &= \frac{A}{2j}P(j\omega)e^{j\omega t} - \frac{A}{2j}P(-j\omega)e^{-j\omega t} \\
&= \frac{A}{2j}\big(|P(j\omega)|e^{j\angle P(j\omega)}e^{j\omega t} - |P(j\omega)|e^{-j\angle P(j\omega)}e^{-j\omega t}\big) \\
&= \frac{A|P(j\omega)|}{2j}\big\{e^{j(\omega t + \angle P(j\omega))} - e^{-j(\omega t + \angle P(j\omega))}\big\}
\end{aligned}
\tag{6.18}
$$

となり，さらに，オイラーの公式 (3.10) 式を利用すると，

$$y_{\mathrm{app}}(t) = A|P(j\omega)|\sin(\omega t + \angle P(j\omega)) \tag{6.19}$$

となる．したがって，ゲインは $G_{\mathrm{g}}(\omega) = |P(j\omega)|$，位相差は $G_{\mathrm{p}}(\omega) = \angle P(j\omega)$ となることがわかる．

例 6.2　周波数伝達関数とゲイン，位相差

安定なシステム (6.1) 式の伝達関数 $P(s)$ が

(1) $P(s) = \dfrac{1}{s+1}$　　(2) $P(s) = \dfrac{1}{(s+1)(s+2)}$

であるとき，周波数伝達関数 $P(j\omega)$ とゲイン $G_{\mathrm{g}}(\omega)$，位相差 $G_{\mathrm{p}}(\omega)$ を求めてみよう．

(1) 周波数伝達関数は

$$P(j\omega) = \frac{1}{1+j\omega} = \frac{1}{1+\omega^2} + j\left(-\frac{\omega}{1+\omega^2}\right) \tag{6.20}$$

であるから，(6.12), (6.13) 式よりゲイン $G_{\mathrm{g}}(\omega)$，位相差 $G_{\mathrm{p}}(\omega)$ は

$$G_{\mathrm{g}}(\omega) = |P(j\omega)| = \frac{\sqrt{1+\omega^2}}{1+\omega^2} = \frac{1}{\sqrt{1+\omega^2}} \tag{6.21}$$

$$G_{\mathrm{p}}(\omega) = \angle P(j\omega) = -\tan^{-1}\omega \tag{6.22}$$

となり，(6.10) 式と一致する．

(2) 周波数伝達関数は，

$$P(j\omega) = \frac{1}{(1+j\omega)(2+j\omega)} = \frac{2-\omega^2}{\omega^4+5\omega^2+4} + j\left(-\frac{3\omega}{\omega^4+5\omega^2+4}\right) \tag{6.23}$$

であるから，(6.12), (6.13) 式よりゲイン $G_{\mathrm{g}}(\omega)$，位相差 $G_{\mathrm{p}}(\omega)$ は次式となる．

$$G_g(\omega) = |P(j\omega)| = \frac{\sqrt{\omega^4 + 5\omega^2 + 4}}{\omega^4 + 5\omega^2 + 4} = \frac{1}{\sqrt{\omega^4 + 5\omega^2 + 4}} \tag{6.24}$$

$$G_p(\omega) = \angle P(j\omega) = -\tan^{-1}\frac{3\omega}{2 - \omega^2} \tag{6.25}$$

6.1.3 ゲイン，位相差の便利な求め方

前項で述べたように，伝達関数 $P(s)$ のゲイン，位相差は周波数伝達関数 $P(j\omega)$ を用いることによって計算できる．しかしながら，周波数伝達関数 $P(j\omega)$ の実部 $\mathrm{Re}[P(j\omega)]$ や虚部 $\mathrm{Im}[P(j\omega)]$ を求める計算が面倒であることが多い．ここでは，伝達関数 $P(s)$ が

$$P(s) = \frac{N_1(s)N_2(s)\cdots N_m(s)}{D_1(s)D_2(s)\cdots D_n(s)} \tag{6.26}$$

という形式であるとき，ゲイン，位相差の便利な求め方について説明する．

周波数伝達関数 $D_k(j\omega)$ $(k = 1, 2, \ldots, n)$, $N_\ell(j\omega)$ $(\ell = 1, 2, \ldots, m)$ を極座標で表すと，$D_k(j\omega) = |D_k(j\omega)|e^{j\angle D_k(j\omega)}$, $N_\ell(j\omega) = |N_\ell(j\omega)|e^{j\angle N_\ell(j\omega)}$ であるから，周波数伝達関数 $P(j\omega)$ は

$$
\begin{aligned}
P(j\omega) &= \frac{N_1(j\omega)N_2(j\omega)\cdots N_m(j\omega)}{D_1(j\omega)D_2(j\omega)\cdots D_n(j\omega)} \\
&= \frac{|N_1(j\omega)|e^{j\angle N_1(j\omega)}|N_2(j\omega)|e^{j\angle N_2(j\omega)}\cdots|N_m(j\omega)|e^{j\angle N_m(j\omega)}}{|D_1(j\omega)|e^{j\angle D_1(j\omega)}|D_2(j\omega)|e^{j\angle D_2(j\omega)}\cdots|D_n(j\omega)|e^{j\angle D_n(j\omega)}} \\
&= \frac{|N_1(j\omega)||N_2(j\omega)|\cdots|N_m(j\omega)|}{|D_1(j\omega)||D_2(j\omega)|\cdots|D_n(j\omega)|} \\
&\quad \times e^{\{\angle N_1(j\omega)+\angle N_2(j\omega)+\cdots+\angle N_m(j\omega)-(\angle D_1(j\omega)+\angle D_2(j\omega)+\cdots+\angle D_n(j\omega))\}} \\
&(= |P(j\omega)|e^{j\angle P(j\omega)})
\end{aligned}
\tag{6.27}
$$

となる．したがって，(6.26) 式のゲイン $|P(j\omega)|$，位相差 $\angle P(j\omega)$ は次式にしたがって求めることができる．

ゲインと位相差の便利な求め方

$$\text{ゲイン}\quad G_g(\omega) = |P(j\omega)| = \frac{|N_1(j\omega)||N_2(j\omega)|\cdots|N_m(j\omega)|}{|D_1(j\omega)||D_2(j\omega)|\cdots|D_n(j\omega)|} \tag{6.28}$$

$$
\begin{aligned}
\text{位相差}\quad G_p(\omega) = \angle P(j\omega) &= \angle N_1(j\omega) + \angle N_2(j\omega) + \cdots + \angle N_m(j\omega) \\
&\quad - \big(\angle D_1(j\omega) + \angle D_2(j\omega) + \cdots + \angle D_n(j\omega)\big)
\end{aligned}
\tag{6.29}
$$

例 6.3　ゲインと位相差の便利な求め方

安定なシステム (6.1) 式の伝達関数 $P(s)$ が

(1) $P(s) = \dfrac{1}{(s+1)(s+2)}$　　(2) $P(s) = \dfrac{5(s+3)}{(s+1)(s+2)}$

であるとき，(6.28), (6.29) 式によりゲイン $G_{\mathrm{g}}(\omega)$，位相差 $G_{\mathrm{p}}(\omega)$ を求めてみよう．

(1) 伝達関数は

$$P(s) = \frac{N(s)}{D_1(s)D_2(s)}, \quad \begin{cases} N(s) = 1 \\ D_1(s) = s+1, \quad D_2(s) = s+2 \end{cases} \tag{6.30}$$

であるので，

$$N(j\omega) = 1 \implies |N(j\omega)| = 1, \quad \angle N(j\omega) = 0$$

$$D_1(j\omega) = 1 + j\omega \implies |D_1(j\omega)| = \sqrt{1+\omega^2}, \quad \angle D_1(j\omega) = \tan^{-1}\omega$$

$$D_2(j\omega) = 2 + j\omega \implies |D_2(j\omega)| = \sqrt{4+\omega^2}, \quad \angle D_2(j\omega) = \tan^{-1}\frac{1}{2}\omega$$

となる．したがって，ゲイン $G_{\mathrm{g}}(\omega)$，位相差 $G_{\mathrm{p}}(\omega)$ は (6.28), (6.29) 式より

$$G_{\mathrm{g}}(\omega) = |P(j\omega)| = \frac{|N(j\omega)|}{|D_1(j\omega)||D_2(j\omega)|} = \frac{1}{\sqrt{(1+\omega^2)(4+\omega^2)}} \tag{6.31}$$

$$G_{\mathrm{p}}(\omega) = \angle P(j\omega) = \angle N(j\omega) - \big(\angle D_1(j\omega) + \angle D_2(j\omega)\big)$$

$$= -\left(\tan^{-1}\omega + \tan^{-1}\frac{1}{2}\omega\right) \tag{6.32}$$

となる．(6.31) 式が (6.24) 式に等しいことは明らかである．一方，加法定理を利用することで，(6.32) 式が (6.25) 式に等しいことを示すことができる．つまり，(6.32) 式を

$$G_{\mathrm{p}}(\omega) = -(\phi_1 + \phi_2), \quad \phi_1 = \tan^{-1}\omega, \quad \phi_2 = \tan^{-1}\frac{1}{2}\omega \tag{6.33}$$

と記述すると，加法定理より

$$\tan(\phi_1 + \phi_2) = \frac{\tan\phi_1 + \tan\phi_2}{1 - \tan\phi_1\tan\phi_2} = \frac{\omega + \frac{1}{2}\omega}{1 - \omega \cdot \frac{1}{2}\omega} = \frac{3\omega}{2-\omega^2} \tag{6.34}$$

であるから，次のように，(6.25) 式に書き換えることができる．

$$G_{\mathrm{p}}(\omega) = \angle P(j\omega) = -(\phi_1 + \phi_2) = -\tan^{-1}\frac{3\omega}{2-\omega^2} \tag{6.35}$$

(2) 伝達関数は

$$P(s) = \frac{N_1(s)N_2(s)}{D_1(s)D_2(s)}, \quad \begin{cases} N_1(s) = 5, \quad N_2(s) = s+3 \\ D_1(s) = s+1, \quad D_2(s) = s+2 \end{cases} \tag{6.36}$$

であるので，

$$N_1(j\omega) = 5 \implies |N_1(j\omega)| = 5, \quad \angle N_1(j\omega) = 0$$

$$N_2(j\omega) = 3 + j\omega \implies |N_2(j\omega)| = \sqrt{9 + \omega^2}, \quad \angle N_2(j\omega) = \tan^{-1}\frac{1}{3}\omega$$

$$D_1(j\omega) = 1 + j\omega \implies |D_1(j\omega)| = \sqrt{1 + \omega^2}, \quad \angle D_1(j\omega) = \tan^{-1}\omega$$

$$D_2(j\omega) = 2 + j\omega \implies |D_2(j\omega)| = \sqrt{4 + \omega^2}, \quad \angle D_2(j\omega) = \tan^{-1}\frac{1}{2}\omega$$

となる．したがって，ゲイン $G_{\mathrm{g}}(\omega)$, 位相差 $G_{\mathrm{p}}(\omega)$ は (6.28), (6.29) 式より

$$G_{\mathrm{g}}(\omega) = |P(j\omega)| = \frac{|N_1(j\omega)||N_2(j\omega)|}{|D_1(j\omega)||D_2(j\omega)|} = 5\sqrt{\frac{9 + \omega^2}{(1 + \omega^2)(4 + \omega^2)}} \tag{6.37}$$

$$G_{\mathrm{p}}(\omega) = \angle P(j\omega) = \angle N_1(j\omega) + \angle N_2(j\omega) - \big(\angle D_1(j\omega) + \angle D_2(j\omega)\big)$$

$$= \tan^{-1}\frac{1}{3}\omega - \left(\tan^{-1}\omega + \tan^{-1}\frac{1}{2}\omega\right) \tag{6.38}$$

となる．

問題 6.2 伝達関数 $P(s)$ が以下のように与えられたとき，ゲイン $G_{\mathrm{g}}(\omega)$, 位相差 $G_{\mathrm{p}}(\omega)$ を (6.28), (6.29) 式により求めよ．

(1) $P(s) = \dfrac{1}{s + 5}$ 　　　　(2) $P(s) = \dfrac{2}{s^2 + 2s + 2}$

(3) $P(s) = \dfrac{s(s + 1)}{2(s + 3)(s + 4)(s + 5)}$ 　(4) $P(s) = \dfrac{1}{(s + 1)^{10}}$

問題 6.3 安定なシステム

$$y(s) = P(s)u(s), \quad P(s) = \frac{s + 2}{s^2 + 2s + 2} \tag{6.39}$$

に $u(t) = \sin t$ を加えたときの定常状態における $y(t)$ を求めよ．

6.2 周波数特性

周波数特性を視覚的に表すことができる代表的なものとして，**ベクトル軌跡**と**ボード線図**がある．ここでは，これらについて説明する．

6.2.1 ベクトル軌跡とナイキスト軌跡

周波数伝達関数 $P(j\omega)$ は複素平面上のベクトルと考えることができた．「角周波数 ω を 0 から ∞ まで変化させたときのベクトル $P(j\omega)$ の先端の軌跡」を**ベクトル軌跡**と呼ぶ．また，「角周波数 ω を $-\infty$ から ∞ まで変化させたときのベクトル $P(j\omega)$ の先端の軌跡」を**ナイキスト (Nyquist) 軌跡**[†3] と呼ぶ．

---

†3 MATLAB を利用してナイキスト軌跡やベクトル軌跡を描画する方法は **6.4.1項** (p. 132) で説明する．

例 6.4　ベクトル軌跡とナイキスト軌跡

　$P(s) = 1/(s+1)$ のベクトル軌跡 (ナイキスト軌跡) を描いてみよう．(6.20) 式より周波数伝達関数 $P(j\omega)$ の実部，虚部をそれぞれ

$$\alpha = \mathrm{Re}\big[P(j\omega)\big] = \frac{1}{1+\omega^2}, \quad \beta = \mathrm{Im}\big[P(j\omega)\big] = -\frac{\omega}{1+\omega^2} \tag{6.40}$$

とおくと，

$$\left(\alpha - \frac{1}{2}\right)^2 + \beta^2 = \left(\frac{1}{2}\right)^2 \tag{6.41}$$

となるので，ナイキスト軌跡は複素平面上で中心 $(1/2, 0)$，半径 $1/2$ の円となる．(6.40)，(6.21)，(6.22) 式より $\omega = 0, \pm1/2, \pm1, \pm2, \pm\infty$ としたときの周波数伝達関数 $P(j\omega)$ の実部 α，虚部 β および $P(j\omega)$ の大きさ $|P(j\omega)|$，偏角 $\angle P(j\omega)$ は表 6.1 のようになる．したがって，図 6.4 における実線がベクトル軌跡，実線と破線を合わせたものがナイキスト軌跡である．

表 6.1　周波数伝達関数 $P(j\omega)$ の実部，虚部および大きさ，偏角

ω [rad/s]	0	$\pm\dfrac{1}{2}$	±1	±2	$\pm\infty$
$\alpha = \mathrm{Re}\big[P(j\omega)\big]$	1	$\dfrac{4}{5}$	$\dfrac{1}{2}$	$\dfrac{1}{5}$	0
$\beta = \mathrm{Im}\big[P(j\omega)\big]$	0	$\mp\dfrac{2}{5}$	$\mp\dfrac{1}{2}$	$\mp\dfrac{2}{5}$	0
$|P(j\omega)|$	1	$\dfrac{2}{\sqrt{5}}$	$\dfrac{1}{\sqrt{2}}$	$\dfrac{1}{\sqrt{5}}$	0
$\angle P(j\omega)$ [deg]	0	∓26.565	∓45	∓63.435	∓90

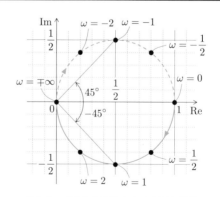

図 6.4　ベクトル軌跡とナイキスト軌跡

一般に，$P(j\omega) = \alpha + j\beta$ と $P(-j\omega) = \alpha - j\beta$ は共役の関係にあるので，**図 6.4** のように，ω を 0 から ∞ まで変化させたときの $P(j\omega)$ の軌跡は，ω を 0 から $-\infty$ まで変化させたときの $P(j\omega)$ の軌跡を実軸に関して対称にしたものとなる．そのため，ベクトル軌跡のみを描くことが一般的である．

問題 6.4 むだ時間要素を含む以下の伝達関数 $P(s)$ のベクトル軌跡を描け．

(1) $P(s) = e^{-Ls}$　$(L > 0)$　(2) $P(s) = \dfrac{e^{-Ls}}{1 + Ts}$　$(L = 1, T = 0.2)$

6.2.2 ボード線図

ボード (Bode) 線図[†4] は様々な角周波数 ω [rad/s] に対する入出力の振幅比 (ゲイン) $G_{\mathrm{g}}(\omega) = |P(j\omega)|$ を表す**ゲイン特性**と，入出力の位相差 $G_{\mathrm{p}}(\omega) = \angle P(j\omega)$ を表す**位相特性**からなる．なお，角周波数 ω [rad/s] は対数表示，ゲインは**デシベル** $20 \log_{10} G_{\mathrm{g}}(\omega)$ [dB] で表すことが多い．

例 6.5 ボード線図

$P(s) = 1/(s+1)$ のボード線図を描いてみよう．(6.21), (6.22) 式よりゲイン，位相差は

(i) $0 < \omega \ll 1$ のとき：

$$G_{\mathrm{g}}(\omega) \simeq 1 \text{ [倍]} \implies 20 \log_{10} G_{\mathrm{g}}(\omega) \simeq 20 \log_{10} 1 = 0 \text{ [dB]}$$
$$G_{\mathrm{p}}(\omega) \simeq -\tan^{-1} 0 = 0 \text{ [deg]}$$

(ii) $\omega = 1$ のとき：

$$G_{\mathrm{g}}(\omega) = \frac{1}{\sqrt{2}} \simeq 0.707 \text{ [倍]} \implies 20 \log_{10} G_{\mathrm{g}}(\omega) = 20 \log_{10} \frac{1}{\sqrt{2}} \simeq -3.01 \text{ [dB]}$$
$$G_{\mathrm{p}}(\omega) = -\tan^{-1} 1 = -45 \text{ [deg]}$$

(iii) $\omega \gg 1$ のとき：

$$G_{\mathrm{g}}(\omega) \simeq \frac{1}{\omega} \text{ [倍]} \implies 20 \log_{10} G_{\mathrm{g}}(\omega) \simeq 20 \log_{10} \frac{1}{\omega} = -20 \log_{10} \omega \text{ [dB]}$$
$$G_{\mathrm{p}}(\omega) \simeq -\tan^{-1} \infty = -90 \text{ [deg]}$$

となる．すなわち，低周波領域 $(0 < \omega \ll 1)$ におけるゲイン $20 \log_{10} G_{\mathrm{g}}(\omega)$ は 0 [dB]，位相差 $G_{\mathrm{p}}(\omega)$ は 0 [deg] となる．一方，高周波領域 $(\omega \gg 1)$ におけるゲイン $20 \log_{10} G_{\mathrm{g}}(\omega)$ は $\omega = 10^1$ [rad/s] で -20 [dB]，$\omega = 10^2$ [rad/s] で -40 [dB]，$\omega = 10^3$ [rad/s] で -60 [dB] という具合に **1 デカード (decade)** で 20 [dB] 減少し（-20 [dB/dec] と記述する），位相差 $G_{\mathrm{p}}(\omega)$ は -90 [deg] となる．**図 6.5** に $P(s) = 1/(s+1)$ のボード線図を示す．

---

†4　MATLAB を利用してボード線図を描画する方法は **6.4.2 項** (p. 133) で説明する．

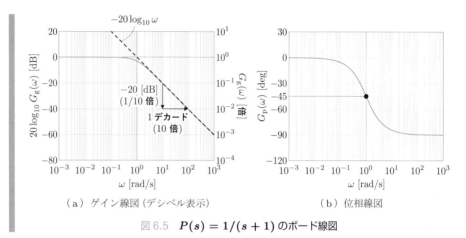

図 6.5　$P(s) = 1/(s + 1)$ のボード線図

問題 6.5　安定なシステム (6.1) 式において，角周波数 $\omega = \omega_1, \omega_2, \omega_3, \omega_4$ におけるゲイン $G_g(\omega)$ が 20, 0, −20, −40 [dB] であるとき，入力信号 $u(t) = A \sin \omega t$ と出力信号 $y(t) \simeq B(\omega) \sin(\omega t + \phi(\omega))$ の振幅比 $B(\omega_i)/A$ ($i = 1, 2, 3, 4$) はそれぞれどのようになるか．

6.2.3　周波数特性の指標

安定なシステム (6.1) 式の周波数特性の指標には以下のようなものがある．

┌─ 周波数特性の指標 ──────────

- バンド幅 (帯域幅) ω_b：$G_g(\omega) = G_g(0)/\sqrt{2} = |P(0)|/\sqrt{2}$ となるような角周波数 ω_b をバンド幅という．
- ピーク角周波数 ω_p および共振ピーク M_p：共振ピーク M_p は

$$M_p := \max_{\omega \geq 0} G_g(\omega) \tag{6.42}$$

のように定義され，このときの角周波数 ω_p をピーク角周波数という[†5]．

図 6.6 は $G_g(0) = |P(0)| = 1$ であるような伝達関数 $P(s)$ の典型的な周波数特性を示したものである．このような場合，周波数特性の指標であるバンド幅 ω_b や共振ピーク M_p と過渡特性 (速応性，安定度) の指標とは以下のような関係がある．

┌─ バンド幅，共振ピークと過渡特性の関係 ──────────

- バンド幅 ω_b：システムの出力 $y(t)$ は入力 $u(t)$ のバンド幅 ω_b 付近までの周波数成分に追従できる．したがって，バンド幅が大きければ高い周波数の正弦波入力に追従できるため，**バンド幅は速応性の指標**である．

───────────

†5　MATLAB を利用したピーク角周波数，共振ピークの求め方は **6.4.4 項** (p.136) で説明する．

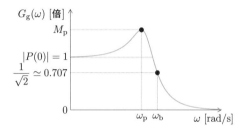

図 6.6　周波数特性 (倍表示のゲイン線図) の一例

- 共振ピーク M_p：$G_\mathrm{g}(0) = |P(0)| = 1$ であるとき，ピーク角周波数 ω_p 付近 の正弦波入力 $u(t)$ が加わると，出力 $y(t)$ の振幅は入力 $u(t)$ の振幅よりも大 きくなる．このような現象を**共振**という．したがって，共振ピーク M_p が大 きければ出力の振れが大きくなるため，**共振ピークは安定度の指標**である．

6.3　基本要素の周波数特性

6.3.1　1 次遅れ要素

1 次遅れ要素[†6]

$$P(s) = \frac{1}{1 + Ts} \quad (T > 0) \tag{6.43}$$

のゲイン $G_\mathrm{g}(\omega) = |P(j\omega)|$，位相差 $G_\mathrm{p}(\omega) = \angle P(j\omega)$ は次式のようになる．

$$G_\mathrm{g}(\omega) = \frac{1}{\sqrt{1 + (\omega T)^2}}, \quad G_\mathrm{p}(\omega) = -\tan^{-1} \omega T \tag{6.44}$$

(6.44) 式より

(i) $0 < \omega \ll 1/T \ (0 < \omega T \ll 1)$ のとき：

$$G_\mathrm{g}(\omega) \simeq 1 \text{ [倍]} \implies 20 \log_{10} G_\mathrm{g}(\omega) \simeq 20 \log_{10} 1 = 0 \text{ [dB]}$$
$$G_\mathrm{p}(\omega) \simeq -\tan^{-1} 0 = 0 \text{ [deg]}$$

(ii) $\omega = 1/T \ (\omega T = 1)$ のとき：

$$G_\mathrm{g}(\omega) = \frac{1}{\sqrt{2}} \simeq 0.707 \text{ [倍]}$$

$$\implies 20 \log_{10} G_\mathrm{g}(\omega) = 20 \log_{10} \frac{1}{\sqrt{2}} \simeq -3.01 \text{ [dB]}$$

---

†6　1 次遅れ系となるシステムの例は **2.6.2 項** (p. 20) を参照されたい．

$$G_{\mathrm{p}}(\omega) = -\tan^{-1} 1 = -45 \text{ [deg]}$$

(iii) $\omega \gg 1/T$ $(\omega T \gg 1)$ のとき：

$$G_{\mathrm{g}}(\omega) \simeq \frac{1}{\omega T} \text{ [倍]}$$

$$\Longrightarrow \quad 20 \log_{10} G_{\mathrm{g}}(\omega) \simeq 20 \log_{10} \frac{1}{\omega T} = -20 \log_{10} \omega T \text{ [dB]}$$

$$G_{\mathrm{p}}(\omega) \simeq -\tan^{-1} \infty = -90 \text{ [deg]}$$

であるから，ボード線図は図 6.7 (a) ～ (c)，ベクトル軌跡は図 6.7 (d) のようになる．図 6.7 (a) のように，ゲイン線図は $\omega = 1/T$ を境にして 0 [dB] と -20 [dB/dec] で近似できる．また，図 6.7 (b) のように，位相線図は $0 < \omega \leq 1/5T$ で 0 [deg]，$\omega \geq 5/T$ で -90 [deg]，この間を直線で近似できる[†7]．このような直線の組み合わせによる近

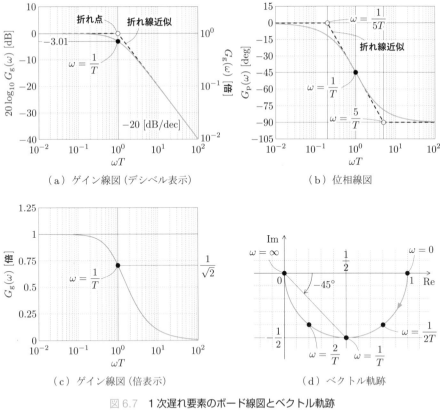

（a）ゲイン線図（デシベル表示）　　（b）位相線図

（c）ゲイン線図（倍表示）　　（d）ベクトル軌跡

図 6.7　1 次遅れ要素のボード線図とベクトル軌跡

[†7] $\omega = 1/T$ $(\omega T \gg 1)$ における $G_{\mathrm{p}}(\omega)$ の接線が 0 [deg] となるのは $\omega T = 0.2078 \cdots \simeq 1/5$，$-90$ [deg] となるのは $\omega T = 4.8104 \cdots \simeq 5$ である．

似を**折れ線近似**と呼ぶ．また，**図 6.7** (d) のように，ベクトル軌跡は中心を $(1/2, 0)$，半径を $1/2$ とした半円となる．

1 次遅れ系の周波数特性を以下にまとめる．

--- **1 次遅れ系の周波数特性** ---

- 低周波領域 $(0 < \omega \ll 1/T)$ では，ゲインが $G_{\mathrm{g}}(\omega) \simeq 1$ [倍] (0 [dB])，位相差が $G_{\mathrm{p}}(\omega) \simeq 0$ [deg] である．したがって，入出力の正弦波の振幅はほぼ同じで位相のずれもないので，**低周波の正弦波入力をほぼそのまま通過させる**ことができる．

- 高周波領域 $(\omega \gg 1/T)$ では，ゲインが -20 [dB/dec] の割合で減少し，$\omega = 10/T$ で $G_{\mathrm{g}}(\omega) \simeq 0.1$ [倍] $(-20\,[\mathrm{dB}])$，$\omega = 100/T$ で $G_{\mathrm{g}}(\omega) \simeq 0.01$ [倍] $(-40\,[\mathrm{dB}])$ となる．したがって，**高周波の正弦波入力をほぼ遮断する**ことができる．なお，位相差が $G_{\mathrm{p}}(\omega) \simeq -90$ [deg] なので，出力は入力よりも最大で 90 [deg] (1/4 周期) 遅れる．

- バンド幅は $\omega_{\mathrm{b}} = 1/T$ である．時定数 T を小さくするとバンド幅 ω_{b} は大きくなるから，**速応性がよくなる**．なお，$G_{\mathrm{g}}(\omega_{\mathrm{b}}) = 1/\sqrt{2}$ [倍] (約 $-3.01\,[\mathrm{dB}]$)，$G_{\mathrm{p}}(\omega_{\mathrm{b}}) = -45$ [deg] である．

- $G_{\mathrm{g}}(\omega)$ が 1 を超えることはないため，**共振を生じない**．したがって，**安定度は時定数 T に依存しない**．

このように，1 次遅れ要素はノイズなどの高周波信号を除去し，低周波信号のみを通過させる働きがある．そのため，**ローパスフィルタ (低域通過フィルタ)** としてよく用いられる．また，通過するかどうかの目安となる角周波数 $\omega_{\mathrm{c}} = 1/T$ を**カットオフ角周波数 (遮断角周波数)** と呼ぶ．**図 6.8** にノイズを除去する様子を示す．

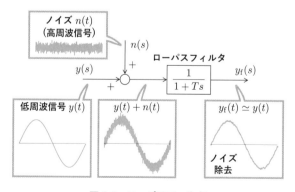

図 6.8 **ローパスフィルタ**

■ **問題 6.6**　1 次遅れ要素 (6.43) 式 (p. 121) のナイキスト軌跡が中心 $(1/2, 0)$, 半径 $1/2$ の円となっていることを示せ.

■ **問題 6.7**　$P(s) = 1/(1 + 10s)$ のベクトル軌跡を描け. また, ボード線図を折れ線近似で描け.

6.3.2　2 次遅れ要素

2 次遅れ要素[†8]

$$P(s) = \frac{\omega_{\mathrm{n}}^2}{s^2 + 2\zeta\omega_{\mathrm{n}}s + \omega_{\mathrm{n}}^2} \quad (\omega_{\mathrm{n}} > 0, \zeta > 0) \tag{6.45}$$

の周波数伝達関数は $\eta = \omega/\omega_{\mathrm{n}}$ とおくと,

$$P(j\omega) = \frac{\omega_{\mathrm{n}}^2}{\omega_{\mathrm{n}}^2 - \omega^2 + j(2\zeta\omega_{\mathrm{n}}\omega)} = \frac{1}{1 - \eta^2 + j(2\zeta\eta)} \tag{6.46}$$

であるから, 2 次遅れ要素のゲイン $G_{\mathrm{g}}(\omega) = |P(j\omega)|$, 位相差 $G_{\mathrm{p}}(\omega) = \angle P(j\omega)$ は

$$G_{\mathrm{g}}(\omega) = \frac{1}{\sqrt{(1 - \eta^2)^2 + (2\zeta\eta)^2}}, \quad G_{\mathrm{p}}(\omega) = -\tan^{-1}\frac{2\zeta\eta}{1 - \eta^2} \tag{6.47}$$

となる. (6.47) 式より

(i) $0 < \eta = \omega/\omega_{\mathrm{n}} \ll 1$ $(0 < \omega \ll \omega_{\mathrm{n}})$ のとき :

$$G_{\mathrm{g}}(\omega) \simeq 1\,[\text{倍}] \quad \Longrightarrow \quad 20\log_{10} G_{\mathrm{g}}(\omega) \simeq 20\log_{10} 1 = 0\,[\text{dB}]$$
$$G_{\mathrm{p}}(\omega) \simeq -\tan^{-1} 0 = 0\,[\text{deg}]$$

(ii) $\eta = \omega/\omega_{\mathrm{n}} = 1$ $(\omega = \omega_{\mathrm{n}})$ のとき :

$$G_{\mathrm{g}}(\omega) = \frac{1}{2\zeta}\,[\text{倍}] \quad \Longrightarrow \quad 20\log_{10} G_{\mathrm{g}}(\omega) = 20\log_{10}\frac{1}{2\zeta}\,[\text{dB}]$$
$$G_{\mathrm{p}}(\omega) = -\tan^{-1}\infty = -90\,[\text{deg}]$$

(iii) $\eta = \omega/\omega_{\mathrm{n}} \gg 1$ $(\omega \gg \omega_{\mathrm{n}})$ のとき :

$$G_{\mathrm{g}}(\omega) \simeq \frac{1}{\eta^2}\,[\text{倍}] \quad \Longrightarrow \quad 20\log_{10} G_{\mathrm{g}}(\omega) \simeq 20\log_{10}\frac{1}{\eta^2} = -40\log_{10}\eta\,[\text{dB}]$$
$$G_{\mathrm{p}}(\omega) \simeq -\tan^{-1} 0 = -180\,[\text{deg}]$$

であるから, 2 次遅れ要素のボード線図は図 6.9 (a) ～ (c), ベクトル軌跡は図 6.9 (d) のようになる.

[†8]　2 次遅れ系となるシステムの例は **2.6.3 項** (p. 21) を参照されたい.

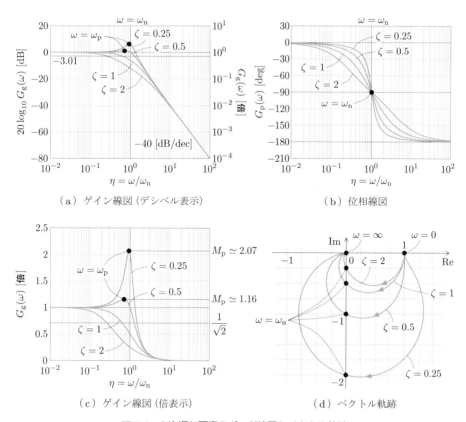

（a）ゲイン線図（デシベル表示）

（b）位相線図

（c）ゲイン線図（倍表示）

（d）ベクトル軌跡

図 6.9　2次遅れ要素のボード線図とベクトル軌跡

図 6.9 (a), (c) からわかるように，$\omega = \omega_\mathrm{n}$ $(\eta = \omega/\omega_\mathrm{n} = 1)$ の付近の周波数領域では，減衰係数 $\zeta > 0$ の値によって，ゲインが 0 [dB] を超える場合 $(G_\mathrm{g}(\omega) > 1)$ と超えない場合 $(0 < G_\mathrm{g}(\omega) < 1)$ がある．ゲインが 0 [dB] を超える場合，その周波数領域では入力振幅 A より出力振幅 $B(\omega)$ の方が大きくなるという**共振現象**が生じる．そこで，共振が生じるような減衰係数 ζ の範囲を求めてみよう．伝達関数 $P(s)$ を (6.45) 式とした 2 次遅れ系に正弦波入力 (6.2) 式を加えると，周波数応答 (6.3) 式の出力振幅 $B(\omega)$ は (6.47) 式より

$$B(\omega) = AG_\mathrm{g}(\omega) = \frac{A}{\sqrt{(1-\eta^2)^2 + (2\zeta\eta)^2}} \tag{6.48}$$

となる．したがって，出力振幅 $B(\omega)$ が最大となるのは

$$f(\eta) := (1-\eta^2)^2 + (2\zeta\eta)^2 \tag{6.49}$$

が最小となるときである. $f(\eta)$ を η で微分すると,

$$\frac{\mathrm{d}f(\eta)}{\mathrm{d}\eta} = 4\eta(\eta^2 + 2\zeta^2 - 1) \tag{6.50}$$

であるから, $\mathrm{d}f(\eta)/\mathrm{d}\eta = 0$ の解は $\eta = 0, \pm\sqrt{1-2\zeta^2}$ である. そのため, $\zeta > 0$ の大きさによって以下のように場合分けされる.

- $0 < \zeta < 1/\sqrt{2}$: $1 - 2\zeta^2 > 0$ なので, $\mathrm{d}f(\eta)/\mathrm{d}\eta = 0$ の実数解は三つの解は互いに異なる実数 $\eta = 0, \pm\sqrt{1-2\zeta^2}$ である. このときの $f(\eta)$ の増減表は

η	$\cdots$	$-\eta_\mathrm{p}$	$\cdots$	0	$\cdots$	η_p	$\cdots$
$\dfrac{\mathrm{d}f(\eta)}{\mathrm{d}\eta}$	$-$	0	$+$	0	$-$	0	$+$
$f(\eta)$	$\searrow$	f_min	$\nearrow$	1	$\searrow$	f_min	$\nearrow$

となるので, $f(\eta)$ $(\eta > 0)$ は $\eta = \eta_\mathrm{p}$ で最小値

$$f_\mathrm{min} := f(\eta_\mathrm{p}) = 4\zeta^2(1 - \zeta^2)$$

を持つ. ここで, $0 < f_\mathrm{min} < 1$ なので, ピーク角周波数 ω_p $(= \omega_\mathrm{n}\eta_\mathrm{p})$ と共振ピーク M_p は

2 次遅れ要素のピーク角周波数 ω_p と共振ピーク M_p $(0 < \zeta < 1/\sqrt{2})$

ピーク角周波数 $\qquad \omega_\mathrm{p} = \omega_\mathrm{n}\sqrt{1 - 2\zeta^2} \tag{6.51}$

共振ピーク $\qquad M_\mathrm{p} = G_\mathrm{g}(\omega_\mathrm{p}) = \dfrac{1}{\sqrt{f_\mathrm{min}}} = \dfrac{1}{2\zeta\sqrt{1 - \zeta^2}} \tag{6.52}$

となる. また, ζ を 0 に近づけると共振ピーク M_p は大きくなり, ζ を $1/\sqrt{2}$ に近づけると共振ピーク M_p は 0 に近づく.

- $\zeta \geq 1/\sqrt{2}$: $1 - 2\zeta^2 \geq 0$ なので, $\mathrm{d}f(\eta)/\mathrm{d}\eta = 0$ の実数解は $\eta = 0$ のみである. このときの $f(\eta)$ の増減表は

η	$\cdots$	0	$\cdots$
$\dfrac{\mathrm{d}f(\eta)}{\mathrm{d}\eta}$	$-$	0	$+$
$f(\eta)$	$\searrow$	1	$\nearrow$

となり, $f(\eta)$ $(\eta > 0)$ が 1 より小さくなることはない ($G_\mathrm{g}(\omega) = 1/\sqrt{f(\eta)}$ が 1 より大きくなることはない) ので, 共振は生じない.

2 次遅れ系の周波数特性を以下にまとめる.

---
2 次遅れ系の周波数特性

- 低周波領域 $(0 < \omega \ll \omega_n)$ では, ゲインが $G_g(\omega) \simeq 1$ [倍] $(0\,[\text{dB}])$, 位相差が $G_p(\omega) \simeq 0\,[\text{deg}]$ である. したがって, 入出力の正弦波の振幅はほぼ同じで位相のずれもないので, **低周波の正弦波入力をほぼそのまま通過させる**ことができる.

- 高周波領域 $(\omega \gg \omega_n)$ では, ゲインが $-40\,[\text{dB/dec}]$ の割合で減少し, $\omega = 10\omega_n$ で $G_g(\omega) \simeq 0.01$ [倍] $(-40\,[\text{dB}])$, $\omega = 100\omega_n$ で $G_g(\omega) \simeq 0.001$ [倍] $(-80\,[\text{dB}])$ となる. したがって, **高周波の正弦波入力をほぼ遮断する**ことができる. なお, 位相差が $G_p(\omega) \simeq -180\,[\text{deg}]$ なので, 出力は入力よりも最大で 180 [deg] (1/2 周期) 遅れる.

- 固有角周波数 ω_n を大きくするとバンド幅 ω_b も大きくなるため, 速応性がよくなる.

- 減衰係数が $0 < \zeta < 1/\sqrt{2}$ であるときに共振が生じる. ζ が 0 に近づくと共振ピーク M_p は大きくなり, 安定度が低くなる.

問題 6.8 例 2.2 (p. 11) に示した RLC 回路において, $L = 200\,[\text{mH}]$, $C = 10\,[\mu\text{F}]$ であった. 以下の設問に答えよ.
  (1) 共振が生じないような $R\,[\Omega]$ の範囲を示せ.
  (2) $R = 100\,[\Omega]$ であるとき, ピーク角周波数 ω_p および共振ピーク M_p を求めよ.

6.3.3 その他の基本要素

■ 比例要素

比例要素

$$P(s) = K \tag{6.53}$$

の周波数伝達関数は $P(j\omega) = K$ であり, ゲイン $G_g(\omega) = |P(j\omega)|$, 位相差 $G_p(\omega) = \angle P(j\omega)$ は

$$G_g(\omega) = K \implies 20\log_{10} G_g(\omega) = 20\log_{10} K, \quad G_p(\omega) = 0 \tag{6.54}$$

となる. したがって, 比例要素のゲイン $G_g(\omega)$, 位相差 $G_p(\omega)$ は角周波数 ω によらず一定である. 図 6.10 に比例要素のボード線図を, 図 6.11 (a) に比例要素のベクトル軌跡を示す.

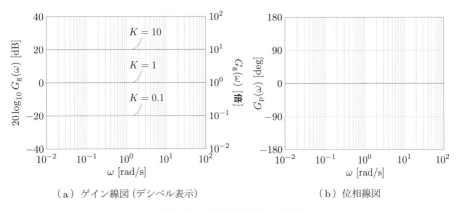

（a）ゲイン線図（デシベル表示）　　　　　（b）位相線図

図 6.10　比例要素のボード線図

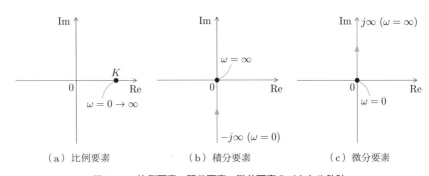

（a）比例要素　　　　　　（b）積分要素　　　　　　（c）微分要素

図 6.11　比例要素，積分要素，微分要素のベクトル軌跡

■ 積分要素

積分要素

$$P(s) = \frac{1}{Ts} \quad (T > 0) \tag{6.55}$$

の周波数伝達関数は $P(j\omega) = 1/j\omega T$ であり，積分要素のゲイン $G_{\mathrm{g}}(\omega) = |P(j\omega)|$，位相差 $G_{\mathrm{p}}(\omega) = \angle P(j\omega)$ は

$$G_{\mathrm{g}}(\omega) = \frac{1}{\omega T} \implies 20\log_{10} G_{\mathrm{g}}(\omega) = -20\log_{10}\omega T, \quad G_{\mathrm{p}}(\omega) = -90 \,[\mathrm{deg}] \tag{6.56}$$

となる．したがって，デシベル表示のゲイン $G_{\mathrm{g}}(\omega)$ は，高周波数になるにつれ -20 [dB/dec] の割合で小さくなり，位相差 $G_{\mathrm{p}}(\omega)$ は角周波数 ω に依存せずに -90 [deg] で一定である．図 6.12 に積分要素のボード線図を，図 6.11 (b) に積分要素のベクトル軌跡を示す．

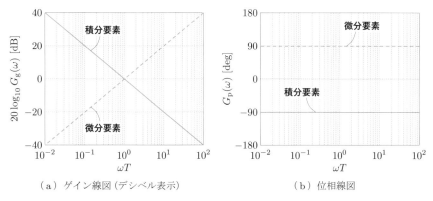

（a）ゲイン線図（デシベル表示）　　　　　　（b）位相線図

図 6.12　積分要素，微分要素のボード線図

■ 微分要素

微分要素

$$P(s) = Ts \quad (T > 0) \tag{6.57}$$

の周波数伝達関数は $P(j\omega) = j\omega T$ であり，微分要素のゲイン $G_{\mathrm{g}}(\omega) = |P(j\omega)|$，位相差 $G_{\mathrm{p}}(\omega) = \angle P(j\omega)$ は

$$G_{\mathrm{g}}(\omega) = \omega T \implies 20\log_{10} G_{\mathrm{g}}(\omega) = 20\log_{10} \omega T, \quad G_{\mathrm{p}}(\omega) = 90 \, [\mathrm{deg}] \tag{6.58}$$

となる．したがって，デシベル表示のゲイン $G_{\mathrm{g}}(\omega)$ は，高周波数になるにつれ 20 [dB/dec] の割合で大きくなり，位相差 $G_{\mathrm{p}}(\omega)$ は角周波数 ω に依存せずに 90 [deg] で一定である．**図 6.12** に微分要素のボード線図を，**図 6.11** (c) に微分要素のベクトル軌跡を示す．

■ 1 次進み要素

1 次進み要素

$$P(s) = 1 + Ts \quad (T > 0) \tag{6.59}$$

の周波数伝達関数は $P(j\omega) = 1 + j\omega T$ であり，1 次進み要素のゲイン $G_{\mathrm{g}}(\omega) = |P(j\omega)|$，位相差 $G_{\mathrm{p}}(\omega) = \angle P(j\omega)$ は

$$G_{\mathrm{g}}(\omega) = \sqrt{1 + (\omega T)^2}, \quad G_{\mathrm{p}}(\omega) = \tan^{-1} \omega T \tag{6.60}$$

となる．したがって，1 次進み要素 (6.59) 式のボード線図は**図 6.13** (a), (b) のようになり，1 次遅れ要素 (6.43) 式のボード線図（**図 6.7** (a), (b)）の上下を逆にしたものとなる．また，ベクトル軌跡は**図 6.13** (c) のようになる．

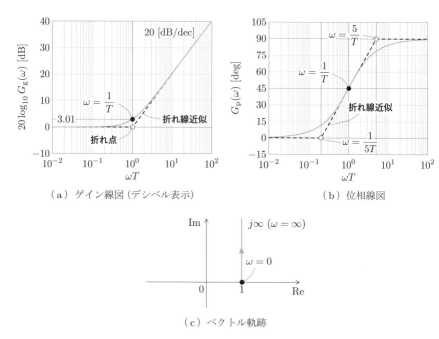

（a）ゲイン線図（デシベル表示）　　　（b）位相線図

（c）ベクトル軌跡

図6.13 1次進み要素のボード線図とベクトル軌跡

6.3.4 高次要素のボード線図

これまでに説明した基本要素のボード線図を利用すれば，これら基本要素の積で表される高次要素のボード線図を容易に描くことができる．たとえば，伝達関数 $P(s)$ が基本要素 $P_i(s)$ $(i = 1, 2, \ldots, k)$ の積 $P(s) = P_1(s)P_2(s)\cdots P_k(s)$ で表されているとする．このとき，$P(s)$, $P_i(s)$ の周波数伝達関数は $P(j\omega) = |P(j\omega)|e^{j\angle P(j\omega)}$，$P_i(j\omega) = |P_i(j\omega)|e^{j\angle P_i(j\omega)}$ なので，

$$|P(j\omega)| = |P_1(j\omega)||P_2(j\omega)|\cdots|P_k(j\omega)|, \quad \angle P(j\omega) = \sum_{i=1}^{k} \angle P_i(j\omega) \quad (6.61)$$

という関係が成立する．したがって，$P(s)$ のゲイン $G_g(\omega)$，位相差 $G_p(\omega)$ は

$$P(s) = P_1(s)P_2(s)\cdots P_k(s) \text{ のゲインと位相差}$$

ゲイン $\quad G_g(\omega) = G_{g1}(\omega)G_{g2}(\omega)\cdots G_{gk}(\omega), \quad G_{gi}(\omega) = |P_i(j\omega)|$

$$\implies 20\log_{10} G_g(\omega) = \sum_{i=1}^{k} 20\log_{10} G_{gi}(\omega) \quad (6.62)$$

位相差 $\quad G_p(\omega) = \sum_{i=1}^{k} G_{pi}(\omega), \quad G_{pi}(\omega) = \angle P_i(j\omega) \quad (6.63)$

となる. (6.62), (6.63) 式からわかるように，基本要素 $P_i(s)$ のボード線図を描き，それらを足し合わせたものが $P(s)$ のボード線図となる.

例 6.6　高次要素のボード線図

伝達関数

$$P(s) = \frac{s + 0.1}{10(s + 1)} \tag{6.64}$$

のボード線図を描いてみよう．$P(s)$ は

$$\begin{cases} ① : P_1(s) = \dfrac{1}{1+s} \ (1\text{次遅れ要素}) \\[2mm] ② : P_2(s) = 1 + 10s \ (1\text{次進み要素}) \\[2mm] ③ : P_3(s) = \dfrac{1}{100} \ (\text{比例要素}) \end{cases} \tag{6.65}$$

とおくと，④：$P(s) = P_1(s)P_2(s)P_3(s)$ である．したがって，$P(s)$ のボード線図は図 6.14 に示すように，基本要素 $P_i(s)$ のゲイン $20\log_{10} G_{\mathrm{g}i}(\omega)$，位相差 $G_{\mathrm{p}i}(\omega)$ の和となる.

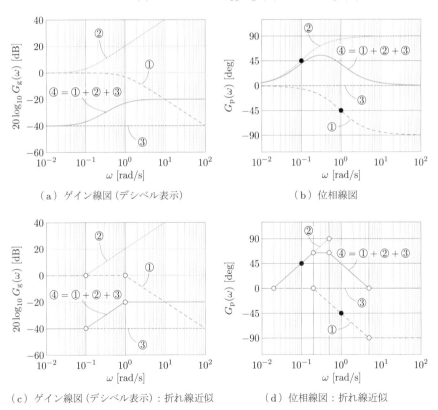

（a）ゲイン線図（デシベル表示）　　　　（b）位相線図

（c）ゲイン線図（デシベル表示）：折れ線近似　　（d）位相線図：折れ線近似

図 6.14　**(6.64) 式のボード線図**

問題 6.9 以下の伝達関数 $P(s)$ のゲイン線図の概略図を折れ線近似により描け.

(1) $P(s) = \dfrac{1}{(s+1)(10s+1)}$ (2) $P(s) = \dfrac{1}{(s+1)^4}$

(3) $P(s) = \dfrac{s(s+1)}{10(10s+1)}$

6.4 MATLAB を利用した演習

6.4.1 ナイキスト軌跡およびベクトル軌跡 (nyquist)

MATLAB でナイキスト軌跡やベクトル軌跡を描画するには，関数 nyquist を利用する．たとえば，$\omega_\mathrm{n} = 1, \zeta = 0.25$ とした2次遅れ要素

$$P(s) = \frac{\omega_\mathrm{n}^2}{s^2 + 2\zeta\omega_\mathrm{n}s + \omega_\mathrm{n}^2} = \frac{1}{s^2 + 0.5s + 1} \tag{6.66}$$

のナイキスト軌跡を描画するには，M ファイル

M ファイル "sample_nyquist.m" (ナイキスト軌跡)

```
01  sysP = tf([1],[1 0.5 1]);          ……… P(s) = 1/(s²+0.5s+1) の定義
02
03  figure(1); nyquist(sysP)           ……… Figure 1 にナイキスト軌跡を描画
```

を実行すればよい．その結果，図 6.15 のナイキスト軌跡が描画される．また，ベクトル軌跡を描画するためには，関数 nyquistoptions でオプション設定をし，M ファイルを

M ファイル "sample_nyquist2.m" (ベクトル軌跡)

```
01  sysP = tf([1],[1 0.5 1]);          ……… P(s) = 1/(s²+0.5s+1) の定義
02
03  options = nyquistoptions;          ……… 関数 nyquist のオプション設定
04  options.ShowFullContour = 'off';   ……… ω=0 → ∞ のみ描画
05  options.Title.String = ' ベクトル軌跡';  ……… タイトルを「ベクトル軌跡」に変更
06
07  figure(1); nyquist(sysP,options);  ……… Figure 1 にベクトル軌跡を描画
08  ylim([-2.5 0.5])                   ……… 縦軸の範囲を設定
```

のように修正すればよい．その結果，図 6.16 のベクトル軌跡が描画される．

問題 6.10 MATLAB を利用し，**問題 6.9** (3) で示した伝達関数 $P(s)$ のナイキスト軌跡およびベクトル軌跡を描画せよ．

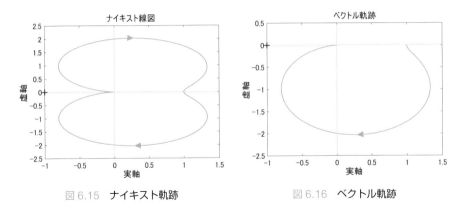

図 6.15 **ナイキスト軌跡**   図 6.16 **ベクトル軌跡**

6.4.2 ボード線図 (bode)

MATLAB でボード線図を描くには，関数 bode を利用する．たとえば，(6.66) 式のボード線図を描くには，M ファイル

M ファイル "sample_bode.m" (ボード線図)

```
01  sysP = tf([1],[1 0.5 1]);        .......... P(s) = ─────────────  の定義
02                                                   s² + 0.5s + 1
03  figure(1); bode(sysP)            .......... Figure 1 にボード線図を描画
04  grid on                          .......... 補助線
```

を実行すればよい．その結果，図 6.17 のボード線図が描画される．また，ω の範囲を $10^{-2} \leq \omega \leq 10^{2}$ のように指定するためには，以下のいずれかを実行すればよい[†9].

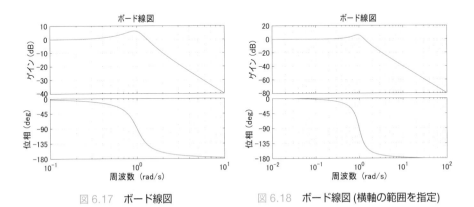

図 6.17 **ボード線図**   図 6.18 **ボード線図 (横軸の範囲を指定)**

---

†9 w = logspace(-2,2,1000) は，最小値を 10^{-2}，最大値を 10^{2}，データ数を 1000 とした対数スケールで等間隔となるデータを生成している．

Mファイル "sample_bode2.m" (ボード線図)

```
01 sysP = tf([1],[1 0.5 1])
02
03 figure(1); bode(sysP,{1e-2,1e2})
04 grid on  …… ωの範囲を指定した描画
```

Mファイル "sample_bode3.m" (ボード線図)

```
01 sysP = tf([1],[1 0.5 1])
02
03 w = logspace(-2,2,1000);
04 figure(1); bode(sysP,w)
05 grid on  …… ωのデータを生成してから描画
```

図 6.18 にこれら M ファイルの実行結果を示す.

なお，横軸を角周波数 ω [rad/s] としていたのを，周波数 $f = \omega/2\pi$ [Hz] に変更するためには，関数 bodeoptions でオプション設定をし，以下のように変更する.

Mファイル "sample_bode_Hz.m" (ボード線図)

```
01 sysP = tf([1],[1 0.5 1])
02
03 options = bodeoptions;
```

```
04 options.FreqUnits  = 'Hz';
05     …… オプション設定 (横軸を f [Hz] に変更)
06 figure(1); bode(sysP,options)
07 grid on  …… 横軸を f [Hz] とした描画
```

図 6.19 に実行結果を示す.

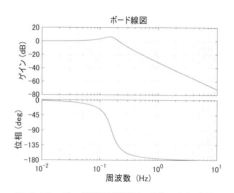

図 6.19　ボード線図 (横軸を f [Hz] に変更)

ゲイン線図と位相線図を別々のフィギュアウィンドウに描画するためには，以下の M ファイルを作成すればよい.

Mファイル "sample_bode4.m" (ボード線図)

```
01 sysP = tf([1],[1 0.5 1])          ……… P(s) = 1/(s²+0.5s+1) の定義
02
03 w = logspace(-2,2,1000);          ……… 角周波数 ω のデータ生成
04 [Gg Gp] = bode(sysP,w);           ……… Gg(ω)=|P(jω)|, Gp(ω)=∠P(jω) の算出
05 Gg = Gg(:,:); Gp = Gp(:,:);       ……… 3次元配列を1次元配列として再格納
06
07 figure(1); semilogx(w,20*log10(Gg))      ……… Figure 1 にゲイン線図を描画
08 ylim([-80 20]); set(gca,'YTick',-80:20:20)  ……… 縦軸の範囲と目盛りの設定
09 grid on                                 ……… 補助線
10 xlabel('¥omega [rad/s]'); ylabel('Gain [dB]')  ……… 横軸, 縦軸のラベル
11
12 figure(2); semilogx(w,Gp)               ……… Figure 2 に位相線図を描画
13 ylim([-225 45]); set(gca,'YTick',-225:45:45)  ……… 縦軸の範囲と目盛りの設定
14 grid on                                 ……… 補助線
15 xlabel('¥omega [rad/s]'); ylabel('Phase [deg]')  ……… 横軸, 縦軸のラベル
```

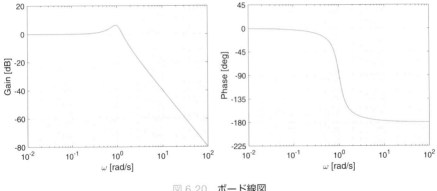

図 6.20 ボード線図

M ファイル "sample_bode4.m" を実行すると，図 6.20 のボード線図が描画される．

■ **問題 6.11** MATLAB を利用し，問題 6.9 で示した伝達関数 $P(s)$ のボード線図を描画せよ．

6.4.3 周波数応答

伝達関数 $P(s)$ を (6.66) 式としたシステムに振幅を $A = 1$，角周波数を $\omega = 2$ とした正弦波入力 $u(t) = A \sin \omega t$ を加えたときの周波数応答 (6.6) 式 (p. 111) を描画してみよう．関数 bode を利用すると，$\omega = 2$ としたときの $G_g(\omega)$ と $G_p(\omega)$ を計算できる．したがって，M ファイル

M ファイル "sample_frequency_response.m" (周波数応答)

```
01  sysP = tf([1],[1 0.5 1])              ·········· P(s) の定義
02  A = 1;  w = 2;                        ·········· A = 1, ω = 2
03  t = 0:0.001:25;                       ·········· 時間 t のデータ生成
04
05  [Gg Gp] = bode(sysP,w);               ·········· ω = 2 としたときの Gg(ω), Gp(ω) を算出
06  Gp_rad = Gp*pi/180;                   ·········· Gp(ω) の単位を deg から rad に変換
07
08  u = A*sin(w*t);                       ·········· 正弦波入力 u(t) = A sin ωt = sin 2t
09  y = lsim(sysP,u,t);                   ·········· 出力 y(t) の算出
10  yapp = A*Gg*sin(w*t + Gp_rad);        ·········· 周波数応答 yapp(t) の算出：(6.6) 式 (p. 111)
11
12  figure(1);  plot(t,u)                 ·········· Figure 1 に正弦波入力 u(t) を描画
13  ylim([-1.5 1.5])                      ·········· 縦軸の範囲
14  xlabel('t [s]');  ylabel('u(t)')      ·········· 横軸，縦軸のラベル
15  legend('u(t)');  grid on              ·········· 凡例の設定，補助線
16
17  figure(2);  plot(t,yapp,t,y,'--')     ·········· Figure 2 に出力 y(t) と周波数応答 yapp(t) を描画
18  ylim([-0.8 0.8])                      ·········· 縦軸の範囲
19  xlabel('t [s]');  ylabel('y(t) and {y}_{app}(t)')  ·········· 横軸，縦軸のラベル
20  legend('{y}_{app}(t)','y(t)');  grid on  ·········· 凡例の設定，補助線
```

を実行することで，図 6.21 のように周波数応答 $y_{app}(t)$ を描画することができる．図からわかるように，時間が経過するにつれ，出力 $y(t)$ は周波数応答 $y_{app}(t)$ に漸近する．

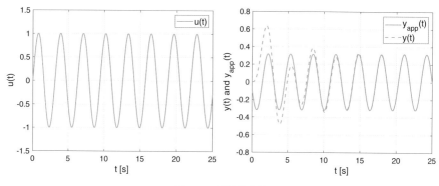

図 6.21　周波数応答

6.4.4　共振ピーク, ピーク角周波数 (getPeakGain)

MATLAB では, 関数 getPeakGain を利用することで, 共振ピーク M_p とピーク角周波数 ω_p を得ることができる. たとえば, 伝達関数 $P(s)$ が 2 次遅れ要素 (6.66) 式であるとき, M ファイル

M ファイル "sample_peakgain.m" (共振ピーク, ピーク角周波数)

```
01  sysP = tf([1],[1 0.5 1]);          ………… P(s) = 1/(s²+0.5s+1) の定義
02
03  [Mp wp] = getPeakGain(sysP,1e-5)   ………… 共振ピーク Mp とピーク角周波数 ωp を抽出 (精度 10⁻⁵)
```

を実行すると,

M ファイル "sample_peakgain.m" の実行結果

```
>> sample_peakgain ↵                    wp =     ………………… ピーク角周波数 ωp
Mp =    ………………… 共振ピーク Mp                0.9354
   2.0656
```

のように共振ピーク M_p とピーク角周波数 ω_p を数値的に得ることができる. この結果は, 2 次遅れ要素に対して理論的に得られる (6.51), (6.52) 式 (p. 126) により計算した M ファイル

M ファイル "sample_peakgain2.m" (共振ピーク, ピーク角周波数)

```
01  zeta = 0.25; wn = 1;                  ………… ζ = 0.25, ωn = 1 : (6.66) 式
02
03  Mp = 1/(2*zeta*sqrt(1 - zeta^2))      ………… 共振ピーク Mp : (6.52) 式
04  wp = wn*sqrt(1 - 2*zeta^2)            ………… ピーク角周波数 ωp : (6.51) 式
```

の実行結果と一致する.

第7章 周波数領域での制御系解析/設計

本章ではまず，ベクトル軌跡 (ナイキスト軌跡) を描くことによって，フィードバック制御系の安定性が判別できることを示し，安定余裕 (安定性の度合い) について説明する．ついで，制御性能を周波数領域でとらえ，周波数整形という観点からコントローラを設計する例を示す．

7.1 周波数領域における安定性

7.1.1 ナイキストの安定判別法

周波数領域において，図 7.1 に示すフィードバック制御系の安定性を判別するのに，以下の**ナイキストの安定判別法**が用いられることが多い．

> ─ ナイキストの安定判別法 ─
>
> 開ループ伝達関数 $L(s) := P(s)C(s)$ の不安定極 (実部が正である極) の数を n_{p}，$L(s)$ のナイキスト軌跡が点 $(-1, 0)$ を反時計まわりに周回する回数を N とする．このとき，図 7.1 のフィードバック制御系が安定であるための必要十分条件は，$n_{\mathrm{p}} = N$ となることである．

ただし，反時計まわりに 1 回周回するときは $N = 1$，時計まわりに 1 回周回するときは $N = -1$ とする．図 7.2 に，$N = 2$ であるような $L(s)$ のナイキスト軌跡の例を示す．

このナイキストの安定判別法は，開ループ伝達関数 $L(s)$ のナイキスト軌跡を描くことによって，視覚的にフィードバック制御系の安定性を判別できるという利点がある．また，後に述べる制御系の安定度を知る上でも役立つ．

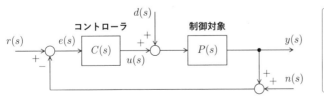

図 7.1 フィードバック制御系

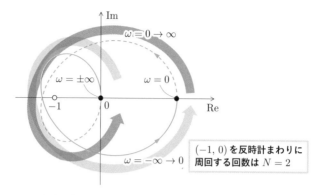

図 7.2　$L(s) := P(s)C(s)$ のナイキスト軌跡と $(-1, 0)$ を反時計まわりに周回する回数 N

▶ 解説：ナイキストの安定判別法

ナイキストの安定判別法の意味を考えてみよう.

開ループ伝達関数を

$$L(s) := P(s)C(s) = \frac{N_L(s)}{D_L(s)} \tag{7.1}$$

と定義すると，**閉ループ伝達関数** (図 7.1 における $r(s)$ から $y(s)$ への伝達関数) は

$$T(s) := \frac{P(s)C(s)}{1 + P(s)C(s)} = \frac{L(s)}{1 + L(s)} = \frac{N_L(s)}{N_L(s) + D_L(s)} \tag{7.2}$$

となる．したがって，$T(s)$ の極は

$$1 + L(s) = \frac{N_L(s) + D_L(s)}{D_L(s)} = 0 \tag{7.3}$$

の零点 (特性方程式 $\Delta(s) = N_L(s) + D_L(s) = 0$ の解) に等しい．いま,

$$1 + L(s) = K \frac{(s - z_1)(s - z_2) \cdots (s - z_n)}{(s - p_1)(s - p_2) \cdots (s - p_n)}, \quad K > 0 \tag{7.4}$$

とし，図 7.3 に示す閉曲線 $\mathcal{D}$ (中心を原点，半径を ∞ とした半円) 上の複素数 $s = \sigma + j\omega$ と $1 + L(s)$ の極 p_i，零点 z_i との差を

$$\begin{cases} v_i := s - p_i = |s - p_i| e^{j\theta_i} \\ w_i := s - z_i = |s - z_i| e^{j\phi_i} \end{cases} \tag{7.5}$$

と定義する．このとき，$s = \sigma + j\omega$ を閉曲線 $\mathcal{D}$ 上で時計まわりに 1 回転させると,

- p_i が安定極：v_i は p_i のまわりを回転しない $(\theta_i = 0)$ $\cdots\cdots\cdots\cdots\cdots\cdots$ 図 7.3 (a)
- z_i が安定零点：w_i は z_i のまわりを回転しない $(\phi_i = 0)$ $\cdots\cdots\cdots\cdots\cdots$ 図 7.3 (a)
- p_i が不安定極：v_i は p_i を時計まわりに 1 回転 $(\theta_i = 2\pi)$ $\cdots\cdots\cdots\cdots$ 図 7.3 (b)
- z_i が不安定零点：w_i は z_i を時計まわりに 1 回転 $(\phi_i = 2\pi)$ $\cdots\cdots\cdots$ 図 7.3 (b)

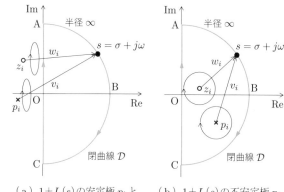
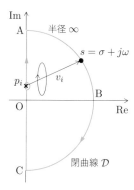

（a）$1+L(s)$ の安定極 p_i と　　（b）$1+L(s)$ の不安定極 p_i　　（c）虚軸上にある $1+L(s)$
　　安定零点 z_i　　　　　　　　　と不安定零点 z_i　　　　　　　　の極 p_i

図 7.3　**閉曲線 $\mathcal{D}$ と $v_i := s - p_i$, $v_i := s - z_i$ の動き**
　　　　（閉曲線 $\mathcal{D}$ は虚軸上の極 p_i を囲まないようにする）

となる．また，$1+L(s)$ の極 p_i が虚軸上にあるときは，**図 7.3**(c) のように閉曲線 $\mathcal{D}$ を構成する．このとき，p_i が安定極であるときと同様，v_i は p_i のまわりを回転しない ($\theta_i = 0$)．
$1+L(s)$ は複素数なので極座標形式で表すと，

$$1 + L(s) = K \frac{|s - z_1||s - z_2| \cdots |s - z_n|}{|s - p_1||s - p_2| \cdots |s - p_n|} e^{j\{\phi_1 + \phi_2 + \cdots + \phi_n - (\theta_1 + \theta_2 + \cdots + \theta_n)\}} \quad (7.6)$$

となる．したがって，n_p 個の不安定極と n_z 個の不安定零点があるとき，$1+L(s)$ が原点を周回する回数は時計まわりに $n_\mathrm{z} - n_\mathrm{p}$ 回（すなわち，反時計まわりに $n_\mathrm{p} - n_\mathrm{z}$ 回）である．一方，フィードバック制御系が安定であるということは，特性方程式 $\Delta(s) = 0$ の解（$1+L(s)$ の零点 z_i）の実部が負であることを意味するから，$n_\mathrm{z} = 0$ でなければならない．したがって，フィードバック制御系が安定であるためには，$1+L(s)$ の軌跡が原点 $(0,\,0)$ を反時計まわりに周回する回数が n_p 回でなければならない．

ここで，**図 7.3** において，$s = \sigma + j\omega$ を C $\to$ O $\to$ A のように変化させることは，$\sigma = 0$，$\omega = -\infty \to 0 \to \infty$ とすることに相当し，このときの $1+L(s)$ の軌跡は $1+L(j\omega)$ の軌跡と一致する．また，詳細は省略するが，$s = \sigma + j\omega$ を A $\to$ B $\to$ C のように変化させたときの $1+L(s)$ は $\omega = \pm\infty$ とした $1+L(j\omega)$ と一致する．つまり，$s = \sigma + j\omega$ を閉曲線 $\mathcal{D}$ 上で時計まわりに 1 回転させたときの $1+L(s)$ の軌跡は $\omega = -\infty$ から ∞ まで変化させたときの $1+L(j\omega)$ の軌跡（$1+L(s)$ のナイキスト軌跡）と一致する．
以上をまとめると，

- フィードバック制御系が安定であることと，$1+L(s)$ のナイキスト軌跡が原点 $(0,\,0)$ を反時計まわりに周回する回数 N が n_p 回であることは等価

である．さらに，$L(j\omega)$ は $1+L(j\omega)$ を実軸方向に -1 移動させたものに等しいから，

- フィードバック制御系が安定であることと，$L(s)$ のナイキスト軌跡が $(-1,\,0)$ を反時

計まわりに周回する回数 N が n_p 回であることは等価であることがいえる.

例 7.1　ナイキストの安定判別法

図 7.1 に示したフィードバック制御系において, 不安定な制御対象

$$P(s) = \frac{1}{s - 1} \tag{7.7}$$

を P コントローラ

$$C(s) = k_\mathrm{P} \tag{7.8}$$

で安定化できるかどうかを考えてみよう. 閉ループ伝達関数 (図 7.1 における $r(s)$ から $y(s)$ への伝達関数) は

$$T(s) = \frac{P(s)C(s)}{1 + P(s)C(s)} = \frac{k_\mathrm{P}}{s + k_\mathrm{P} - 1} \tag{7.9}$$

であるから, 比例ゲインが $k_\mathrm{P} > 1$ であれば P コントローラ (7.8) 式により制御対象 (7.7) 式は安定化される. そこで, ナイキストの安定判別法を利用して, このことを確認する.

開ループ伝達関数 $L(s)$ とその周波数伝達関数 $L(j\omega)$ は

$$L(s) = P(s)C(s) = \frac{k_\mathrm{P}}{s - 1}$$
$$\implies \quad L(j\omega) = \frac{k_\mathrm{P}}{j\omega - 1} = -\frac{k_\mathrm{P}}{1 + \omega^2} + j\left(-\frac{k_\mathrm{P}\omega}{1 + \omega^2}\right) \tag{7.10}$$

となるので, 図 7.4 に示すように, $L(s)$ のナイキスト軌跡は原点 $(0, 0)$ を始点として実軸と $(-k_\mathrm{P}, 0)$ で交わり, 終点は原点 $(0, 0)$ となる. したがって, $k_\mathrm{P} > 1$ であれば点 $(-1, 0)$ を反時計まわりに周回する回数は $N = 1$ であり, $L(s)$ の不安定極の数 $n_\mathrm{p} = 1$ と一致するため, フィードバック制御系は安定となる.

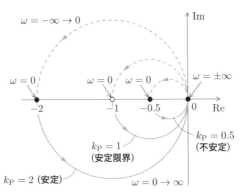

図 7.4　$L(s) := P(s)C(s)$ のナイキスト軌跡

7.1.2　簡略化されたナイキストの安定判別法

$L(s)$ が不安定極を持たない場合，$L(s)$ の不安定極の数は $n_\mathrm{p}=0$ であるから，図 7.5 に示すように，フィードバック制御系が安定であるためには，$L(s)$ のナイキスト軌跡が点 $(-1,0)$ を反時計まわりに周回する回数が $N=0$ でなければならない．また，ナイキスト軌跡の上半分 ($\omega=-\infty$ から $\omega=0$ まで変化させた軌跡) は下半分 ($\omega=0$ から $\omega=\infty$ まで変化させた軌跡) と実軸対称である．このことを考慮すると，図 7.6 のように，フィードバック制御系が安定であるとき，$L(s)$ のベクトル軌跡は点 $(-1,0)$

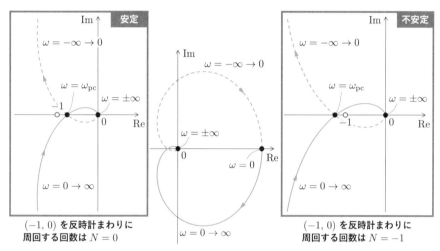

図 7.5　不安定極を持たない $L(s):=P(s)C(s)$ のナイキスト軌跡とフィードバック制御系の安定判別

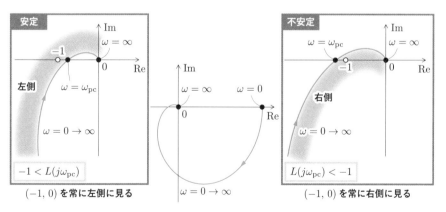

図 7.6　不安定極を持たない $L(s):=P(s)C(s)$ のベクトル軌跡とフィードバック制御系の安定判別

を常に左に見ることになる。一方，フィードバック制御系が不安定であるとき，$L(s)$ のベクトル軌跡は点 $(-1, 0)$ を右に見ることになる。

以上のことから，開ループ伝達関数 $L(s)$ が不安定極を持たない場合，ナイキストの安定判別法は以下のように簡略化される。

> ── 簡略化されたナイキストの安定判別法 ($L(s)$ が不安定極を持たない場合) ──
>
> 開ループ伝達関数 $L(s)$ が不安定極を持たない場合，**図7.6** に示すように，$L(s)$ のベクトル軌跡が点 $(-1, 0)$ を常に左側に見るのであればフィードバック制御系は安定であり，右側に見るような場合があればフィードバック制御系は不安定である。

例7.2 簡略化されたナイキストの安定判別法の利用例 (1)

安定な1次遅れ要素の制御対象と P コントローラ

$$P(s) = \frac{1}{1 + Ts} \quad (T > 0), \quad C(s) = k_{\mathrm{P}} \quad (k_{\mathrm{P}} > 0) \tag{7.11}$$

とで構成される**図7.1** のフィードバック制御系を考えてみよう。

開ループ伝達関数 $L(s)$ とその周波数伝達関数 $L(j\omega)$ は

$$L(s) = P(s)C(s) = \frac{k_{\mathrm{P}}}{1 + Ts} \implies L(j\omega) = \frac{k_{\mathrm{P}}}{1 + j\omega T} = \frac{k_{\mathrm{P}}(1 - j\omega T)}{1 + (\omega T)^2} \tag{7.12}$$

となるので，図7.7 に示すように，$L(s)$ のベクトル軌跡は始点を $(k_{\mathrm{P}}, 0)$，終点を原点 $(0, 0)$ とした半円となる。したがって，$k_{\mathrm{P}} > 0$ がどのような値でも $L(s)$ のベクトル軌跡は点 $(-1, 0)$ を常に左側に見るので，フィードバック制御系は $k_{\mathrm{P}} > 0$ によらず安定となる。

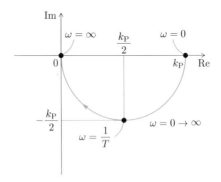

図7.7 例7.2 における $L(s) := P(s)C(s)$ のベクトル軌跡

例 7.3　簡略化されたナイキストの安定判別法の利用例 (2)

安定な制御対象と P コントローラ

$$P(s) = \frac{1}{(s+1)^3}, \quad C(s) = k_\mathrm{P} \quad (k_\mathrm{P} > 0) \tag{7.13}$$

で構成される図 7.1 のフィードバック制御系が安定となる k_P の範囲を求めてみよう.

簡略化されたナイキストの安定判別法 ▶

開ループ伝達関数 $L(s)$ とその周波数伝達関数 $L(j\omega)$ は

$$L(s) = P(s)C(s) = \frac{k_\mathrm{P}}{(s+1)^3} = \frac{k_\mathrm{P}}{s^3 + 3s^2 + 3s + 1}$$

$$\implies L(j\omega) = \frac{k_\mathrm{P}}{\alpha + j\beta} = \frac{k_\mathrm{P}(\alpha - j\beta)}{\alpha^2 + \beta^2}, \quad \begin{cases} \alpha = 1 - 3\omega^2 \\ \beta = \omega(3 - \omega^2) \end{cases} \tag{7.14}$$

となる. ベクトル軌跡が虚軸と交わるときの角周波数 $0 < \omega < \infty$ は

$$\mathrm{Re}\big[L(j\omega)\big] = 0 \implies \alpha = 1 - 3\omega^2 = 0 \implies \omega = \frac{1}{\sqrt{3}} \tag{7.15}$$

であり, このとき,

$$\alpha = 0,\, \beta = \frac{8\sqrt{3}}{9} \implies L(j\omega)\big|_{\omega = \frac{1}{\sqrt{3}}} = \frac{k_\mathrm{P}(-j\beta)}{\beta^2} = j \cdot \left(-\frac{9k_\mathrm{P}}{8\sqrt{3}} \right) \tag{7.16}$$

となる. 一方, ベクトル軌跡が実軸と交わるときの角周波数 $0 < \omega < \infty$ は

$$\mathrm{Im}\big[L(j\omega)\big] = 0 \implies \beta = \omega(3 - \omega^2) = 0 \implies \omega = \omega_\mathrm{pc} = \sqrt{3} \tag{7.17}$$

であり, このとき,

$$\alpha = -8,\, \beta = 0 \implies L(j\omega_\mathrm{pc}) = \frac{k_\mathrm{P}\alpha}{\alpha^2} = -\frac{k_\mathrm{P}}{8} < 0 \tag{7.18}$$

となる. したがって, 図 7.8 に示すように, $L(s)$ のベクトル軌跡は $(k_\mathrm{P}, 0)$ を始点として実軸の下方を進み, 虚軸と $(0, -9k_\mathrm{P}/8\sqrt{3})$ で交わる. そして, 実軸と $(-k_\mathrm{P}/8, 0)$ で交

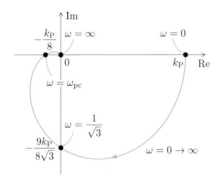

図 7.8　例 7.3 における $L(s) := P(s)C(s)$ のベクトル軌跡

わり，終点が原点 $(0, 0)$ となる．

簡略化されたナイキストの安定判別条件より，

$$-1 < L(j\omega_{\mathrm{pc}}) = -\frac{k_{\mathrm{P}}}{8} < 0 \implies 0 < k_{\mathrm{P}} < 8 \tag{7.19}$$

のとき，**図 7.1** のフィードバック制御系は安定である．なお，このシステムは $k_{\mathrm{P}} = 8$ のときが安定限界である．

フルビッツの安定判別法 ・・ **4.2.3 項** (p. 72) を参照

特性多項式は

$$\Delta(s) = (s + 1)^3 \cdot 1 + 1 \cdot k_{\mathrm{P}} = s^3 + 3s^2 + 3s + 1 + k_{\mathrm{P}} \tag{7.20}$$

なので，フルビッツの安定判別法の条件 I は

$$a_3 = 1 > 0, \quad a_2 = 3 > 0, \quad a_1 = 3 > 0, \quad a_0 = 1 + k_{\mathrm{P}} > 0 \implies k_{\mathrm{P}} > -1 \tag{7.21}$$

である．また，3 次のフルビッツ行列 $\boldsymbol{H}$ は (4.37) 式 (p. 73) であるから，条件 II は

$$H_2 = \begin{vmatrix} a_2 & a_0 \\ a_3 & a_1 \end{vmatrix} = \begin{vmatrix} 3 & 1 + k_{\mathrm{P}} \\ 1 & 3 \end{vmatrix} = 8 - k_{\mathrm{P}} > 0 \implies k_{\mathrm{P}} < 8 \tag{7.22}$$

となる．したがって，(7.21), (7.22) 式および $k_{\mathrm{P}} > 0$ より，$0 < k_{\mathrm{P}} < 8$ のときに**図 7.1** のフィードバック制御系は安定であり，簡略化されたナイキストの安定判別法と同じ結果が得られる．

> **問題 7.1**　簡略化されたナイキストの安定判別法により安定な 2 次遅れ要素の制御対象
>
> $$P(s) = \frac{\omega_{\mathrm{n}}^2}{s^2 + 2\zeta\omega_{\mathrm{n}}s + \omega_{\mathrm{n}}^2} \quad (\omega_{\mathrm{n}} > 0, \zeta > 0)$$
>
> と P コントローラ $C(s) = k_{\mathrm{P}}$ $(k_{\mathrm{P}} > 0)$ とで構成される**図 7.1** のフィードバック制御系が常に安定であることを示せ．

> **問題 7.2**　以下の制御対象 $P(s)$ と P コントローラ $C(s) = k_{\mathrm{P}}$ $(k_{\mathrm{P}} > 0)$ とで構成される**図 7.1** のフィードバック制御系が安定となる $k_{\mathrm{P}} > 0$ の範囲を，(a) 簡略化されたナイキストの安定判別法，(b) ラウス・フルビッツの安定判別法により求めよ．
>
> (1) $P(s) = \dfrac{1}{(s + 1)^2(s + 2)}$ 　　(2) $P(s) = \dfrac{1}{s(s + 1)(s + 2)}$

7.1.3　安定余裕の定義

一般に，コントローラのゲインを大きくすると，**図 7.1** のフィードバックシステムの安定性が失われていき，開ループ伝達関数 $L(s) := P(s)C(s)$ のベクトル軌跡は**図 7.9** のように変化する．ここでは，フィードバック制御系の安定度，すなわち，フィードバック制御系が不安定になるまでどれくらいの余裕があるのかを調べる方法について

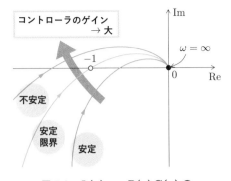

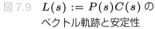

図 7.9　$L(s) := P(s)C(s)$ の ベクトル軌跡と安定性

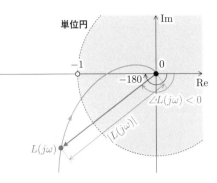

図 7.10　安定であるときの周波数伝達関数 $L(j\omega)$ の大きさ $|L(j\omega)|$ と偏角 $\angle L(j\omega)$

述べる．なお，不安定になるまでどれくらいの余裕があるのかを**安定余裕**[†1] という．図 7.10 に示すように，安定余裕を表す指標としては周波数伝達関数 $L(j\omega)$ の大きさ $|L(j\omega)|$ により定義される**ゲイン余裕**と，偏角 $\angle L(j\omega)$ により定義される**位相余裕**がある．

図 7.11 に示すように，偏角が $\angle L(j\omega) = -180\,[\mathrm{deg}]$ のとき，大きさが $|L(j\omega)| = 1$ となるのにどれだけの余裕があるのかをデシベル表示で表したものが**ゲイン余裕** $G_{\mathrm{m}}\,[\mathrm{dB}]$ であり，

ゲイン余裕

$$G_{\mathrm{m}} := 20\log_{10}\frac{1}{|L(j\omega_{\mathrm{pc}})|}$$
$$= -20\log_{10}|L(j\omega_{\mathrm{pc}})|\,[\mathrm{dB}] \quad (\angle L(j\omega_{\mathrm{pc}}) = -180\,[\mathrm{deg}]) \tag{7.23}$$

のように定義される．ここで，ω_{pc} を**位相交差角周波数**と呼ぶ．つまり，ゲイン余裕は $\omega = \omega_{\mathrm{pc}}$ における大きさ $|L(j\omega_{\mathrm{pc}})|$ と 1 との比を表している．したがって，

ゲイン余裕と安定性

- $G_{\mathrm{m}} > 0\,[\mathrm{dB}]$：安定 ‥‥‥‥‥‥‥‥‥‥‥‥‥‥‥‥‥‥‥ $|L(j\omega_{\mathrm{pc}})| < 1$
- $G_{\mathrm{m}} = 0\,[\mathrm{dB}]$：安定限界 ‥‥‥‥‥‥‥‥‥‥‥‥‥‥‥‥ $|L(j\omega_{\mathrm{pc}})| = 1$
- $G_{\mathrm{m}} < 0\,[\mathrm{dB}]$：不安定 ‥‥‥‥‥‥‥‥‥‥‥‥‥‥‥‥‥ $|L(j\omega_{\mathrm{pc}})| > 1$

となり，ゲイン余裕 $G_{\mathrm{m}} > 0$ が大きいほど安定度は高い．

図 7.12 に示すように，大きさが $|L(j\omega)| = 1$ のとき，偏角が $\angle L(j\omega) = -180\,[\mathrm{deg}]$ となるのにどれだけの余裕があるのかを表したものが**位相余裕** P_{m} であり，

---

†1　MATLAB を利用した安定余裕の求め方を **7.4.1 項** (p. 156) に示す．

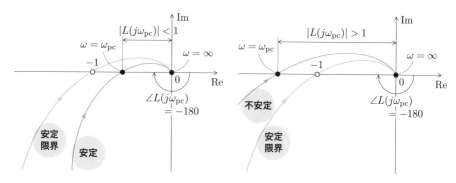

図 7.11　位相交差角周波数 ω_{pc} と $|L(j\omega_{\mathrm{pc}})|$

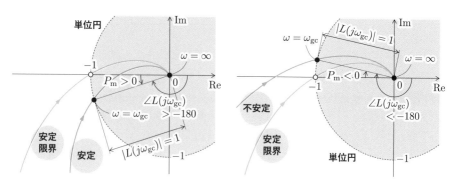

図 7.12　ゲイン交差角周波数 ω_{gc} と位相余裕 P_{m}

位相余裕

$$P_{\mathrm{m}} := 180 + \angle L(j\omega_{\mathrm{gc}}) \,[\mathrm{deg}] \quad (|L(j\omega_{\mathrm{gc}})| = 1) \tag{7.24}$$

のように定義される．ここで，ω_{gc} を**ゲイン交差角周波数**と呼ぶ．したがって，

位相余裕と安定性

- $P_{\mathrm{m}} > 0 \,[\mathrm{deg}]$：安定 $\cdots\cdots\cdots\cdots\cdots\cdots\cdots\cdots\cdots\cdots\cdots\cdots$ $\angle L(j\omega_{\mathrm{gc}}) > -180 \,[\mathrm{deg}]$
- $P_{\mathrm{m}} = 0 \,[\mathrm{deg}]$：安定限界 $\cdots\cdots\cdots\cdots\cdots\cdots\cdots\cdots\cdots\cdots\cdots$ $\angle L(j\omega_{\mathrm{gc}}) = -180 \,[\mathrm{deg}]$
- $P_{\mathrm{m}} < 0 \,[\mathrm{deg}]$：不安定 $\cdots\cdots\cdots\cdots\cdots\cdots\cdots\cdots\cdots\cdots\cdots$ $\angle L(j\omega_{\mathrm{gc}}) < -180 \,[\mathrm{deg}]$

となり，位相余裕 $P_{\mathrm{m}} > 0$ が大きいほど安定度は高い．また，以下の例で示すように，ゲイン交差角周波数 ω_{gc} が大きいほど速応性は向上する．

例 7.4　安定余裕

例 7.3 (p. 143) で示した (7.13) 式の安定な制御対象と P コントローラが与えられたときの安定余裕を求めよう．開ループ伝達関数 $L(s)$ とその周波数伝達関数 $L(j\omega)$ は

$$L(s) = P(s)C(s) = \frac{k_{\mathrm{P}}}{(s+1)^3} \quad \Longrightarrow \quad L(j\omega) = \frac{k_{\mathrm{P}}}{(1+j\omega)^3} \tag{7.25}$$

となるので，大きさ $|L(j\omega)|$ および偏角 $\angle L(j\omega)$ は次式のようになる．

$$|L(j\omega)| = \frac{k_{\mathrm{P}}}{(1+\omega^2)^{\frac{3}{2}}}, \quad \angle L(j\omega) = -3\tan^{-1}\omega \tag{7.26}$$

(7.26) 式より位相交差角周波数 ω_{pc} は

$$\angle L(j\omega_{\mathrm{pc}}) = -3\tan^{-1}\omega_{\mathrm{pc}} = -180 \quad \Longrightarrow \quad \omega_{\mathrm{pc}} = \tan 60^\circ = \sqrt{3} \tag{7.27}$$

となり，**例 7.3** で示した (7.17) 式と一致する．このとき，

$$|L(j\omega_{\mathrm{pc}})| = \frac{k_{\mathrm{P}}}{(1+\omega_{\mathrm{pc}}^2)^{\frac{3}{2}}} = \frac{k_{\mathrm{P}}}{8} \tag{7.28}$$

であるから，ゲイン余裕 G_{m} は次式となる．

$$G_{\mathrm{m}} = -20\log_{10}|L(j\omega_{\mathrm{pc}})| = -20\log_{10}\frac{k_{\mathrm{P}}}{8} \ [\mathrm{dB}] \tag{7.29}$$

一方，ゲイン交差角周波数 ω_{gc} は

$$|L(j\omega_{\mathrm{gc}})| = \frac{k_{\mathrm{P}}}{(1+\omega_{\mathrm{gc}}^2)^{\frac{3}{2}}} = 1 \quad \Longrightarrow \quad \omega_{\mathrm{gc}} = \sqrt{k_{\mathrm{P}}^{\frac{2}{3}}-1} \tag{7.30}$$

である．ただし，ω_{gc} が存在するのは (7.30) 式より $k_{\mathrm{P}} > 1$ のときである．$k_{\mathrm{P}} < 1$ のときは ω_{gc} が存在せず，任意の $\omega > 0$ に対して $|L(j\omega)| < 1$ である．したがって，$k_{\mathrm{P}} > 1$ のとき位相余裕 P_{m} は次式となる．

$$P_{\mathrm{m}} = 180 + \angle L(j\omega_{\mathrm{gc}}) = 180 - 3\tan^{-1}\omega_{\mathrm{gc}}$$
$$= 180 - 3\tan^{-1}\sqrt{k_{\mathrm{P}}^{\frac{2}{3}}-1} \ [\mathrm{deg}] \tag{7.31}$$

以上より，図 7.13 に示すように，$k_{\mathrm{P}} > 0$ を大きくすると，(7.29) 式のゲイン余裕 G_{m}，(7.31) 式の位相余裕 P_{m} は小さくなり，安定度が低くなることがわかる．なお，$k_{\mathrm{P}} = 8$

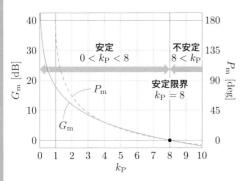

図 7.13 比例ゲイン k_{P} を変化させたときの安定余裕 G_{m} と位相余裕 P_{m}

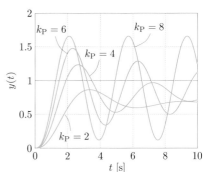

図 7.14 比例ゲイン k_{P} を変化させたときの単位ステップ応答

のとき安定限界である．実際，図7.14に示すように，比例ゲイン $0 < k_{\mathrm{P}} < 8$ を大きくする（ゲイン交差角周波数 ω_{gc} を大きくする）と，単位ステップ応答（$r(t) = 1$ としたときの $y(t)$）は速応性が向上するが，振動的になっている．

ゲイン余裕 G_{m}，位相余裕 P_{m} が大きいほど安定度は高くなるが，安定度を高くしすぎると応答が遅くなってしまい，実用上，好ましくない．そのため，以下に示す目安で設計することがよいとされている．

安定度の目安

- プロセス制御の場合

  ゲイン余裕 G_{m} が $3 \sim 10$ [dB]，位相余裕 P_{m} が 20 [deg] 以上
- サーボ機構の場合

  ゲイン余裕 G_{m} が $10 \sim 20$ [dB]，位相余裕 P_{m} が $40 \sim 60$ [deg]

問題 7.3 制御対象とPコントローラ

$$P(s) = \frac{1}{(s+2)^4}, \quad C(s) = k_{\mathrm{P}} \quad (k_{\mathrm{P}} > 0) \tag{7.32}$$

とで構成される図7.1のフィードバック制御系について，以下の問いに答えよ．
(1) 位相交差角周波数 ω_{pc}，ゲイン交差角周波数 ω_{gc} およびゲイン余裕 G_{m}，位相余裕 P_{m} を求めよ．
(2) 位相余裕が $P_{\mathrm{m}} = 60$ [deg] となるように比例ゲイン k_{P} を求めよ．

7.1.4 ボード線図と安定余裕

開ループ伝達関数 $L(s) := P(s)C(s)$ のボード線図を描くことによって，ゲイン余裕，位相余裕を読みとることができる[†2]．

(7.23), (7.24) 式で定義されるゲイン余裕 G_{m}，位相余裕 P_{m} は

$$G_{\mathrm{m}} = 0 - 20\log_{10}|L(j\omega_{\mathrm{pc}})| \text{ [dB]} \quad (\angle L(j\omega_{\mathrm{pc}}) = -180 \text{ [deg]}) \tag{7.33}$$

$$P_{\mathrm{m}} = \angle L(j\omega_{\mathrm{gc}}) - (-180) \text{ [deg]} \quad (20\log_{10}|L(j\omega_{\mathrm{gc}})| = 0 \text{ [dB]}) \tag{7.34}$$

のように書き換えることができるので，以下のことがいえる．

ボード線図と安定余裕

- (7.33) 式からわかるように，ゲイン余裕 G_{m} は位相交差角周波数 $\omega = \omega_{\mathrm{pc}}$ におけるデシベル表示のゲイン線図 $20\log_{10}|L(j\omega)|$ が 0 [dB] からどれだけ下にあるかを表す．

[†2] MATLAB を利用して安定余裕をボード線図上に描く方法を **7.4.1項** (p. 156) に示す．

- (7.34) 式からわかるように，位相余裕 P_m はゲイン交差角周波数 $\omega = \omega_\mathrm{gc}$ における位相線図 $\angle L(j\omega)$ が $-180\,[\mathrm{deg}]$ からどれだけ上にあるかを表している．

したがって，開ループ伝達関数 $L(s)$ のボード線図を描いたとき，ゲイン余裕 G_m，位相余裕 P_m は図 7.15 のようになり，開ループ伝達関数 $L(s)$ のボード線図から視覚的に図 7.1 のフィードバック制御系の安定度を知ることができる．

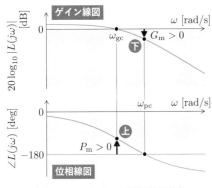

（a）フィードバック制御系が安定

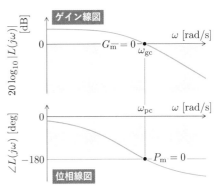

（b）フィードバック制御系が安定限界

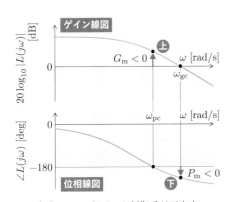

（c）フィードバック制御系が不安定

図 7.15　開ループ伝達関数 $L(s) := P(s)C(s)$ のボード線図と安定余裕

例 7.5　ボード線図と安定余裕

例 7.4 (p. 146) において，$k_\mathrm{P} = 2, 8, 20$ としたときの安定余裕を表 7.1 に示す．また，開ループ伝達関数 $L(s) := P(s)C(s)$ のボード線図を描くと，図 7.16 となる．つまり，位相線図は $k_\mathrm{P} > 0$ によらず同じであるが，ゲイン線図は「$k_\mathrm{P} \to$ 大」とするにしたがい上方に移動するため，ゲイン余裕 $G_\mathrm{m}\,[\mathrm{dB}]$，位相余裕 $P_\mathrm{m}\,[\mathrm{deg}]$ は「正 → 零 → 負」となり，安定性が失われていく．

表 7.1　$k_P = 2, 8, 20$ としたときの安定余裕

k_P	ω_{pc} [rad/s]	G_m [dB]	ω_{gc} [rad/s]	P_m [deg]	安定性
2	$\sqrt{3} \simeq 1.73$	$G_{m1} = 12.0 > 0$	$\omega_{gc1} = 0.766$	$P_{m1} = 67.6 > 0$	安定
8	$\sqrt{3} \simeq 1.73$	$G_{m2} = 0$	$\omega_{gc2} = \omega_{pc}$	$P_{m2} = 0$	安定限界
20	$\sqrt{3} \simeq 1.73$	$G_{m3} = -7.96 < 0$	$\omega_{gc3} = 2.52$	$P_{m3} = -25.2 < 0$	不安定

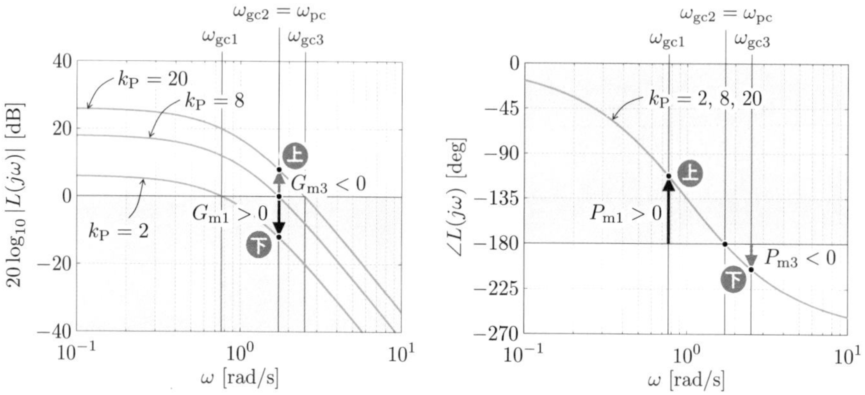

図 7.16　$L(s)$ のボード線図と安定余裕

7.2　PID 制御と周波数領域における安定度

ここでは，開ループ伝達関数 $L(s) := P(s)C(s)$ の周波数特性が

$$20\log_{10}|L(j\omega)| = 20\log_{10}|P(j\omega)| + 20\log_{10}|C(j\omega)| \tag{7.35}$$

$$\angle L(j\omega) = \angle P(j\omega) + \angle C(j\omega) \tag{7.36}$$

となることを考慮し，PID 制御の周波数特性について説明する．

7.2.1　P 制御の周波数特性

P コントローラ

$$C(s) = k_P \tag{7.37}$$

の周波数特性は図 7.17 のようになる．図からわかるように，P コントローラ (7.37) 式はゲインが $20\log_{10}|C(j\omega)| = 20\log_{10} k_P$ [dB]，位相が $\angle C(j\omega) = 0$ [deg] である．そのため，k_P を大きくすると，開ループ伝達関数 $L(s)$ のゲイン $20\log_{10}|L(j\omega)|$ は大きくなるが，位相 $\angle L(j\omega)$ に影響を与えない．したがって，例 7.5 (p. 149) で示したように，k_P を大きくするにしたがって，ゲイン余裕 G_m [dB]，位相余裕 P_m [deg] が小さくなり，安定度が低くなっていく．また，ゲイン交差角周波数 ω_{gc} が大きくなる

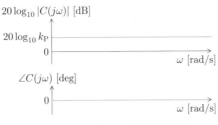

図 7.17　P コントローラの周波数特性

ため，速応性は向上する．

7.2.2　PI 制御の周波数特性

PI コントローラ

$$C(s) = k_\mathrm{P} + \frac{k_\mathrm{I}}{s} = k_\mathrm{P}\left(1 + \frac{1}{T_\mathrm{I}s}\right) \tag{7.38}$$

の周波数特性を図 7.18 に示す．図からわかるように，PI コントローラ (7.38) 式の
ゲイン $20\log_{10}|C(j\omega)|$ は，低周波領域 $(0 < \omega \ll 1/T_\mathrm{I})$ では -20 [dB/dec] の割合
で減少し，折れ点角周波数 $\omega = 1/T_\mathrm{I}$ を境にして高周波領域 $(\omega \gg 1/T_\mathrm{I})$ では一定値
$20\log_{10} k_\mathrm{P}$ [dB] となる．また，位相 $\angle C(j\omega)$ は ω が大きくなるにしたがい -90 [deg]
から 0 [deg] に増加する．

PI コントローラは積分器 $1/s$ を含むため，**4.3.1 項** (p. 80) で説明したように，定
常位置偏差 e_∞ を 0 にする働きがある．これを周波数特性で考えると，低周波領域に
おけるゲイン $20\log_{10}|L(j\omega)|$ を大きくすることに相当する．また，ゲイン交差角周

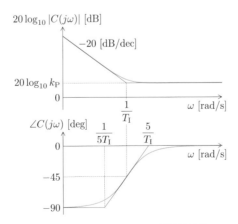

図 7.18　PI コントローラの周波数特性

波数 ω_{gc} が大きくなるため，速応性は向上する．その反面，位相 $\angle L(j\omega)$ を最大で 90 [deg] 遅らせるので，位相余裕 P_{m} [deg] が小さく (安定度が低く) なるという欠点がある．

7.2.3　PD 制御の周波数特性

PD コントローラ

$$C(s) = k_{\mathrm{P}} + k_{\mathrm{D}}s = k_{\mathrm{P}}\bigl(1 + T_{\mathrm{D}}s\bigr) \tag{7.39}$$

の周波数特性を図 7.19 に示す．図からわかるように，PD コントローラ (7.39) 式のゲイン $20\log_{10}|C(j\omega)|$ は，低周波領域 $(0 < \omega \ll 1/T_{\mathrm{D}})$ では一定値 $20\log_{10}k_{\mathrm{P}}$ [dB] であり，折れ点角周波数 $\omega = 1/T_{\mathrm{D}}$ を境にして高周波領域 $(\omega \gg 1/T_{\mathrm{D}})$ では 20 [dB/dec] の割合で増加する．また，位相 $\angle C(j\omega)$ は ω が大きくなるにしたがい 0 [deg] から 90 [deg] に増加する．

このように，PD コントローラは高周波領域において位相 $\angle L(j\omega)$ を最大で 90 [deg] 進めるので，位相余裕 P_{m} [deg] を大きく (安定度を高く) することができる．その反面，ゲイン $20\log_{10}|L(j\omega)|$ が高周波領域で大きくなるので，高周波信号であるノイズに弱くなるという欠点がある．

7.2.4　PID 制御の周波数特性

$T_{\mathrm{I}} \gg T_{\mathrm{D}}$ であるような PID コントローラ[†3]

$$C(s) = k_{\mathrm{P}} + \frac{k_{\mathrm{I}}}{s} + k_{\mathrm{D}}s = k_{\mathrm{P}}\left(1 + \frac{1}{T_{\mathrm{I}}s} + T_{\mathrm{D}}s\right) \tag{7.40}$$

の周波数特性を図 7.20 に示す．図からわかるように，PID コントローラ (7.40) 式のゲイン $20\log_{10}|C(j\omega)|$ は，低周波領域 $(0 < \omega \ll 1/T_{\mathrm{I}})$ では 20 [dB/dec] の割合で減少し，$1/T_{\mathrm{I}} \ll \omega \ll 1/T_{\mathrm{D}}$ 付近では一定値 $20\log_{10}k_{\mathrm{P}}$ [dB]，高周波領域 $(\omega \gg 1/T_{\mathrm{D}})$ では 20 [dB/dec] の割合で増加する．また，位相 $\angle C(j\omega)$ は ω が大きくなるにつれ -90 [deg] から 90 [deg] に増加する．

このように，PID 制御は PI 制御と PD 制御の利点を兼ね備えており，定常特性，過渡特性を同時に改善することが期待できる．

[†3]　$T_{\mathrm{I}} \gg T_{\mathrm{D}}$ のとき，$1 + \dfrac{1}{T_{\mathrm{I}}s} + T_{\mathrm{D}}s = \dfrac{1 + T_{\mathrm{I}}s + T_{\mathrm{I}}T_{\mathrm{D}}s^2}{T_{\mathrm{I}}s} \simeq \dfrac{(1 + T_{\mathrm{I}}s)(1 + T_{\mathrm{D}}s)}{T_{\mathrm{I}}s}$ と近似できる．

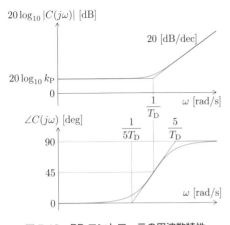

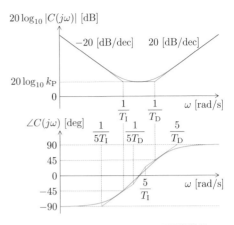

図 7.19 PD コントローラの周波数特性　　図 7.20　PID コントローラの周波数特性
$(T_{\mathrm{I}} \gg T_{\mathrm{D}})$

7.3　フィードバック特性と周波数整形

7.3.1　フィードバック特性

ナイキストの安定判別法により安定性を周波数領域で考えることができたが，以下のフィードバック特性も周波数領域で考えることができる．

■ 感度特性

制御対象 $P(s)$ がパラメータ変動や同定誤差の影響で実際には $P'(s) = P(s) + \Delta P(s)$ であったとすると，**図 7.1** における目標値 $r(s)$ から制御量 $y(s)$ への伝達関数

$$G_{yr}(s) = T(s) := \frac{P(s)C(s)}{1 + P(s)C(s)} \tag{7.41}$$

も実際には

$$G'_{yr}(s) = \frac{P'(s)C(s)}{1 + P'(s)C(s)} = \frac{(P(s) + \Delta P(s))C(s)}{1 + (P(s) + \Delta P(s))C(s)} \tag{7.42}$$

である．このとき，$P(s)$ の変動に対する $G_{yr}(s)$ の感度 $S(s)$ を

$$S(s) := \frac{\Delta G_{yr}(s)/G'_{yr}(s)}{\Delta P(s)/P'(s)}, \quad \Delta G_{yr}(s) = G'_{yr}(s) - G_{yr}(s) \tag{7.43}$$

と定義すると，

$$S(s) := \frac{G'_{yr}(s) - G_{yr}(s)}{G'_{yr}(s)} \frac{P'(s)}{P'(s) - P(s)} = \frac{1}{1 + P(s)C(s)} \tag{7.44}$$

となる．ここで，

感度関数 $S(s)$

$$S(s) := \frac{1}{1 + L(s)}, \quad L(s) := P(s)C(s) \tag{7.45}$$

を**感度関数**と呼ぶ．したがって，感度関数 $S(s)$ は制御対象 $P(s)$ が変動したときに $G_{yr}(s)$ が受ける影響の指標となる．目標値 $r(t)$ は通常，低周波成分を多く含むため，$P(s)$ が変動したときに $G_{yr}(s)$ が受ける影響を小さくするためには，低周波領域で $|S(j\omega)|$ を小さくする必要がある．なお，

相補感度関数 $T(s)$

$$T(s) := 1 - S(s) = \frac{L(s)}{1 + L(s)}, \quad L(s) := P(s)C(s) \tag{7.46}$$

を**相補感度関数**と呼ぶ．

■ 目標値追従特性

図 **7.1** において，目標値 $r(s)$ から偏差 $e(s)$ への伝達関数 $G_{er}(s)$ は，

$$G_{er}(s) = \frac{1}{1 + P(s)C(s)} = S(s) \tag{7.47}$$

である．目標値 $r(t)$ は通常，低周波成分を多く含むため，目標値追従のためには低周波領域で $|G_{er}(j\omega)| = |S(j\omega)|$ を小さくする必要がある．

■ 外乱抑制特性

図 **7.1** において，外乱 $d(s)$ から制御量 $y(s)$ への伝達関数 $G_{yd}(s)$ は，

$$G_{yd}(s) = \frac{P(s)}{1 + P(s)C(s)} = P(s)S(s) \tag{7.48}$$

である．外乱 $d(t)$ は通常，低周波成分を多く含むため，外乱抑制のためには低周波領域で $|G_{yd}(j\omega)| = |P(j\omega)S(j\omega)|$ を小さくする必要がある．つまり，$|S(j\omega)|$ を低周波領域で小さくすれば，低周波成分を多く含む外乱を抑制することができる．

■ ノイズ除去特性

図 **7.1** において，ノイズ $n(s)$ から制御量 $y(s)$ への伝達関数 $G_{yn}(s)$ は，

$$G_{yn}(s) = -\frac{P(s)C(s)}{1 + P(s)C(s)} = -T(s) \tag{7.49}$$

である．ノイズ $n(t)$ は通常，高周波成分を多く持つため，ノイズ除去を行うためには高周波領域で $|G_{yn}(j\omega)| = |T(j\omega)|$ を小さくする必要がある．

7.3.2 周波数整形

感度関数 $S(s)$ と相補感度関数 $T(s)$ には

$$S(s) + T(s) = 1 \tag{7.50}$$

という関係があるから，すべての周波数で $|S(j\omega)|$ と $|T(j\omega)|$ を同時に小さくすることはできない．そこで **7.3.1 項**で説明したように，通常，目標値や外乱は低周波成分を多く含み，ノイズは高周波成分を多く持つことを考慮し，

- **感度特性，目標値追従特性，外乱抑制特性の改善**：低周波領域で「$|S(j\omega)| \to$ 小」
- **ノイズ除去特性の改善**：高周波領域で「$|T(j\omega)| \to$ 小」

となるようにコントローラ $C(s)$ を設計する．また，低周波領域では

$$|L(j\omega)| \gg 1 \implies S(j\omega) = \frac{1}{1 + L(j\omega)} \simeq \frac{1}{L(j\omega)} \tag{7.51}$$

と近似でき，高周波領域では

$$|L(j\omega)| \ll 1 \implies T(j\omega) = \frac{L(j\omega)}{1 + L(j\omega)} \simeq L(j\omega) \tag{7.52}$$

と近似できるから，低周波領域で「$|L(j\omega)| \to$ 大 ($|S(j\omega)| \to$ 小)」，高周波領域で「$|L(j\omega)| \to$ 小 ($|T(j\omega)| \to$ 小)」となるように周波数整形すればよい．

$L(s) := P(s)C(s)$ の周波数整形の指標を以下にまとめる (図 7.21)．

周波数整形の指標

(i) 低周波領域 ($0 < \omega < \omega_{\text{low}}$)

考慮する目標値 $r(t)$，外乱 $d(t)$ の周波数領域を $0 < \omega < \omega_{\text{low}}$ としたとき，この低周波領域でゲイン $20 \log_{10} |L(j\omega)|$ を大きくし，感度特性，目標値追従特性，外乱抑制特性を改善する．また，「$\omega \to 0$」におけるゲイン $20 \log_{10} |L(j\omega)|$ の傾きが 0 [dB/dec] ならば定常位置偏差 e_∞ が残り，-20 [dB/dec] より負側に大きければ $e_\infty = 0$ となる．

(ii) ゲイン交差角周波数 ω_{gc} 付近

ゲイン交差角周波数 ω_{gc} 付近のゲイン $20 \log_{10} |L(j\omega)|$ の傾きをゆるやかにし，十分な安定余裕を持たせる．また，ω_{gc} を大きくすると速応性が向上する．

(iii) 高周波領域 ($\omega > \omega_{\text{high}}$)

考慮するノイズ $n(t)$ の周波数領域を $\omega > \omega_{\text{high}}$ としたとき，この周波数領域でゲイン $20 \log_{10} |L(j\omega)|$ を小さくし，ノイズ除去特性を改善する．

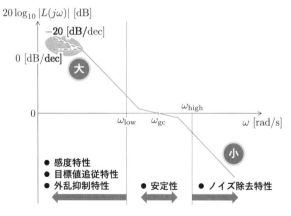

図7.21　$L(s) := P(s)C(s)$ の周波数整形

PIDコントローラを用いると，これらの指標をある程度，実現できる．つまり，指標 (i) を実現するためには，コントローラ $C(s)$ を「比例要素 + 積分要素」とすればよく，指標 (ii) を実現するためには $C(s)$ に「微分要素」を含ませればよい．また，指標 (iii) を実現するためには $C(s)$ に「1次遅れ要素」のローパスフィルタを含ませ，

$$C(s) = k_{\mathrm{P}} + \frac{k_{\mathrm{I}}}{s} + k_{\mathrm{D}}\frac{s}{1 + T_{\mathrm{f}}s} = k_{\mathrm{P}}\left(1 + \frac{1}{T_{\mathrm{I}}s} + T_{\mathrm{D}}\frac{s}{1 + T_{\mathrm{f}}s}\right) \tag{7.53}$$

とすればよい．

7.4　MATLAB を利用した演習

7.4.1　安定余裕 (margin)

MATLAB でゲイン余裕 G_{m}，位相余裕 P_{m} を求めるには，関数 margin を利用する．たとえば，例 7.4 (p. 146) および例 7.5 (p. 149) において $k_{\mathrm{P}} = 2$ としたときの安定余裕を求めるには，以下の M ファイルを実行すればよい．

M ファイル "sample_margin.m" (安定余裕)

```
01  sysP = tf([1],[1 1])^3;          ……… P(s) = 1/(s + 1)³ の定義
02  sysC = 2;                         ……… C(s) = kP = 2 の定義
03  sysL = sysP*kP;                   ……… L(s) = P(s)C(s)
04
05  [inv_Ljw Pm wpc wgc] = margin(sysL)  ……… 1/|L(jω)|, Pm [deg] および ωpc [rad/s],
06                                        ωgc [rad/s] の算出
07  Gm = 20*log10(inv_Ljw)            ……… Gm = 20 log₁₀(1/|L(jω)|) [dB] の算出
```

M ファイル "sample_margin.m" を実行すると，

M ファイル "`sample_margin.m`" の実行結果

```
>> sample_margin ↵
inv_abs_Ljw =    ···  1/|L(jω)|
    4.0006
Pm =       ·········· 位相余裕 Pm [deg]
   67.6058
```

```
wpc =    ················ 位相交差角周波数 ωpc [rad/s]
   1.7322
wgc =    ················ ゲイン交差角周波数 ωgc [rad/s]
   0.7663
Gm =       ········· ゲイン余裕 Gm [dB]
  12.0424
```

という結果が得られる．また，関数 `margin` の出力引数を省略した

M ファイル "`sample_margin2.m`" (ボード線図と安定余裕)

```
01  sysP = tf([1],[1 1])^3;    ····· P(s) の定義
02  sysC = 2;                  ····· C(s) の定義
03  sysL = sysP*sysC;          ····· L(s) = P(s)C(s)
04
05  figure(1); margin(sysL)
06           ····· L(s) のボード線図の描画と安定余裕の表示
```

を実行すると，図 7.22 のようにボード線図の描画と安定余裕の表示を行うことができる．

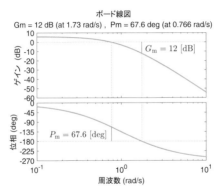

図 7.22　`margin` を利用したボード線図の描画と安定余裕の表示

7.4.2　鉛直面を回転するアーム系の PID 制御

ここでは，5.3 節 (p. 96) で示した鉛直面を回転するアーム系の角度制御を行う PID コントローラを周波数特性に基づいて設計する．なお，PID コントローラを設計する際には，60 [deg] 程度の位相余裕 P_m を持たせることとする．

■ P 制御

P コントローラ (7.37) 式 (p. 150) において，比例ゲイン k_P を変化させたときの周波数特性と目標値応答を調べるための M ファイルを以下に示す．

M ファイル "`margin_arm_p_cont.m`" (周波数整形による P 制御)

```
01  arm_para                              ····· "arm_para.m" (p. 25) の実行
02
03  s = tf('s');                          ····· ラプラス演算子 s の定義
04  sysP = 1/(J*s^2 + c*s + M*g*l);       ····· アーム系の伝達関数 P(s) = 1/(Js²+cs+Mgℓ) の定義
05
06  t = 0:0.001:1.5;                      ····· 時間 t のデータ生成 (0 秒から 1.5 秒まで 0.001 秒刻み)
07  w = logspace(-2,3,1000);              ····· 角周波数 ω のデータ生成 (対数スケールで 10⁻² から 10³ まで
08                                              等間隔に 1000 個)
09  txt = {'kP = 1','kP = 5.75','kP = 20'};
10                                        ····· 凡例に表示するテキスト
11  for i = 1:3                           ····· 3 回繰り返し (i = 1, 2, 3)
12      if i == 1                         ····· i = 1 のとき：
13          kP = 1;                            kₚ = 1 に設定
14          line_type = 'b--';                 グラフの線種を青色の破線に設定
15      elseif i == 2                     ····· i = 2 のとき
16          kP = 5.75;                         kₚ = 5.75 に設定
17          line_type = 'r-';                  グラフの線種を赤色の実線に設定
18      else                              ····· それ以外 (i = 3) のとき：
19          kP = 20;                           kₚ = 20 に設定
20          line_type = 'g-.';                 グラフの線種を緑色の一点鎖線に設定
21      end
22
23      sysC = kP;                        ····· P コントローラ C(s)：(7.37) 式
24      sysL = minreal(sysP*sysC);        ····· 開ループ伝達関数 L(s) = P(s)C(s) の定義
25      figure(i); margin(sysL)           ····· i 番目の Figure ウィンドウに L(s) のボード線図の描画と
26                                              安定余裕の表示
27      ax = findall(gcf,'Type','Axes');  ····· L(s) のボード線図の座標軸の情報を抽出
28      set(ax(2),'Xlim',[1e-2 1e3])      ····· 位相線図の横軸の範囲を設定
29      set(ax(2),'Ylim',[-200 20])       ····· 位相線図の縦軸の範囲を設定
30      set(ax(3),'Ylim',[-80 60])        ····· ゲイン線図の縦軸の範囲を設定
31
32      sysS = minreal(   1/(1 + sysL));  ····· 感度関数 S(s) = 1/(1 + L(s)) の定義
33      sysT = minreal(sysL/(1 + sysL));  ····· 相補感度関数 T(s) = L(s)/(1 + L(s)) の定義
34
35      figure(4); step(sysT,t,line_type); hold on   ····· Figure 4 に目標値応答 (単位ステップ
36                                              応答) を色と線種を指定して描画し, 保持
37      figure(5); bodemag(sysS,w,line_type); hold on  ····· Figure 5, 6 に S(s), T(s) のゲイン線図
38      figure(6); bodemag(sysT,w,line_type); hold on  を色と線種を指定して描画し, 保持
39  end
40
41  figure(4); hold off                   ····· Figure 4 を解放
42  ylim([0 1.5])                         ····· 横軸の範囲を設定
43  legend(txt,'Location','southeast')    ····· 右下に凡例を表示
44
45  figure(5); hold off; grid on          ····· Figure 5 を解放し, 補助線を描画
46  ylim([-60 20])                        ····· 横軸の範囲を設定
47  legend(txt,'Location','southeast')    ····· 右下に凡例を表示
48
49  figure(6); hold off; grid on          ····· Figure 6 を解放し, 補助線を描画
50  ylim([-60 20])                        ····· 横軸の範囲を設定
51  legend(txt,'Location','southwest')    ····· 左下に凡例を表示
```

M ファイル "`margin_arm_p_cont.m`" の実行結果を図 7.23 に示す. 図より以下のことがわかる.

- $k_P = 1$ としたときの位相余裕は $P_m = 135$ [deg] にように大きな値なので安定度は過度に高く, オーバーシュートは生じないが, ゲイン交差角周波数が $\omega_{gc} = 1.02$ [rad/s] のように小さな値なので速応性は悪い.

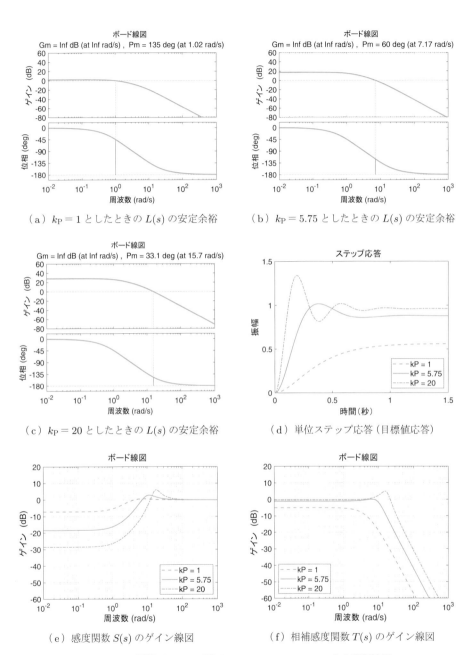

（a）$k_\mathrm{P} = 1$ としたときの $L(s)$ の安定余裕

（b）$k_\mathrm{P} = 5.75$ としたときの $L(s)$ の安定余裕

（c）$k_\mathrm{P} = 20$ としたときの $L(s)$ の安定余裕

（d）単位ステップ応答（目標値応答）

（e）感度関数 $S(s)$ のゲイン線図

（f）相補感度関数 $T(s)$ のゲイン線図

図 7.23　P 制御：M ファイル "`margin_arm_p_cont.m`" の実行結果

- k_P の値を大きくすると，開ループ伝達関数 $L(s)$ のゲインは $k_P = 1$ のときと比べて $20 \log_{10} k_P$ [dB] ほど大きくなるため，ゲイン交差周波数 ω_{gc} は大きくなり，位相余裕 P_m は小さくなる．位相余裕が $P_m = 60$ [deg] となるように k_P の値を調整すると，$k_P = 5.75$ となる．また，ゲイン交差周波数 ω_{gc} が大きくなるため（$\omega_{gc} = 7.17$ [rad/s]），速応性は向上するが，オーバーシュートを生じる．

- k_P をさらに大きくすると（$k_P = 20$），位相余裕 P_m が過度に小さくなり（$P_m = 33.1$ [deg]），安定度が低くなるため，目標値応答のオーバーシュートは大きくなる．また，ゲイン交差周波数 ω_{gc} がさらに大きくなり（$\omega_{gc} = 15.7$ [rad/s]），速応性はさらに向上する．

- 低周波領域における $20 \log_{10} |L(j\omega)|$ や $20 \log_{10} |S(j\omega)|$ の傾きは 0 [dB/dec] なので，定常偏差が残る．また，k_P を大きくするにしたがい，低周波領域における $20 \log_{10} |L(j\omega)|$ は大きく（$20 \log_{10} |S(j\omega)|$ は小さく）なる，あるいは，$20 \log_{10} |T(j\omega)|$ が 0 [dB] に近づく[†4] ので，定常偏差は小さくなる．

- k_P を大きくするにしたがい，高周波領域における $20 \log_{10} |L(j\omega)|$ は大きく（$20 \log_{10} |T(j\omega)|$ は大きく）なるので，ノイズ除去特性は悪化する．

■ PI 制御

定常偏差を 0 とするために，積分動作を付加した PI コントローラ (7.38) 式 (p. 151) を利用することを考える．比例ゲインを $k_P = 5.75$ に固定して積分時間 T_I を変化させたときの周波数特性と目標値応答を調べるための M ファイルを以下に示す．

M ファイル "margin_arm_pi_cont.m" (周波数整形による PI 制御：T_I を変化)

```
    ⋮
    "margin_arm_p_cont.m" (p. 158) の 1 ～ 8 行目
09  txt = {'kP = 5.8, TI = 2','kP = 5.8, TI = 0.75','kP = 5.8, TI = 0.35'};
10                              ····· 凡例に表示するテキスト
11  for i = 1:3                 ····· 3 回繰り返し（i = 1, 2, 3）
12      if i == 1               ····· i = 1 のとき：
13          kP = 5.8; TI = 2;        kP = 5.8, TI = 2 に設定
14          line_type = 'b--';       グラフの線種を青色の破線に設定
15      elseif i == 2           ····· i = 2 のとき：
16          kP = 5.8; TI = 0.75;     kP = 5.8, TI = 0.75 に設定
17          line_type = 'r-';        グラフの線種を赤色の実線に設定
18      else                    ····· それ以外（i = 3）のとき：
19          kP = 5.8; TI = 0.35;     kP = 5.8, TI = 0.35 に設定
20          line_type = 'g-.';       グラフの線種を緑色の一点鎖線に設定
21      end
22
23      sysC = kP*(1 + 1/(TI*s));  ····· PI コントローラ C(s)：(7.38) 式
24      sysL = minreal(sysP*sysC); ····· 開ループ伝達関数 L(s) = P(s)C(s) の定義
```

[†4] $T(j\omega) = L(j\omega)/(1 + L(j\omega))$ なので，低周波領域で $|L(j\omega)|$ が大きい（$20 \log_{10} |L(j\omega)|$ が大きい）とき，$|T(j\omega)|$ は 1 に近づく（$20 \log_{10} |T(j\omega)|$ が 0 [dB] に近づく）．このことは，k_P を大きくするにしたがい，目標値 $r(t) = 1$ に対する定常値 $y_\infty = G_{yr}(0) = T(0)$ が 1 に近づくことからも，理解できる．

```
25    figure(i); margin(sysL)          ····· i 番目の Figure ウィンドウに L(s) のボード線図の描画と
26                                            安定余裕の表示
27    ax = findall(gcf,'Type','Axes');  ····· L(s) のボード線図の座標軸の情報を抽出
28    set(ax(2),'Xlim',[1e-2 1e3])      ····· 位相線図の横軸の範囲を設定
29    set(ax(2),'Ylim',[-200 -25])      ····· 位相線図の縦軸の範囲を設定
:
"margin_arm_p_cont.m" (p. 158) の 30 ~ 51 行目
```

M ファイル "`margin_arm_pi_cont.m`" の実行結果を図 7.24 に示す. 図より以下のことがわかる.

- 低周波領域における $20\log_{10}|L(j\omega)|$ の傾きが -20 [dB/dec] ($20\log_{10}|S(j\omega)|$ の傾きが 20 [dB/dec]) なので,定常偏差は 0 となる.
- 積分時間 T_I を小さく (積分ゲイン $k_I = k_P/T_I$ を大きく) すると,低周波領域で $20\log_{10}|L(j\omega)|$ が大きく ($20\log_{10}|S(j\omega)|$ が小さく) なり,定常偏差を 0 とするための積分動作の効果が高まる. その反面,T_I を小さくすると位相余裕 P_m が小さくなり,安定度が低くなるため,目標値応答のオーバーシュートは大きくなる.
- T_I を変化させても高周波領域における $20\log_{10}|T(j\omega)|$ の大きさに影響を与えないため,ノイズ除去特性は変わらない.

つぎに,$T_I = 0.75$ としたときのオーバーシュートを小さくするために,比例ゲイン k_P の値を徐々に小さくしていくと,$k_P = 3.32$ としたときに位相余裕 P_m が 60 [deg] となった. このときの周波数特性と目標値応答を調べるための M ファイルを以下に示す.

M ファイル "`margin_arm_pi_cont2.m`" (周波数整形による PI 制御:k_P を変化)

```
:
"margin_arm_p_cont.m" (p. 158) の 1 ~ 8 行目
09  txt = {'kP = 3.32, TI = 0.75','kP = 5.75, TI = 0.75'};
10                                    ····· 凡例に表示するテキスト
11  for i = 1:2                       ····· 2 回繰り返し (i = 1, 2)
12      if i == 1                     ····· i = 1 のとき:
13          kP = 3.32; TI = 0.75;           kP = 3.4, TI = 0.75 に設定
14          line_type = 'r-';               グラフの線種を赤色の実線に設定
15      else                          ····· それ以外 (i = 2) のとき:
16          kP = 5.75; TI = 0.75;           kP = 5.8, TI = 0.75 に設定
17          line_type = 'b--';              グラフの線種を青色の破線に設定
18      end
:
"margin_arm_pi_cont.m" (p. 160) の 22 ~ 51 行目
```

M ファイル "`margin_arm_pi_cont2.m`" の実行結果を図 7.25 に示す. 図より以下のことがわかる.

- 位相余裕を $P_m = 60$ [deg] としたため,オーバーシュートは小さくなった. その反面,ゲイン交差周波数は $\omega_{gc} = 4.8$ [rad/s] となり,同等の位相余裕とした P 制御 ($\omega_{gc} = 7.17$ [rad/s]) よりも小さくなるため,速応性は悪くなっている.

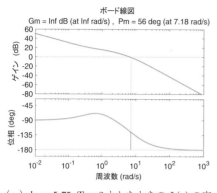

（a）$k_P = 5.75, T_I = 2$ としたときの $L(s)$ の安定余裕

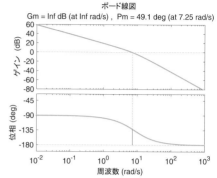

（b）$k_P = 5.75, T_I = 0.75$ としたときの $L(s)$ の安定余裕

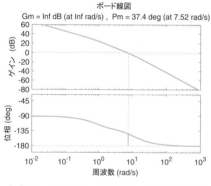

（c）$k_P = 5.75, T_I = 0.35$ としたときの $L(s)$ の安定余裕

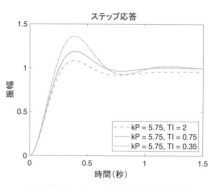

（d）単位ステップ応答（目標値応答）

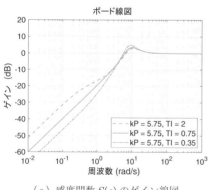

（e）感度関数 $S(s)$ のゲイン線図

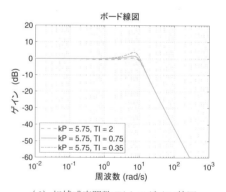

（f）相補感度関数 $T(s)$ のゲイン線図

図 7.24　PI 制御：M ファイル "`margin_arm_pi_cont.m`" の実行結果（$k_P = 5.75$ に固定して T_I を変化）

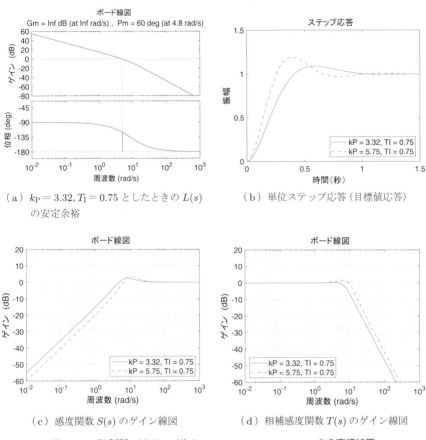

（a）$k_{\mathrm{P}} = 3.32, T_{\mathrm{I}} = 0.75$ としたときの $L(s)$ の安定余裕

（b）単位ステップ応答（目標値応答）

（c）感度関数 $S(s)$ のゲイン線図

（d）相補感度関数 $T(s)$ のゲイン線図

図 7.25　PI 制御：M ファイル "margin_arm_pi_cont2.m" の実行結果（$T_{\mathrm{I}} = 0.75$ に固定して k_{P} を変化）

■ PID 制御

PI 制御では位相が低周波領域で最大で 90 [deg] 遅れるため，k_{P} を同じ値とした P 制御よりも安定度が低くなった．そこで，この問題点を改善するために不完全微分の微分動作を付加した PID コントローラ (7.53) 式 (p. 156) を用いることを考える．

まず，$T_{\mathrm{f}} = 0$ として PID コントローラの比例ゲインを $k_{\mathrm{P}} = 5.75$，積分時間を $T_{\mathrm{I}} = 0.75$ に固定した．微分時間 T_{D} を大きくすると位相余裕 P_{m} が大きくなることを考慮し，微分時間 T_{D} の値を徐々に大きくしていくと，$T_{\mathrm{D}} = 0.026$ のとき位相余裕が $P_{\mathrm{m}} = 60$ [deg] となった．つぎに，位相余裕 P_{m} の大きさを損なわない範囲でローパスフィルタの時定数 T_{f} を大きくし，ここでは，$T_{\mathrm{f}} = T_{\mathrm{D}}/2$ とした．このときの周波数特性と目標値応答を調べるための M ファイルを以下に示す．

M ファイル "margin_arm_pid_cont.m" (周波数整形による PID 制御)

```
     "margin_arm_p_cont.m" (p. 158) の 1 〜 8 行目
09   txt = {'PID (Tf = 0)','PID (Tf = TD/2)','PI'};
10                                      …… 凡例に表示するテキスト
11   for i = 1:3                        …… 3回繰り返し (i = 1, 2)
12       if i == 1                      …… i = 1 のとき
13           kP = 5.75; TI = 0.75; TD = 0.026;    kP = 5.75, TI = 0.75, TD = 0.026 に設定
14           Tf = 0;                              Tf = 0 に設定
15           line_type = 'b--';                   グラフの線種を青色の破線に設定
16       elseif i == 2                  …… i = 2 のとき
17           kP = 5.75; TI = 0.75; TD = 0.026;    kP = 5.75, TI = 0.75, TD = 0.026 に設定
18           Tf = TD/2;                           Tf = TD/2 に設定
19           line_type = 'r-';                    グラフの線種を赤色の実線に設定
20       else                           …… それ以外 (i = 3) のとき
21           kP = 5.75; TI = 0.75; TD = 0;        kP = 5.75, TI = 0.75, TD = 0 に設定 (PI 制御)
22           Tf = 0;                              Tf = 0 に設定
23           line_type = 'g-.';                   グラフの線種を緑色の一点鎖線に設定
24       end
25
26       sysC = kP*(1 + 1/(TI*s) + TD*s/(1 + tau*s));   …… PID コントローラ C(s) : (7.53) 式
27       figure(7); bode(sysC,w,line_type); hold on     …… Figure 7 に C(s) のボード線図を
28                                                           色と線種を指定して描画し，保持
     "margin_arm_pi_cont.m" (p. 160) の 23 〜 51 行目
61   figure(7); hold off; grid on       …… Figure 7 を解放し，補助線を描画
62   legend(txt,'Location','northwest') …… 左上に凡例を表示
```

M ファイル "margin_arm_pid_cont.m" の実行結果を図 7.26 に示す．図より，$T_f = 0$ とした場合は以下のことがいえる．

- PI 制御では，$k_P = 5.75$，$T_I = 0.75$ としたときの位相余裕は $P_m = 49.1\,[\mathrm{deg}]$ であり，十分な余裕がなく，振動的な目標値応答であった．それに対し，PID 制御では T_D を調整することで，$k_P = 5.75$，$T_I = 0.75$ としたまま位相余裕を $P_m = 60\,[\mathrm{deg}]$ とすることができ，目標値応答のオーバーシュートが小さくなった．

- PID 制御のゲイン交差角周波数は $\omega_{gc} = 7.16\,[\mathrm{rad/s}]$ である．したがって，$k_P = 5.75$ としたときの P 制御 ($\omega_{gc} = 7.17\,[\mathrm{rad/s}]$) と同程度であり，目標値応答の速応性は損なわれていない．

- $\omega = 1/T_D \simeq 38.46\,[\mathrm{rad/s}]$ のあたりから $20\log_{10}|C(j\omega)|$ が $20\,[\mathrm{dB/dec}]$ で増加するので，高周波領域では PID 制御における $20\log_{10}|L(j\omega)| \simeq 20\log_{10}|T(j\omega)|$ は PI 制御と比べて上方に $20\,[\mathrm{dB/dec}]$ 移動する．そのため，ノイズ除去特性は悪化する．

また，$T_f = T_D/2$ とした場合，以下のことがいえる．

- $\omega = 1/T_f \simeq 76.92\,[\mathrm{rad/s}]$ のあたりから $20\log_{10}|C(j\omega)|$ が $20\,[\mathrm{dB/dec}]$ で増加する．したがって，高周波領域では $T_f = 0$ とした場合と比べて $20\log_{10}|L(j\omega)| \simeq 20\log_{10}|T(j\omega)|$ が下方に $20\,[\mathrm{dB/dec}]$ 移動するので，ノイズ除去特性が改善される．

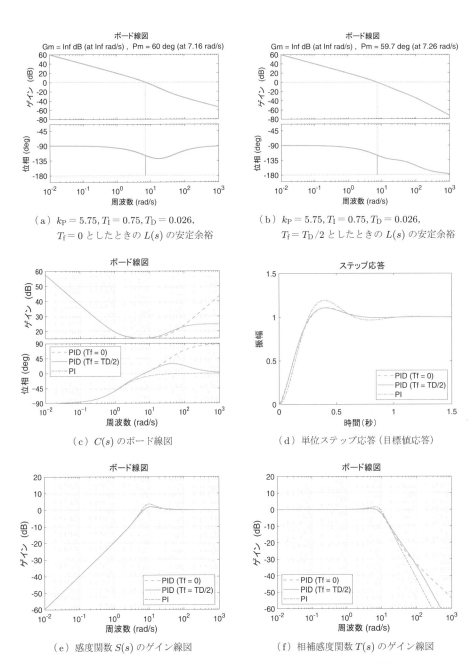

（a）$k_P = 5.75, T_I = 0.75, T_D = 0.026,$
$T_f = 0$ としたときの $L(s)$ の安定余裕

（b）$k_P = 5.75, T_I = 0.75, T_D = 0.026,$
$T_f = T_D/2$ としたときの $L(s)$ の安定余裕

（c）$C(s)$ のボード線図

（d）単位ステップ応答（目標値応答）

（e）感度関数 $S(s)$ のゲイン線図

（f）相補感度関数 $T(s)$ のゲイン線図

図 7.26 PID 制御：M ファイル "`margin_arm_pid_cont.m`" の実行結果

第8章 さらに制御工学を学ぶ人のために

本書では，制御対象のモデルやコントローラを伝達関数で表すことによって制御系解析/設計を行う，いわゆる**古典制御**について説明した．それに対し，**状態空間表現**というモデルの表現法に基づいて制御系解析/設計を行う**現代制御**がある．ここでは，現代制御について簡単に説明する．

8.1 状態空間表現と安定性

8.1.1 状態空間表現

伝達関数表現はシステムの入出力関係のみに注目しているため，システムの内部信号のふるまいを考慮できない．また，信号の初期値をすべて 0 であるとしているため，初期値を考慮することに適していない．このような問題に対処するため，システムの入出力関係だけでなく内部状態も考慮した表現として**状態空間表現**が知られている．

状態空間表現は，**状態変数**[†1] と呼ばれるシステムの内部信号 $\boldsymbol{x}(t)$ を用い，**状態方程式**と呼ばれる 1 階の微分方程式と，**出力方程式**と呼ばれる代数方程式により記述される．特に，システムが線形微分方程式 (2.1) 式 (p. 7) で記述される場合，状態空間表現は

状態空間表現

$$\text{状態方程式} \quad \dot{\boldsymbol{x}}(t) = \boldsymbol{A}\boldsymbol{x}(t) + \boldsymbol{B}u(t) \tag{8.1}$$

$$\text{出力方程式} \quad y(t) = \boldsymbol{C}\boldsymbol{x}(t) + Du(t) \tag{8.2}$$

となる[†2]．ただし，$\boldsymbol{A}: n \times n$ 行列，$\boldsymbol{B}: n \times 1$ ベクトル，$\boldsymbol{C}: 1 \times n$ ベクトル，$D:$ スカラーである．このように，操作量 $u(t)$，制御量 $y(t)$ が共にスカラーであるようなシステムを **1 入出力系** (1 入力 1 出力系) と呼ぶ[†3]．また，(2.1) 式において $n > m$ (真にプロパー) の場合は $D = 0$ であり，このときの状態空間表現をブロック線図で表すと図 8.1 のようになる．

---

†1 状態変数に必ずしも物理的な意味合いを持たせる必要はないが，物理的な意味を持たせて位置，速度，電荷，電流，水位などを状態変数に選ぶことが多い．

†2 MATLAB で状態空間表現を定義する方法は **8.5.1 項** (p. 180) で説明する．

†3 操作量や制御量が複数個あるシステムを**多入力多出力系**と呼ぶ．状態空間表現は多入力多出力系を 1 入出力系と同様に扱えるという利点があるが，本書では 1 入出力系のみを扱う．

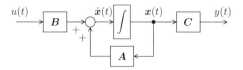

図 8.1　$D = 0$ であるときの状態空間表現のブロック線図

例 8.1　鉛直面を回転するアーム系のモデル：状態空間表現

例 2.4 (p. 16) で示したように，鉛直面を回転するアーム系の運動方程式 (2.38) 式 (p. 17) を $\theta(t) = 0$ 近傍で線形化すると $\sin \theta(t) \simeq \theta(t)$ なので，

$$J\ddot{\theta}(t) = -c\dot{\theta}(t) - Mg\ell\theta(t) + \tau(t) \tag{8.3}$$

となる．ここで，状態変数 $\boldsymbol{x}(t)$，操作量 $u(t)$，制御量 $y(t)$ をそれぞれ

$$\boldsymbol{x}(t) = \left[\begin{array}{c} x_1(t) \\ x_2(t) \end{array}\right] = \left[\begin{array}{c} \theta(t) \\ \dot{\theta}(t) \end{array}\right], \quad u(t) = \tau(t), \quad y(t) = \theta(t)$$

と選ぶと，

$$\begin{cases} \dot{x}_1(t) = \dot{\theta}(t) = 0 \cdot x_1(t) + 1 \cdot x_2(t) + 0 \cdot u(t) \\ \dot{x}_2(t) = \ddot{\theta}(t) = \dfrac{1}{J}\left(-c\dot{\theta}(t) - Mg\ell\theta(t) + \tau(t)\right) \\ \qquad\quad = -\dfrac{Mg\ell}{J}x_1(t) - \dfrac{c}{J}x_2(t) + \dfrac{1}{J}u(t) \\ y(t) = \theta(t) = 1 \cdot x_1(t) + 0 \cdot x_2(t) + 0 \cdot u(t) \end{cases} \tag{8.4}$$

となる．したがって，(8.4) 式をまとめると，係数行列を

$$\boldsymbol{A} = \left[\begin{array}{cc} 0 & 1 \\ -\dfrac{Mg\ell}{J} & -\dfrac{c}{J} \end{array}\right], \quad \boldsymbol{B} = \left[\begin{array}{c} 0 \\ \dfrac{1}{J} \end{array}\right], \quad \boldsymbol{C} = \left[\begin{array}{cc} 1 & 0 \end{array}\right], \quad D = 0 \tag{8.5}$$

とした状態空間表現 (8.1), (8.2) 式が得られる．

8.1.2　伝達関数表現との関係

状態空間表現 (8.1), (8.2) 式は伝達関数表現に容易に変換することができる．初期状態を $\boldsymbol{x}(0) = \boldsymbol{0}$ とし，(8.1), (8.2) 式をラプラス変換[†4] すると，

$$s\boldsymbol{X}(s) = \boldsymbol{A}\boldsymbol{X}(s) + \boldsymbol{B}U(s) \implies \boldsymbol{X}(s) = \left(s\boldsymbol{I} - \boldsymbol{A}\right)^{-1}\boldsymbol{B}U(s)$$
$$\implies Y(s) = \boldsymbol{C}\boldsymbol{X}(s) + DU(s)$$
$$= \left\{\boldsymbol{C}\left(s\boldsymbol{I} - \boldsymbol{A}\right)^{-1}\boldsymbol{B} + D\right\}U(s) \tag{8.6}$$

であるから，伝達関数 $P(s) := Y(s)/U(s)$ は次式のように唯一に定まる．

---

†4　本章では，信号 $f(t)$ のラプラス変換を $F(s) = \mathcal{L}[f(t)]$ のように大文字で表す．

状態空間表現から伝達関数表現への変換

$$P(s) = C(sI - A)^{-1}B + D \tag{8.7}$$

例 8.2　鉛直面を回転するアーム系のモデル：状態空間表現から伝達関数表現への変換

例 8.1 で示した鉛直面を回転するアーム系の状態空間表現を伝達関数表現で表してみよう．(8.5) 式を (8.7) 式に代入すると次式となり，例 2.4 (p. 16) の (2.46) 式と一致する．

$$P(s) = \begin{bmatrix} 1 & 0 \end{bmatrix} \left(s\begin{bmatrix} 1 & 0 \\ 0 & 1 \end{bmatrix} - \begin{bmatrix} 0 & 1 \\ -\dfrac{Mg\ell}{J} & -\dfrac{c}{J} \end{bmatrix} \right)^{-1} \begin{bmatrix} 0 \\ \dfrac{1}{J} \end{bmatrix} + 0$$

$$= \frac{\dfrac{1}{J}}{s^2 + \dfrac{c}{J}s + \dfrac{Mg\ell}{J}} = \frac{1}{Js^2 + cs + Mg\ell} \tag{8.8}$$

一方，伝達関数表現から状態空間表現への変換は無数にある．そのため，伝達関数表現を状態空間表現に変換するアルゴリズムがいくつか知られている．

例 8.3　伝達関数表現から状態空間表現への変換

伝達関数表現

$$Y(s) = P(s)U(s), \quad P(s) = \frac{N(s)}{D(s)} = \frac{b_2 s^2 + b_1 s + b_0}{s^3 + a_2 s^2 + a_1 s + a_0} \tag{8.9}$$

が与えられたとき，状態空間表現に変換してみよう．$V(s) := (1/D(s))U(s)$ と定義すると，

$$Y(s) = N(s)V(s), \quad V(s) = \frac{1}{D(s)}U(s) \quad (D(s)V(s) = U(s)) \tag{8.10}$$

のように分割できるので，(8.9) 式は線形微分方程式

$$\begin{cases} Y(s) = \left(b_2 s^2 + b_1 s + b_0\right)V(s) \\ \left(s^3 + a_2 s^2 + a_1 s + a_0\right)V(s) = U(s) \end{cases}$$
$$\implies \begin{cases} y(t) = b_2\ddot{v}(t) + b_1\dot{v}(t) + b_0 v(t) \\ v^{(3)}(t) + a_2\ddot{v}(t) + a_1\dot{v}(t) + a_0 v(t) = u(t) \end{cases} \tag{8.11}$$

と等価である．ただし，$v(t) = \mathcal{L}^{-1}\big[V(s)\big]$ である．したがって，状態変数を

$$\boldsymbol{x}(t) = \begin{bmatrix} x_1(t) & x_2(t) & x_3(t) \end{bmatrix}^\top = \begin{bmatrix} v(t) & \dot{v}(t) & \ddot{v}(t) \end{bmatrix}^\top$$

と選ぶと，**可制御標準形**と呼ばれる次式の状態空間表現が得られる．

伝達関数表現から状態空間表現 (可制御標準形) への変換

$$\begin{bmatrix} \dot{x}_1(t) \\ \dot{x}_2(t) \\ \dot{x}_3(t) \end{bmatrix} = \begin{bmatrix} 0 & 1 & 0 \\ 0 & 0 & 1 \\ -a_0 & -a_1 & -a_2 \end{bmatrix} \begin{bmatrix} x_1(t) \\ x_2(t) \\ x_3(t) \end{bmatrix} + \begin{bmatrix} 0 \\ 0 \\ 1 \end{bmatrix} u(t) \tag{8.12}$$

$$y(t) = \begin{bmatrix} b_0 & b_1 & b_2 \end{bmatrix} \begin{bmatrix} x_1(t) \\ x_2(t) \\ x_3(t) \end{bmatrix} \tag{8.13}$$

また，導出のアルゴリズムは省略するが，**可観測標準形**と呼ばれる次式の状態空間表現に変換することも多い．

伝達関数表現から状態空間表現 (可観測標準形) への変換

$$\begin{bmatrix} \dot{\bar{x}}_1(t) \\ \dot{\bar{x}}_2(t) \\ \dot{\bar{x}}_3(t) \end{bmatrix} = \begin{bmatrix} 0 & 0 & -a_0 \\ 1 & 0 & -a_1 \\ 0 & 1 & -a_2 \end{bmatrix} \begin{bmatrix} \bar{x}_1(t) \\ \bar{x}_2(t) \\ \bar{x}_3(t) \end{bmatrix} + \begin{bmatrix} b_0 \\ b_1 \\ b_2 \end{bmatrix} u(t) \tag{8.14}$$

$$y(t) = \begin{bmatrix} 0 & 0 & 1 \end{bmatrix} \begin{bmatrix} \bar{x}_1(t) \\ \bar{x}_2(t) \\ \bar{x}_3(t) \end{bmatrix} \tag{8.15}$$

問題 8.1 以下のシステムを状態空間表現で表せ．また，状態空間表現から伝達関数表現への変換を行え．
(1) 例 2.3 (p. 14) で示した台車系 ($u(t) = f(t)$, $y(t) = z(t)$)
(2) 例 2.2 (p. 11) で示した RLC 回路 ($u(t) = v_{\mathrm{in}}(t)$, $y(t) = v_{\mathrm{out}}(t)$)

8.1.3 安定性

(8.7) 式から明らかなように，$n \times n$ 行列 $\boldsymbol{A}$ の固有値，すなわち，特性方程式

$$|p\boldsymbol{I} - \boldsymbol{A}| = 0 \tag{8.16}$$

の解 $p = p_1, p_1, \ldots, p_n$ は伝達関数 $P(s)$ の極に等しい．このことから類推されるように，安定性に関する条件は以下のようになる．

┌─ 安定性の必要十分条件 ─
　$\boldsymbol{A}$ **の固有値** $\boldsymbol{p}_i$ **の実部がすべて負**であれば，そのときに限りシステム (8.1), (8.2) 式は安定である．
└─

この条件は **3.2.1 項** (p. 40) で説明した伝達関数表現の安定性に関する条件に対応している．なお，$\boldsymbol{A}$ の固有値を**システムの極**と呼ぶ．

8.2　状態方程式の解と遷移行列

8.2.1　状態方程式の解

まず，(8.1) 式の状態方程式において $u(t) = 0$ とした**零入力システム**

$$\dot{\boldsymbol{x}}(t) = \boldsymbol{A}\boldsymbol{x}(t) \tag{8.17}$$

を考える．初期状態 $\boldsymbol{x}(0)$ に対して零入力システム (8.17) 式の解 $\boldsymbol{x}(t)$ は

$$\boldsymbol{x}(t) = e^{\boldsymbol{A}t}\boldsymbol{x}(0) \tag{8.18}$$

で与えられ，**初期値応答**と呼ばれる．ここで $e^{\boldsymbol{A}t}$ は**遷移行列**と呼ばれ，

遷移行列の定義

$$e^{\boldsymbol{A}t} := \boldsymbol{I} + t\boldsymbol{A} + \frac{t^2}{2!}\boldsymbol{A}^2 + \cdots + \frac{t^k}{k!}\boldsymbol{A}^k + \cdots \tag{8.19}$$

で定義される無限級数である．(8.18) 式が (8.17) 式の解であることは，

$$\frac{\mathrm{d}}{\mathrm{d}t}e^{\boldsymbol{A}t} = \boldsymbol{A}e^{\boldsymbol{A}t}, \quad e^{\boldsymbol{A}t}\big|_{t=0} = \boldsymbol{I} \tag{8.20}$$

であることから容易に確かめられる．

同様に，状態方程式 (8.1) 式の解 $\boldsymbol{x}(t)$ は次式によって与えられる．

状態方程式の解

$$\boldsymbol{x}(t) = e^{\boldsymbol{A}t}\boldsymbol{x}(0) + \int_0^t e^{\boldsymbol{A}(t-\tau)}\boldsymbol{B}u(\tau)\mathrm{d}\tau \tag{8.21}$$

(8.21) 式が (8.1) 式の解になっていることは，(8.21) 式を (8.1) 式に代入することによって確かめられる．

8.2.2　遷移行列の計算

(8.18) 式や (8.21) 式から明らかなように，システムの安定性や時間応答は遷移行列 $e^{\boldsymbol{A}t}$ に関係する．$e^{\boldsymbol{A}t}$ を定義式 (8.19) 式により求めるのは困難なので，ラプラス変換を利用して求めることが多い．初期値 $\boldsymbol{x}(0)$ を考慮して (8.17) 式をラプラス変換すると，

$$s\boldsymbol{X}(s) - \boldsymbol{x}(0) = \boldsymbol{A}\boldsymbol{X}(s) \implies \boldsymbol{X}(s) = \left(s\boldsymbol{I} - \boldsymbol{A}\right)^{-1}\boldsymbol{x}(0) \tag{8.22}$$

が得られ，(8.22) 式を逆ラプラス変換することによって，$\boldsymbol{x}(t)$ が

$$\boldsymbol{x}(t) = \mathcal{L}^{-1}\left[\left(s\boldsymbol{I} - \boldsymbol{A}\right)^{-1}\right]\boldsymbol{x}(0) \tag{8.23}$$

のように求められる．したがって，(8.18) 式および (8.23) 式より遷移行列 $e^{\boldsymbol{A}t}$ は

ラプラス変換を利用した遷移行列の計算

$$e^{\boldsymbol{A}t} = \mathcal{L}^{-1}\big[(s\boldsymbol{I} - \boldsymbol{A})^{-1}\big] \tag{8.24}$$

により計算できることがわかる．(8.24) 式より $\boldsymbol{A}$ の固有値の実部がすべて負であるとき，零入力システム (8.17) 式は，任意の初期状態 $\boldsymbol{x}(0)$ に対して「$t \to \infty$」で「$\boldsymbol{x}(t) \to \boldsymbol{0}$」のように収束する．このとき，システムは**漸近安定**であるという．

例 8.4　遷移行列の計算

$\boldsymbol{A} = \begin{bmatrix} 0 & 1 \\ -2 & -2 \end{bmatrix}$ の遷移行列 $e^{\boldsymbol{A}t}$ を求める．$s\boldsymbol{I} - \boldsymbol{A}$ の逆行列を計算すると，

$$\begin{aligned}
(s\boldsymbol{I} - \boldsymbol{A})^{-1} &= \begin{bmatrix} s & -1 \\ 2 & s+2 \end{bmatrix}^{-1} = \frac{1}{s^2 + 2s + 2} \begin{bmatrix} s+2 & 1 \\ -2 & s \end{bmatrix} \\
&= \frac{s+1}{(s+1)^2 + 1^2} \begin{bmatrix} 1 & 0 \\ 0 & 1 \end{bmatrix} + \frac{1}{(s+1)^2 + 1^2} \begin{bmatrix} 1 & 1 \\ -2 & -1 \end{bmatrix}
\end{aligned} \tag{8.25}$$

となる．したがって，遷移行列 $e^{\boldsymbol{A}t}$ は

$$e^{\boldsymbol{A}t} = \mathcal{L}^{-1}\big[(s\boldsymbol{I} - \boldsymbol{A})^{-1}\big] = e^{-t}\cos t \cdot \begin{bmatrix} 1 & 0 \\ 0 & 1 \end{bmatrix} + e^{-t}\sin t \cdot \begin{bmatrix} 1 & 1 \\ -2 & -1 \end{bmatrix} \tag{8.26}$$

となり，零入力システム (8.17) 式の解 $\boldsymbol{x}(t) = \begin{bmatrix} x_1(t) & x_2(t) \end{bmatrix}^{\top}$ は (8.18) 式より

$$\begin{cases} x_1(t) = e^{-t}(\cos t + \sin t)x_1(0) + e^{-t}\sin t \cdot x_2(0) \\ x_2(t) = -2e^{-t}\sin t \cdot x_1(0) + e^{-t}(\cos t - \sin t)x_2(0) \end{cases} \tag{8.27}$$

となる．(8.27) 式は「$t \to \infty$」で「$x_1(t) \to 0, x_2(t) \to 0$」となるから，漸近安定である．

問題 8.2　$\boldsymbol{A} = \begin{bmatrix} 0 & 1 \\ -6 & -5 \end{bmatrix}$ が与えられたとき，$\boldsymbol{A}$ の遷移行列 $e^{\boldsymbol{A}t}$ を求めよ．

8.3　制御系設計

8.3.1　可制御性と可観測性

制御の目的は，制御対象の状態 $\boldsymbol{x}(t)$ を初期値 $\boldsymbol{x}(0)$ から任意の目標とする状態に移すことであるが，このような操作量 $u(t)$ は存在するのであろうか．たとえば，図 8.2 のタンク系を考えると，タンク 1 とタンク 2 の大きさが同じであるとき，流入量 $u(t)$ によりタンク 1 の水位 $x_1(t)$，タンク 2 の水位 $x_2(t)$ を任意の水位に制御することは不可能である．

任意の目標とする状態に移すことができる操作量 $u(t)$ が存在するとき，システムが**可制御**であるという．システムが可制御であるかどうかは以下の条件を調べればよい．

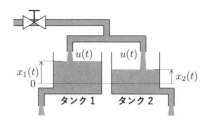

図 8.2　タンク系の可制御性

可制御性の判別

1 入力系 (8.1) 式が可制御であることと，**可制御行列**

$$\boldsymbol{V}_\mathrm{c} = \begin{bmatrix} \boldsymbol{B} & \boldsymbol{AB} & \cdots & \boldsymbol{A}^{n-1}\boldsymbol{B} \end{bmatrix} \tag{8.28}$$

が正則 ($|\boldsymbol{V}_\mathrm{c}| \neq 0$)，すなわち rank $\boldsymbol{V}_\mathrm{c} = n$ であることは等価である．

また，**8.3.2 項**で説明するように，状態空間表現に基づいて設計されるコントローラは，通常，状態変数 $\boldsymbol{x}(t)$ をフィードバックする構造である．センサによって状態変数のすべての成分 $x_i(t)$ が検出されるならば問題ないが，そうでないならば何らかの方法で状態変数を推定せねばならない．制御量 $y(t)$ が検出可能である場合，$y(t)$ は観測量と呼ばれるが，この観測量 $y(t)$ と操作量 $u(t)$ から状態変数 $\boldsymbol{x}(t)$ を正確に知ることができるとき，システムが**可観測**であるという．システムが可観測であるかどうかは以下の条件を調べればよい．

可観測性の判別

1 入出力系 (8.1), (8.2) 式が可観測であることと，**可観測行列**

$$\boldsymbol{V}_\mathrm{o} = \begin{bmatrix} \boldsymbol{C} \\ \boldsymbol{CA} \\ \vdots \\ \boldsymbol{CA}^{n-1} \end{bmatrix} \tag{8.29}$$

が正則 ($|\boldsymbol{V}_\mathrm{o}| \neq 0$)，すなわち rank $\boldsymbol{V}_\mathrm{o} = n$ であることは等価である．

8.3.2　状態フィードバック形式のコントローラ

ここでは，状態変数 $\boldsymbol{x}(t)$ が何らかの方法で利用可能であるとし，コントローラ

状態フィードバックと目標値からのフィードフォワードによるコントローラ

$$u(t) = \underbrace{\boldsymbol{Kx}(t)}_{①} + \underbrace{Hr(t)}_{②}, \quad \begin{cases} ①：状態フィードバック \\ ②：目標値 r(t) からのフィードフォワード \end{cases} \tag{8.30}$$

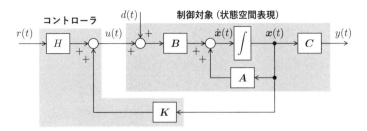

図 8.3　状態フィードバックを利用した制御系

を用いることを考える．$\boldsymbol{K}$ は**状態フィードバックゲイン**と呼ばれる $1 \times n$ のベクトル，H はスカラーのフィードフォワードゲイン，$r(t)$ は目標値である．$D = 0$ である場合のブロック線図を図 8.3 に示す．以下では，外乱が $d(t) = 0$ であるとして議論する．

例 8.5　鉛直面を回転するアーム系の P–D 制御

　5.3 節 (p. 96) で用いた鉛直面を回転するアーム系の P–D コントローラ (5.8) 式 (p. 94) は

$$u(t) = k_\mathrm{P} e(t) - k_\mathrm{D} \dot{y}(t), \quad e(t) = r(t) - y(t) \tag{8.31}$$

であった．ただし，$u(t) = \tau(t)$, $y(t) = \theta(t)$ である．ここで，状態変数を $x_1(t) = \theta(t)$，$x_2(t) = \dot{\theta}(t)$ として P–D コントローラ (8.31) 式を書き換えると，

$$u(t) = k_\mathrm{P}\bigl(r(t) - x_1(t)\bigr) - k_\mathrm{D} x_2(t) = \begin{bmatrix} -k_\mathrm{P} & -k_\mathrm{D} \end{bmatrix} \begin{bmatrix} x_1(t) \\ x_2(t) \end{bmatrix} + k_\mathrm{P} r(t)$$

$$= \boldsymbol{K} \boldsymbol{x}(t) + H r(t), \quad \boldsymbol{K} = \begin{bmatrix} -k_\mathrm{P} & -k_\mathrm{D} \end{bmatrix}, \quad H = k_\mathrm{P} \tag{8.32}$$

となり，コントローラ (8.30) 式の形式となる．

　特に目標値が $r(t) = 0$ であるとき，(8.30) 式は，

状態フィードバック形式のコントローラ

$$u(t) = \boldsymbol{K} \boldsymbol{x}(t) \tag{8.33}$$

となる．(8.33) 式は状態変数 $\boldsymbol{x}(t)$ をフィードバックしているので，**状態フィードバック**と呼ばれる．コントローラ (8.33) 式を用いたとき，(8.1) 式 (p. 166) は

$$\dot{\boldsymbol{x}}(t) = \bigl(\boldsymbol{A} + \boldsymbol{B} \boldsymbol{K}\bigr) \boldsymbol{x}(t) \tag{8.34}$$

となるから，$\boldsymbol{A} + \boldsymbol{B} \boldsymbol{K}$ の固有値の実部がすべて負となるように $\boldsymbol{K}$ が選ばれていると，「$t \to \infty$」で「$\boldsymbol{x}(t) \to \boldsymbol{0}$」となる．

　以下，状態フィードバック形式のコントローラ (8.33) 式のゲイン $\boldsymbol{K}$ を設計する方法を説明する．

8.3.3 極配置

状態フィードバックゲイン K の設計法として，$A + BK$ の固有値 $p_1, p_2, \ldots, p_n$ を指定した値 $p_1^*, p_2^*, \ldots, p_n^*$ とする**極配置法**[†5] が知られている．指定する p_i^* は **3.4.1** 項 (p. 52) で示した極と過渡特性の関係を考慮して，適切に選ぶ必要がある．ここでは，MATLAB 関数 acker で利用されている 1 入力系に対するアッカーマン (Ackerman) の極配置アルゴリズムを以下に示す．

> **アッカーマンの極配置アルゴリズム (1 入力系)**
>
> 可制御な制御対象 (8.1) 式を考える．特性多項式を
>
> $$\Delta(p) = (p - p_1^*)(p - p_2^*)\cdots(p - p_n^*)$$
> $$= p^n + \delta_{n-1}p^{n-1} + \cdots + \delta_1 p + \delta_0 \tag{8.35}$$
>
> としたとき，$A + BK$ の固有値 p_i を指定した値 p_i^* とする K は
>
> $$K = -e_n V_c^{-1}\left(A^n + \delta_{n-1}A^{n-1} + \cdots + \delta_1 A + \delta_0 I\right) \tag{8.36}$$
> $$e_n = \begin{bmatrix} 0 & \cdots & 0 & 1 \end{bmatrix}, \quad V_c = \begin{bmatrix} B & AB & \cdots & A^{n-1}B \end{bmatrix}$$
>
> により与えられる．ただし，e_n は $1 \times n$ のベクトルである．

例 8.6　鉛直面を回転するアーム系：極配置法による設計

例 8.1 (p. 167) で示した鉛直面を回転するアーム系の状態方程式の係数行列は，

$$A = \begin{bmatrix} 0 & 1 \\ -a_0 & -a_1 \end{bmatrix}, \quad B = \begin{bmatrix} 0 \\ b_0 \end{bmatrix}, \quad a_0 = \frac{Mg\ell}{J}, \quad a_1 = \frac{c}{J}, \quad b_0 = \frac{1}{J} \tag{8.37}$$

であった．$A + BK$ の固有値 $p = p_1, p_2$ が指定した値 p_1^*, p_2^* となるように $K = \begin{bmatrix} k_1 & k_2 \end{bmatrix}$ を設計しよう．

$A + BK$ の特性多項式は

$$\Delta(p) = \left| pI - (A + BK) \right|$$
$$= p^2 + (a_1 - b_0 k_2)p + a_0 - b_0 k_1 \tag{8.38}$$

となる．また，$p = p_1, p_2$ が指定した値 p_1^*, p_2^* となる特性多項式は

$$\Delta(p) = (p - p_1^*)(p - p_2^*) = p^2 + \delta_1 p + \delta_0, \quad \begin{cases} \delta_0 = p_1^* p_2^* \\ \delta_1 = -(p_1^* + p_2^*) \end{cases} \tag{8.39}$$

であるので，(8.38) 式と (8.39) 式の係数を比較すると，

$$K = \begin{bmatrix} \dfrac{a_0 - \delta_0}{b_0} & \dfrac{a_1 - \delta_1}{b_0} \end{bmatrix} \tag{8.40}$$

のように K が定まる．

[†5] MATLAB を利用して極配置により設計する方法は **8.5.3 節** (p. 182) で説明する．

一方，アッカーマンの極配置アルゴリズムでは，(8.36), (8.39) 式より

$$\boldsymbol{e}_n = \begin{bmatrix} 0 & 1 \end{bmatrix}, \quad \boldsymbol{V}_c = \begin{bmatrix} \boldsymbol{B} & \boldsymbol{AB} \end{bmatrix} = \begin{bmatrix} 0 & b_0 \\ b_0 & -a_1 b_0 \end{bmatrix}$$

$$\implies \boldsymbol{K} = -\boldsymbol{e}_n \boldsymbol{V}_c^{-1} (\boldsymbol{A}^2 + \delta_1 \boldsymbol{A} + \delta_0 \boldsymbol{I}) = \begin{bmatrix} \dfrac{a_0 - \delta_0}{b_0} & \dfrac{a_1 - \delta_1}{b_0} \end{bmatrix} \quad (8.41)$$

のように $\boldsymbol{K}$ が定まる．この結果は (8.40) 式と一致している．

図 8.4 に極配置法による状態フィードバック制御の時間応答を示す．ただし，初期状態は $\boldsymbol{x}(0) = \begin{bmatrix} 1 & 0 \end{bmatrix}^\top$ とした．図より固有値の実部を負側に大きくすると収束性が向上し，固有値の虚部が大きくすると振動周期が短くなることがわかる．

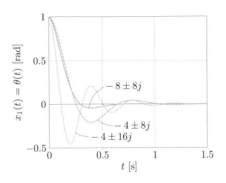

図 8.4　極配置法による状態フィードバック制御 ($x_1(0) = 1$ [rad], $x_2(0) = 0$ [rad/s])

8.3.4 最適レギュレータ

最適レギュレータ[†6] では，与えられた重み行列 $\boldsymbol{Q} = \boldsymbol{Q}^\top > 0$[†7]，$R > 0$ に対して，評価関数

$$J = \int_0^\infty \bigl(\boldsymbol{x}(t)^\top \boldsymbol{Q} \boldsymbol{x}(t) + R u(t)^2 \bigr) \mathrm{d}t \quad (8.42)$$

を最小化するコントローラ (8.33) 式のゲイン $\boldsymbol{K}$ を求める問題を考える．この問題を，**最適レギュレータ問題 (LQ 最適制御**[†8]) という．なお，重み行列 $\boldsymbol{Q}$ は対角行列で表すことが多い．たとえば $\boldsymbol{x}(t) = \begin{bmatrix} x_1(t) & x_2(t) \end{bmatrix}^\top$ のとき，

$$\boldsymbol{Q} = \mathrm{diag}\{ q_1, q_2 \} := \begin{bmatrix} q_1 & 0 \\ 0 & q_2 \end{bmatrix}, \quad q_1 > 0, \quad q_2 > 0 \quad (8.43)$$

とすると，評価関数は

---

†6　MATLAB を利用して最適レギュレータにより設計する方法は **8.5.4 節** (p. 183) で説明する．

†7　任意の $\boldsymbol{\xi} \neq \boldsymbol{0}$ に対して $\boldsymbol{\xi}^\top \boldsymbol{Q} \boldsymbol{\xi} > 0$ である $\boldsymbol{Q}$ を**正定行列**といい，$\boldsymbol{Q} > 0$ と記述する．

†8　LQ は Linear Quadratic (線形 2 次形式) の略である．

$$J = q_1 \int_0^\infty x_1(t)^2 \mathrm{dt} + q_2 \int_0^\infty x_2(t)^2 \mathrm{dt} + R \int_0^\infty u(t)^2 \mathrm{dt} \tag{8.44}$$

となる. (8.44) 式からわかるように, 最適レギュレータは, $q_i > 0$ と $R > 0$ を適当に与えることによって, 「(i) $x_i(t)$ を速く収束させたい」, 「(ii) アクチュエータの制約により $u(t)$ を過大にしたくない」という相反する要求の妥協をはかっている. つまり, (i) を重視するのであれば $q_i > 0$ を, (ii) を重視するのであれば $R > 0$ を相対的に大きな値に設定する.

最適レギュレータ問題の解は, 以下の結果により得られることが知られている.

最適レギュレータ

可制御な制御対象 (8.1) 式に対して, 評価関数 (8.42) 式を最小化するコントローラ (8.33) 式のゲイン $\boldsymbol{K}$ は唯一に定まり,

$$\boldsymbol{K} = -R^{-1}\boldsymbol{B}^\top \boldsymbol{P} \tag{8.45}$$

により与えられる. ただし, $\boldsymbol{P} = \boldsymbol{P}^\top > 0$ はリッカチ (Riccati) 方程式

$$\boldsymbol{P}\boldsymbol{A} + \boldsymbol{A}^\top \boldsymbol{P} - \boldsymbol{P}\boldsymbol{B}R^{-1}\boldsymbol{B}^\top \boldsymbol{P} + \boldsymbol{Q} = \boldsymbol{O} \tag{8.46}$$

を満足する唯一の正定対称解である.

リッカチ方程式 (8.46) 式の解を手計算で求めることは困難であり, MATLAB などのソフトウェアを利用する必要がある.

例 8.7 鉛直面を回転するアーム系:最適レギュレータによる設計

最適レギュレータにより設計されたコントローラ (8.33) 式を用い, 鉛直面を回転するアーム系の制御を行ったシミュレーション結果を, 図 8.5 に示す. ただし, 重みは $\boldsymbol{Q} = \mathrm{diag}\{q_1, 0.001\}$, $R = 1$ と選び, 角速度 $x_2(t) = \dot{\theta}(t)$ の収束の速さについてはほとんど

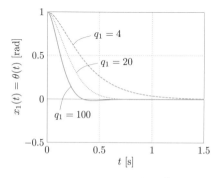
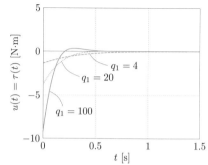

図 8.5 **最適レギュレータによる状態フィードバック制御**
$(\boldsymbol{x_1(0)} = 1\ [\mathbf{rad}], \boldsymbol{x_2(0)} = 0\ [\mathbf{rad/s}])$

考慮しなかった. $q_1 > 0$ を大きくするにしたがって $x_1(t) = \theta(t)$ [rad] は速やかに 0 に収束するが, その代償として操作量 $u(t) = \tau(t)$ [N·m] が大きくなっていることがわかる.

8.4 サーボ系設計

8.4.1 目標値追従制御

ここでは, 外乱 $d(t)$ が加わっていない場合, コントローラ (8.30) 式 (p. 172) を用いて制御量 $y(t)$ を定値の目標値 $r(t) = r_c$ に定常偏差なく追従させることを考える. なお, 例 8.5 (p. 173) で説明したように, $\boldsymbol{x}(t) = \begin{bmatrix} y(t) & \dot{y}(t) \end{bmatrix}^\top$ であるとき, P–D コントローラは (8.30) 式の形式となる.

$D = 0$ であるような制御対象 (8.1), (8.2) 式 (p. 166) が $s = 0$ という零点を持たないとき, $y(t)$ が $r(t) = r_c$ となるような $\boldsymbol{x}(t)$, $u(t)$ の定常値 $\boldsymbol{x}_\infty$, u_∞ は,

$$\begin{cases} \boldsymbol{0} = \boldsymbol{A}\boldsymbol{x}_\infty + \boldsymbol{B}u_\infty \\ r_c = \boldsymbol{C}\boldsymbol{x}_\infty \end{cases} \implies \begin{bmatrix} \boldsymbol{x}_\infty \\ u_\infty \end{bmatrix} = \begin{bmatrix} \boldsymbol{A} & \boldsymbol{B} \\ \boldsymbol{C} & 0 \end{bmatrix}^{-1} \begin{bmatrix} \boldsymbol{0} \\ 1 \end{bmatrix} r_c \tag{8.47}$$

により定まる. ここで, $\tilde{\boldsymbol{x}}(t) := \boldsymbol{x}(t) - \boldsymbol{x}_\infty$, $\tilde{u}(t) := u(t) - u_\infty$ と定義すると,

$$\dot{\tilde{\boldsymbol{x}}}(t) = \boldsymbol{A}\tilde{\boldsymbol{x}}(t) + \boldsymbol{B}\tilde{u}(t) \tag{8.48}$$

が得られる. 制御目的は, 「$t \to \infty$」で

$$e(t) = r(t) - y(t) = r_c - \boldsymbol{C}\boldsymbol{x}(t) = r_c - \boldsymbol{C}\big(\tilde{\boldsymbol{x}}(t) + \boldsymbol{x}_\infty\big)$$
$$= -\boldsymbol{C}\tilde{\boldsymbol{x}}(t) \to 0 \tag{8.49}$$

とすることである. したがって, 極配置や最適レギュレータなどにより, (8.48) 式に対して, 状態フィードバック形式のコントローラ

$$\tilde{u}(t) = \boldsymbol{K}\tilde{\boldsymbol{x}}(t) \tag{8.50}$$

を設計すれば, 「$t \to \infty$」で「$\tilde{\boldsymbol{x}}(t) \to \boldsymbol{0}$」となり, (8.49) 式の制御目的を達成できる. また, (8.47) 式の定常値 $\boldsymbol{x}_\infty$, u_∞ を用いて (8.50) 式を書き換えると,

$$u(t) = \boldsymbol{K}\big(\boldsymbol{x}(t) - \boldsymbol{x}_\infty\big) + u_\infty = \boldsymbol{K}\boldsymbol{x}(t) + \begin{bmatrix} -\boldsymbol{K} & 1 \end{bmatrix} \begin{bmatrix} \boldsymbol{x}_\infty \\ u_\infty \end{bmatrix}$$
$$= \boldsymbol{K}\boldsymbol{x}(t) + Hr_c \tag{8.51}$$

$$H = \begin{bmatrix} -\boldsymbol{K} & 1 \end{bmatrix} \begin{bmatrix} \boldsymbol{A} & \boldsymbol{B} \\ \boldsymbol{C} & 0 \end{bmatrix}^{-1} \begin{bmatrix} \boldsymbol{0} \\ 1 \end{bmatrix} \tag{8.52}$$

となり, $r(t) = r_c$ としたコントローラ (8.30) 式と一致する.

例 8.8 **鉛直面を回転するアーム系：最適レギュレータによる目標値追従制御**

例 8.1 (p. 167) で示した鉛直面を回転するアーム系において，角度 $y(t) = x_1(t) = \theta(t)$ を定値の目標値 $r(t) = r_c$ に追従させるため，(8.51)，(8.52) 式の状態フィードバックを設計した．ただし，フィードバックゲイン $\boldsymbol{K}$ は例 8.7 と同様，最適レギュレータにより設計した．

図 8.6 のシミュレーション結果からわかるように，外乱が加わっていないときには $(d(t) = 0 \ (0 \le t < 1.5))$，角度 $y(t)$ はその目標値 $r(t) = r_c = 1$ に定常偏差なく追従している．また，$q_1 > 0$ を大きくするにしたがって速応性が向上している．それに対し，外乱が加わると $(d(t) = d_c = 1 \ (t \ge 1.5))$，定常偏差を生じることが確認できる．

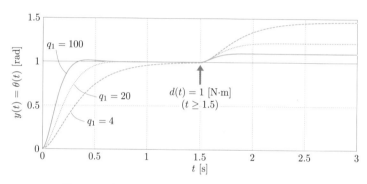

図 8.6 目標値追従制御 $(r(t) = 1 \ [\text{rad}], \boldsymbol{x}(0) = 0)$

8.4.2 積分型サーボ制御

定値外乱を除去するために，ここでは，図 8.7 に示す積分器を含ませたコントローラ

積分型コントローラ

$$u(t) = \boldsymbol{K}\boldsymbol{x}(t) + Gw(t), \quad w(t) := \int_0^t e(\tau)\mathrm{d}\tau, \quad e(t) = r(t) - y(t) \qquad (8.53)$$

を用いることを考える．なお，$\boldsymbol{x}(t) = \begin{bmatrix} y(t) & \dot{y}(t) \end{bmatrix}^\top$ であるときの積分型コントロー

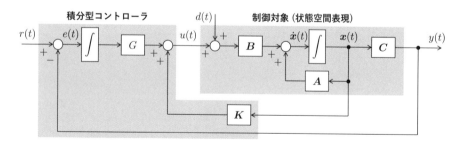

図 8.7 積分型サーボ制御

ラ (8.53) は，I–PD コントローラ (5.10) 式 (p. 95) と一致する．

まず，目標値，外乱が定値 $r(t) = r_c$, $d(t) = d_c$ であるとし，状態変数を $\boldsymbol{x}_e(t) = \begin{bmatrix} \boldsymbol{x}(t)^\top & w(t) \end{bmatrix}^\top$ とした拡大系

$$\begin{bmatrix} \dot{\boldsymbol{x}}(t) \\ \dot{w}(t) \end{bmatrix} = \begin{bmatrix} \boldsymbol{A} & \boldsymbol{0} \\ -\boldsymbol{C} & 0 \end{bmatrix} \begin{bmatrix} \boldsymbol{x}(t) \\ w(t) \end{bmatrix} + \begin{bmatrix} \boldsymbol{B} \\ 0 \end{bmatrix} u(t) + \begin{bmatrix} \boldsymbol{B}d_c \\ r_c \end{bmatrix} \tag{8.54}$$

を構成する．このとき，$y(t)$ が定値の目標値 $r(t) = r_c$ となるような $\boldsymbol{x}(t)$, $u(t)$, $w(t)$ の定常値 $\boldsymbol{x}_\infty$, u_∞, w_∞ (w_∞ はコントローラの形式により決まる) は

$$\begin{bmatrix} \boldsymbol{0} \\ 0 \end{bmatrix} = \begin{bmatrix} \boldsymbol{A} & \boldsymbol{0} \\ -\boldsymbol{C} & 0 \end{bmatrix} \begin{bmatrix} \boldsymbol{x}_\infty \\ w_\infty \end{bmatrix} + \begin{bmatrix} \boldsymbol{B} \\ 0 \end{bmatrix} u_\infty + \begin{bmatrix} \boldsymbol{B}d_c \\ r_c \end{bmatrix} \tag{8.55}$$

を満足する．そこで，$\tilde{\boldsymbol{x}}(t) := \boldsymbol{x}(t) - \boldsymbol{x}_\infty$, $\tilde{w}(t) := w(t) - w_\infty$, $\tilde{u}(t) := u(t) - u_\infty$ と定義すると，(8.54), (8.55) 式より

$$\dot{\tilde{\boldsymbol{x}}}_e(t) = \boldsymbol{A}_e \tilde{\boldsymbol{x}}_e(t) + \boldsymbol{B}_e \tilde{u}(t) \tag{8.56}$$

$$\tilde{\boldsymbol{x}}_e(t) = \begin{bmatrix} \tilde{\boldsymbol{x}}(t) \\ \tilde{w}(t) \end{bmatrix}, \quad \boldsymbol{A}_e = \begin{bmatrix} \boldsymbol{A} & \boldsymbol{0} \\ -\boldsymbol{C} & 0 \end{bmatrix}, \quad \boldsymbol{B}_e = \begin{bmatrix} \boldsymbol{B} \\ 0 \end{bmatrix}$$

が得られる．また，コントローラは (8.53) 式の形式であるから，w_∞ は

$$u_\infty = \boldsymbol{K}\boldsymbol{x}_\infty + Gw_\infty \tag{8.57}$$

を満足することに注意すると，(8.53) 式は

$$\tilde{u}(t) = \boldsymbol{K}\tilde{\boldsymbol{x}}(t) + G\tilde{w}(t) = \boldsymbol{K}_e \tilde{\boldsymbol{x}}_e(t), \quad \boldsymbol{K}_e = \begin{bmatrix} \boldsymbol{K} & G \end{bmatrix} \tag{8.58}$$

のように書き換えることができる．したがって，(8.56) 式に対して極配置や最適レギュレータなどにより $\boldsymbol{K}_e$ を設計すれば，「$t \to \infty$」で「$\tilde{\boldsymbol{x}}_e(t) \to \boldsymbol{0}$」となるから，

$$e(t) = r_c - \boldsymbol{C}\boldsymbol{x}(t) = -\boldsymbol{C}\tilde{\boldsymbol{x}}(t) = \begin{bmatrix} -\boldsymbol{C} & 0 \end{bmatrix} \tilde{\boldsymbol{x}}_e(t) \tag{8.59}$$

より偏差は「$e(t) \to 0$」となることがわかる．

例 8.9 鉛直面を回転するアーム系：最適レギュレータによる積分型サーボ制御

例 8.1 (p. 167) で示した鉛直面を回転するアーム系において，評価関数

$$J = \int_0^\infty \left(\tilde{\boldsymbol{x}}_e(t)^\top \boldsymbol{Q} \tilde{\boldsymbol{x}}_e(t) + R\tilde{u}(t)^2 \right) \mathrm{d}t \tag{8.60}$$

を最小化するように，最適レギュレータによりコントローラ (8.53) 式のゲイン $\boldsymbol{K}_e = \begin{bmatrix} \boldsymbol{K} & G \end{bmatrix}$ を設計した．ただし重みは $\boldsymbol{Q} = \mathrm{diag}\{1 \times 10^{-3}, 1 \times 10^{-3}, q_3\}$, $R = 1$ と選んだ．

図 8.8 のシミュレーション結果からわかるように，$q_3 > 0$ を大きくするにしたがって $y(t) = \theta(t)$ [rad] の速応性は向上する．また，定値外乱 $d(t) = d_c = 1$ ($t \geq 1.5$) が加わっても，目標値 $r(t) = r_c = 1$ に定常偏差なく追従している．

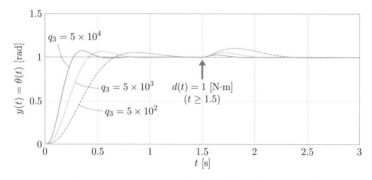

図 8.8　積分型サーボ制御 $(r(t) = 1\ [\mathrm{rad}],\ x(0) = 0)$

8.5　MATLAB/Simulink を利用した演習

8.5.1　状態空間表現 (ss)

　システムを状態空間表現で定義するためには，関数 ss を用いる．鉛直面を回転するアーム系の状態空間表現を定義するための M ファイルは以下のようになる[†9]．

M ファイル "arm_ss.m" (状態空間表現の定義)

```
01  arm_para    …… "arm_para.m" (p.25) の実行    07  C = [ 1  0 ];         …… C の定義
02                                                08  D = 0;               …… D の定義
03  A = [    0        1    …… A の定義            09
04      -M*g*l/J  -c/J ];                         10  sys = ss(A,B,C,D)    …… 状態空間表現の定義
05  B = [ 0             …… B の定義
06      1/J ];
```

ただし，M ファイル "arm_para.m" (p. 25) を同じフォルダに保存しておく．M ファイル "arm_ss.m" を実行すると，

M ファイル "arm_ss.m" の実行結果

```
>> arm_ss ↵   …………… "arm_ss.m" の実行

sys =

  A =          …… A                 C =      …… C
        x1    x2                          x1   x2
  x1     0     1                    y1     1    0
  x2 -10.96  -9.761
                                    D =      …… D
  B =        …… B                          u1
        u1                          y1     0
  x1     0
  x2  14.04                         連続時間状態空間モデル。
```

という結果が得られる．また，関数 ssdata を用いると，

[†9]　行列の取り扱いについては**付録 A.2** が参考になる．

関数 ssdata の使用例 (係数行列の抽出)

```
>> [A B C D] = ssdata(sys) ↵
A = ············· A
         0    1.0000
   -10.9618  -9.7612
B = ············· B
         0
    14.0449
```

```
C = ············· C
     1    0
D = ············· D
     0
```

のように状態空間表現の係数行列を抽出することができる. さらに, 関数 tf や zpk を利用することによって

関数 tf の使用例 (伝達関数表現への変換)

```
>> sysP = tf(sys) ↵

sysP = ········· 伝達関数 P(s)

           14.04
    --------------------
    s^2 + 9.761 s + 10.96
```

連続時間の伝達関数です.

関数 zpk の使用例 (伝達関数表現への変換)

```
>> sysP = zpk(sys) ↵

sysP = ········· 伝達関数 P(s)

           14.045
    -------------------
    (s+1.295) (s+8.467)
```

連続時間零点/極/ゲイン モデルです.

のように伝達関数表現に変換することができる.

8.5.2 安定性判別 (pole, eig) と可制御性 (ctrb), 可観測性 (obsv)

関数 pole や関数 eig を利用することで, システムの極 (A の固有値) を求めることができる. たとえば, M ファイル "arm_ss.m" を実行した後,

関数 "pole" の使用例 (システムの極)

```
>> pole(sys) ↵
ans = ··········· システムの極
   -1.2947
   -8.4665
```

関数 "eig" の使用例 (固有値の計算)

```
>> eig(A) ↵
ans = ··········· A の固有値
   -1.2947
   -8.4665
```

のように入力することでアーム系の極が得られる. したがって, 極の実部がすべて負なので, 安定であることが確認できる.

一方, 関数 ctrb や関数 obsv を利用することで, (8.28) 式 (p. 172) の可制御行列 V_c や (8.29) 式 (p. 172) の可観測行列 V_o を求めることができる. また, 関数 det により正方行列の行列式の値が, 関数 rank により行列のランクが得られる. そのため,

関数 ctrb の使用例 (システムの可制御性)

```
>> Vc = ctrb(A,B) ↵
Vc = ··········· 可制御行列 Vc
       0    14.0449
   14.0449 -137.0960
>> det(Vc) ↵
ans = ··········· |Vc| ≠ 0 なので可制御
  -197.2604
>> rank(Vc) ↵
ans = ········ rank Vc = n = 2 なので可制御
     2
```

関数 obsv の使用例 (システムの可観測性)

```
>> Vo = obsv(A,C) ↵
Vo = ··········· 可観測行列 Vo
     1    0
     0    1
>> det(Vo) ↵
ans = ··········· |Vo| ≠ 0 なので可観測
     1
>> rank(Vo) ↵
ans = ········ rank Vo = n = 2 なので可観測
     2
```

のように入力することで，アーム系が可制御かつ可観測であることが確認できる．

8.5.3　極配置 (acker, place)

関数 acker を利用すると，1 入力系に対して極配置法によるコントローラ設計を行うことができる．**例 8.6** (p. 174) で示した結果を得るための M ファイルを以下に示す．

M ファイル "arm_acker.m" (極配置法)

```
01  arm_para      ……… "arm_para.m" (p. 25) の実行      22  u = K*x';      …… u(t) = Kx(t)
02                                                      23
03  A = [    0        1          … A の定義             24  figure(1)      …… Figure 1 に x1(t) を描画
04        -M*g*l/J  -c/J ];                             25  plot(t,x(:,1))
05  B = [ 0          …… B の定義                        26  xlabel('t [s]')
06        1/J ];                                        27  ylabel('x1(t) [rad]')
07                                                      28  ylim([-0.5 1])
08  p(1) = - 8 + 8j;    …… p1* = -8 + 8j                29  grid on
09  p(2) = - 8 - 8j;    …… p2* = -8 - 8j                30
10                                                      31  figure(2)      …… Figure 2 に x2(t) を描画
11  K = - acker(A,B,p)                                  32  plot(t,x(:,2))
12             …… 極配置法による K の設計               33  xlabel('t [s]')
13  eig(A + B*K)     … A + BK の固有値                  34  ylabel('x2(t) [rad/s]')
14                                                      35  ylim([-10 5])
15  sys = ss(A+B*K,[],eye(2),[]);                       36  grid on
16             …… (8.34) 式の定義†10                    37
17  t = 0:0.001:1.5;    …… 時間データ t の定義          38  figure(3)      …… Figure 3 に u(t) を描画
18  x0 = [ 1    …… 初期状態 x(0) = [1  0]ᵀ             39  plot(t,u)
19        0 ];            の定義                         40  xlabel('t [s]')
20  x = initial(sys,x0,t);  …… 初期値応答               41  ylabel('u(t) [Nm]')
21                                                      42  ylim([-10 5])
                                                        43  grid on
```

M ファイル "arm_acker.m" を実行すると，

M ファイル "arm_acker.m" の実行結果

```
>> arm_acker ↵  ……… "arm_acker.m" の実行      ans =  ………… A + BK の固有値
K = …………… 極配置法により設計された K              -8.0000 + 8.0000i
   -8.3331   -0.4442                               -8.0000 - 8.0000i
```

という結果が得られ，**図 8.4** (p. 175) に相当するグラフが描画される．図 8.9 に実行結果の一部を示す．

関数 acker はアッカーマンの極配置アルゴリズムを実装したものなので，1 入力系しか利用できない．それに対し，関数 place は多入力系にも利用できるが，指定する固有値の重複は入力の数を超えてはならないので，2 次系の例では $p_1^* \neq p_2^*$ となるように指定する必要がある．

---

†10　eye(2) は 2×2 の単位行列 I であり，この行では，$\begin{cases} \dot{x}(t) = (A + BK)x(t) \\ y(t) = Ix(t) \end{cases}$ を定義している．

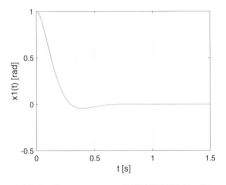

図 8.9 "arm_acker.m" の実行結果の一部

8.5.4 最適レギュレータ (lqr, care)

関数 lqr を利用すると，最適レギュレータによるコントローラ設計を行うことがで
きる．例 8.7 (p. 176) で示した結果を得るための M ファイルを以下に示す.

M ファイル "arm_lqr.m" (最適レギュレータ)

```
    ⋮   "arm_acker.m" (p. 182) の 1 ～ 7 行目          10
08  Q = diag([20 0.001]);                             11  K = - lqr(A,B,Q,R)
09  R = 1;   ⋯⋯ Q = diag{ 20, 0.001 }, R = 1          12          ⋯⋯ 最適レギュレータによる K の設計
                                                       ⋮   "arm_acker.m" (p. 182) の 13 ～ 40 行目
```

M ファイル "arm_lqr.m" を実行すると，

M ファイル "arm_lqr.m" の実行結果

```
>> arm_lqr ↵   ⋯⋯⋯⋯⋯ "arm_lqr.m" の実行          ans =  ⋯⋯⋯⋯ A + BK の固有値
K =  ⋯⋯⋯⋯⋯ 最適レギュレータにより設計された K       -7.0901 + 3.6731i
   -3.7592   -0.3146                                  -7.0901 - 3.6731i
```

という結果が得られ，図 8.5 (p. 176) に相当するグラフが描画される.

また，関数 care を利用すると，リッカチ方程式 (8.46) 式 (p. 176) の正定対称解
$P = P^\top > 0$ が求められるので，(8.45) 式 (p. 176) にしたがって K を設計できる.
関数 care を利用した場合の M ファイルを以下に示す.

M ファイル "arm_care.m" (最適レギュレータ)

```
    ⋮   "arm_acker.m" (p. 182) の 1 ～ 7 行目          10  P = care(A,B,Q,R)   ⋯⋯ (8.46) 式の解 P
08  Q = diag([20 0.001]);                             11  K = - inv(R)*B'*P   ⋯⋯ (8.45) 式の K
09  R = 1;   ⋯⋯ Q = diag{ 20, 0.001 }, R = 1          12
                                                       ⋮   "arm_acker.m" (p. 182) の 13 ～ 40 行目
```

M ファイル "arm_care.m" の実行結果を以下に示す.

M ファイル "`arm_care.m`" の実行結果

```
>> arm_care ↵          "arm_care.m" の実行
P =          リッカチ方程式 (8.46) 式の解 P
    4.0410    0.2677
    0.2677    0.0224
```

```
K =          (8.45) 式の K
   -3.7592   -0.3146
ans =          A + BK の固有値
   -7.0901 + 3.6731i
   -7.0901 - 3.6731i
```

8.5.5　Simulink を利用した積分型サーボ制御のシミュレーション

　ここでは，Simulink を利用して，例 8.9 (p. 179) で説明したアーム系の積分型サーボ制御のシミュレーションを行う．

　図 8.7 (p. 178) に示した積分型サーボ制御のブロック線図を実装するために，図 8.10 の Simulink モデル "`arm_sim_servo.slx`" を作成し，M ファイル "`arm_para.m`" (p. 25) を同じフォルダに保存する．ただし，モデルコンフィギュレーションパラメータは表 8.1，Simulink ブロックは表 8.2 のように設定する．つぎに，重みを

$$Q = \mathrm{diag}\{\, 1 \times 10^{-3},\, 1 \times 10^{-3},\, 5 \times 10^4 \,\}, \quad R = 1$$

として最適レギュレータにより積分型サーボコントローラ (8.53) 式を設計し，Simulink によるシミュレーション結果を描画する以下の M ファイルを作成して保存する．

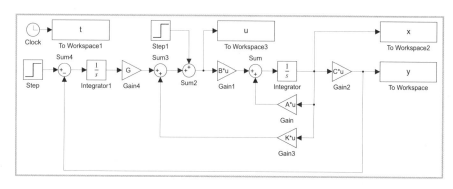

図 8.10　Simulink モデル "`arm_sim_servo.slx`"

表 8.1　モデルコンフィギュレーションパラメータの設定

ソルバ/シミュレーション時間	開始時間：0，終了時間：3
ソルバ/ソルバの選択	タイプ：固定ステップ，ソルバ：ode4 (Runge-Kutta)
ソルバ/ソルバの詳細	固定ステップサイズ：0.001
データのインポート/エクスポート	ワークスペースまたはファイルに保存：「単一のシミュレーション出力」のチェックを外す

表 8.2　Simulink ブロックのパラメータ設定

Simulink ブロック	変更するパラメータ
Gain	ゲイン：A，乗算：行列（K*u）
Gain1	ゲイン：B，乗算：行列（K*u）
Gain2	ゲイン：C，乗算：行列（K*u）
Gain3	ゲイン：K，乗算：行列（K*u）
Step	ステップ時間：0，最終値：rc
Step1	ステップ時間：1.5，最終値：dc
Integrator	初期条件：x0
Gain4	ゲイン：G
Sum2	符号リスト：++|
Sum4	符号リスト：|+-
To Workspace	変数名：y，保存形式：配列
To Workspace1	変数名：t，保存形式：配列
To Workspace2	変数名：x，保存形式：配列
To Workspace3	変数名：u，保存形式：配列

M ファイル "arm_servo_lqr.m"（積分型サーボ制御）

```
         "arm_acker.m" (p. 182) の 1 〜 6 行目
07  C = [ 1  0 ];      ‥‥ C の定義
08
09  rc = 1;            ‥‥ 目標値 rc = 1 の定義
10  dc = 1;            ‥‥ 外乱 dc = 1 の定義
11  x0 = [ 0           ‥‥ 初期値 x(0) = 0 の定義
12        0 ];
13
14  Ae = [ A  zeros(2,1)   ‥‥ Ae の定義
15      -C  0 ];
16  Be = [ B           ‥‥ Be の定義
17        0 ];
18
19  q1 = 1e-3;         ‥‥ q1 = 1 × 10^{-3}
20  q2 = 1e-3;         ‥‥ q2 = 1 × 10^{-3}
21  q3 = 5e4;          ‥‥ q3 = 5 × 10^4
22  Q = diag([q1 q2 q3])
23  R = 1      ‥‥ Q = diag{q1, q2, q3}, R = 1
24

25  Ke = - lqr(Ae,Be,Q,R);  ‥‥ 最適レギュレータ
26                      による Ke = [ K  G ] の設計
27  K = Ke(1:2)        ‥‥ K
28  G = Ke(3)          ‥‥ G
29
30  sim('arm_sim_servo')
31                      ‥‥ Simulink モデルの実行
32  figure(1)          ‥‥ Figure 1 に y(t) を描画
33  plot(t,y)
34  xlabel('t [s]')
35  ylabel('y(t) = x1(t) [rad]')
36  ylim([0 1.5])
37  grid on
38
39  figure(2)          ‥‥ Figure 2 に u(t) を描画
40  plot(t,u)
41  xlabel('t [s]')
42  ylabel('u(t) [Nm]')
43  ylim([-5 10])
44  grid on
```

M ファイル "arm_servo_lqr.m" を実行すると，図 8.11 のシミュレーション結果が描画される．

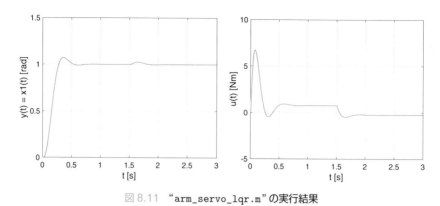

図 8.11　"`arm_servo_lqr.m`"の実行結果

付録 A MATLAB の基本的な操作

　現在では，実システムに対する制御系解析/設計を行ううえで，数値計算や数式処理を行う
ソフトウェアが必要不可欠なツールとなっている．ここでは，そのなかでも代表的なソフト
ウェアである MATLAB (R2022a) の基本的な操作方法について説明する．

A.1 基本操作

■ コマンドウィンドウと表示形式

　MATLAB を起動すると，図 A.1 に示すコマンドウィンドウが表示される．図 A.1
は標準的な MATLAB ウィンドウのレイアウト (規定の設定) であるが，「ホーム／レ
イアウト」で様々なレイアウトを選択することができる．

　ユーザはコマンドウィンドウの "$\gg$" の後に命令文を入力することによって様々な
操作を行うことができる．以下に入力例を示す．

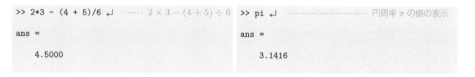

```
>> 2*3 - (4 + 5)/6 ↵    ……  2 × 3 − (4 + 5) ÷ 6    >> pi ↵    ………………………  円周率 π の値の表示

ans =                                                ans =

    4.5000                                               3.1416
```

　コマンドウィンドウの標準の表示形式は，上記のように 5 桁の固定小数で行間に
余分な改行が入る．表示形式を変更したい場合には，関数 format を利用する．関数
format の使用例を以下に示す．

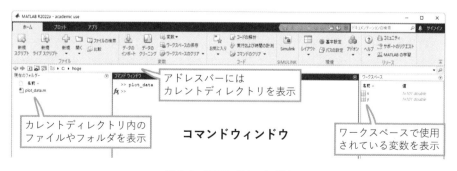

図 A.1　コマンドウィンドウ

```
>> format compact ↵ ········ 余分な改行の抑制
>> format short e ↵ ········ 5桁の指数表示
>> pi ↵
ans =
   3.1416e+00
>> format short ↵ ········ 5桁の固定小数表示
>> pi ↵
ans =
   3.1416
>> format long ↵ ········ 15桁の固定小数表示
>> pi ↵
ans =
   3.141592653589793
```

```
>> format long e ↵ ········ 15桁の指数表示
>> pi ↵
ans =
      3.141592653589793e+00
>> format loose ↵ ········ 余分な改行の追加
>> format short ↵ ········ 5桁の固定小数表示
>> pi

ans =

   3.1416
```

本書では，"format compact"と指定した場合の表示を示している．

■ ヒストリー機能

　MATLAB にはヒストリー機能がある．コマンドウィンドウでキーボードの①キー
を押すと，以前入力したコマンドが現れるので，適時使用すると効率がよい．

■ 検索機能とヘルプ機能

　MATLAB は検索機能やヘルプ機能が充実している．「ホーム/ヘルプ/ドキュメン
テーションの検索」を選択するか，コマンドウィンドウで

```
>> doc ↵
```

と入力すれば，図 A.2 に示すヘルプブラウザが起動する．ヘルプブラウザで検索した
い文字列を入力すると，関連する項目の一覧が表示される．また，指定した関数の使
用方法をヘルプブラウザに表示したいときには，コマンドウィンドウで

```
>> doc step ↵
```

のように "doc␣関数名" を入力する．

■ カレントディレクトリ

　ユーザが現時点で作業を行っているフォルダを**カレントディレクトリ**[†1] と呼び，
MATLAB では，アドレスバーに表示される．たとえば，C:\usr\files と表示され
ているのであれば，カレントディレクトリは「C ドライブの 1 層目のフォルダ usr の
なかにある 2 層目のフォルダ files」である．

　カレントディレクトリを変更するには，アドレスバーに直接，「E:\kawata\mfiles」
を入力するか，あるいは，コマンドウィンドウで

[†1]　ディレクトリとはフォルダの別称であり，Windows ではフォルダ，UNIX 系 OS (Linux など) では
　　　ディレクトリと呼ばれる．

図 A.2　ヘルプブラウザ

```
>> cd E:\kawata\mfiles ↵                    >> cd 'E:\kawata\mfiles' ↵
```

と入力する．フォルダ名にスペースを含む場合にも対応させるためには，右側の入力
例のように，カレントディレクトリを「' と ' とで囲む」必要がある．カレントディ
レクトリはアドレスバーで確認することができるが，コマンドウィンドウで

```
>> cd ↵                                     >> pwd ↵
                                            ans =
E:\kawata\mfiles                                'E:\kawata\mfiles'
```

のいずれかを入力することによりカレントディレクトリを確認することもできる．カ
レントディレクトリ E:\kawata から 1 段下の層 E:\kawata\mfiles に移動するには，

```
>> cd mfiles ↵
```

のように入力し，カレントディレクトリを 1 段上の層に移動するには，

```
>> cd .. ↵
```

のように入力する．カレントディレクトリ内のファイルやフォルダは

```
>> dir ↵                                    >> ls ↵
```

のいずれかを入力することによって，コマンドウィンドウに表示させることができる．

A.2　スカラー変数と行列

■ スカラー変数

MATLAB では，コマンドウィンドウで

```
>> a = 5 ↵  …… 実数 a = 5 の定義 (結果を表示)     b =
a =                                               2.0000 + 3.0000i
    5                                        >> c = 2 + 3j ↵  …… 複素数 c = 2 + 3j の定義
>> a = 5; ↵  …… 実数 a = 5 の定義 (結果を非表示)   c =
>> b = 2 + 3i ↵  …… 複素数 b = 2 + 3i の定義        2.0000 + 3.0000i
```

と入力すれば，スカラー変数が定義される．また，命令文の後に "`;`" を入力すると，
結果を表示しないようにすることができる．上記のように定義されたスカラー変数は，

```
>> who ↵  …… ワークスペース内の変数リストを表示

変数:

a  b  c
```

```
>> a ↵  ………………… a の値の確認
a =
    5
>> b ↵  ………………… b の値の確認
b =
   2.0000 + 3.0000i
```

と入力することによって，定義されているスカラー変数の名前やその値を確認できる．
なお，表 A.1 に示すように，MATLAB では円周率 π などの定数が用意されている．
　スカラー変数の四則演算を行うには，

```
>> 2*a + 1 ↵  ………… 2a + 1
ans =
    11
```

```
>> (b^2 + 1)/a ↵  …… (b² + 1)/a
ans =
   -0.8000 + 2.4000i
```

のように，表 A.2 に示す操作を行えばよい．また，定義されたスカラー変数などを
ワークスペースから消去するためには，以下のように入力する．

```
>> clear a b ↵  …… a, b を消去
```

```
>> clear ↵  ………… すべての変数を消去
```

表 A.1　特殊定数

定数	説明
pi	円周率 π
Inf	無限大 ∞
NaN	不定値
i, j	虚数単位 i, j

表 A.2　スカラー変数の演算

演算子	使用例	説明
+	a + b	加算 $a + b$
−	a − b	減算 $a − b$
*	a*b	乗算 ab
/	a/b	除算 a/b
^	a^k	べき乗 a^k

■ 行列

MATLAB での行列 (2 次元配列) やベクトル (1 次元配列) の記述は，

- 行列のはじめと終わりを "[" と "]" とで囲む
- 各要素はスペース "␣" またはカンマ "," で区切る
- 各行の終わりは "`;`" またはエンターキー (リターンキー) ↵ で定義する

という決まりにしたがえばよい．また，行列の演算や転置などの方法を表 A.3 にまと
める．行列やベクトルを定義した例を以下に示す．

表 A.3 行列の演算

演算子	使用例	説明	演算子	使用例	説明
+	A + B	加算 $A+B$	¥, \	A¥b, A\B	$Ax=b$ となる $x=A^{-1}b$
–	A – B	減算 $A-B$	.'	A.'	転置行列 $A^\top$
*	A*B	乗算 AB	'	A'	共役転置行列 A^* (A が実行列の場合は転置行列 $A^\top$ となる)
^	A^k	べき乗 A^k			

```
>> A = [1 2 3; 4 5 6] ↵    · 実行列 A の定義
A =
     1     2     3
     4     5     6
>> A = [1 2 3 ↵    ·········· 実行列 A の定義
4 5 6] ↵
     1     2     3
     4     5     6
>> b = [7; 8] ↵    ·········· 縦ベクトル b の定義
b =
```

```
     7
     8
>> b = [7 ↵    ················ 縦ベクトル b の定義
8] ↵
b =
     7
     8
>> c = [9 10] ↵    ············ 横ベクトル c の定義
c =
     9    10
```

また，行列やベクトルの要素は以下のようにして抜き出すことができる．

```
>> A(1,2) ↵
ans =
     2
>> A(2,2:3) ↵
ans =
     5     6
>> A(2,1:end) ↵
ans =
     4     5     6
```

```
>> A(2,:) ↵
ans =
     4     5     6
>> b(1) ↵
ans =
     7
>> c(2) ↵
ans =
    10
```

■ ワークスペース変数の mat ファイルへの保存と読み込み

上記のようにして定義された変数は，いったん，ワークスペースに保存されるが，MATLAB を終了すると消去される．MATLAB を再度，起動したときにこれらの変数を利用できるようにするためには，関数 save を利用して変数を mat ファイル (MATLAB 形式のバイナリファイル) に保存する必要がある．たとえば，コマンドウィンドウで

```
>> clear ↵
```

```
>> a = 5; b = 2 + 3j; A = [1 2 3; 4 5 6]; ↵
```

のようにして定義された変数は，

```
>> save('data1') ↵
```

```
>> save data1 ↵
```

のいずれかを入力することで，mat ファイル "data1.mat" としてカレントディレクトリに保存される．また，変数 a, b のみを "data2.mat" として保存するには，

```
>> save('data2','a','b') ↵
```

```
>> save data2 a b ↵
```

のいずれかを入力する.

　保存された mat ファイルから変数を読み込むには,関数 load を利用する.たとえば,"data1.mat" に保存されている変数すべてをワークスペースに読み込むには,

```
>> load('data1') ↵
```
```
>> load data1 ↵
```

のいずれかを入力する.また,"data1.mat" に保存されている変数のなかで a, b のみをワークスペースに読み込むには,以下のいずれかを入力する.

```
>> load('data1','a','b') ↵
```
```
>> load data1 a b ↵
```

A.3　データ列とグラフの描画

■ データ列

　MATLAB によりグラフを描く場合,データ列 (配列) を生成する必要がある.たとえば,2 次関数 $y = x^2 - 2x - 5$ のグラフを $-5 \leq x \leq 5$ の範囲で描画してみよう.

　まず,x のデータ列 x を

```
>> x = -5:0.1:5; ↵
```
```
>> x = linspace(-5,5,101); ↵
```

のいずれかにより定義する.このとき,

```
>> x ↵
x =
  1 列から 9 列
  -5.0000   -4.9000   -4.8000   -4.7000   -4.6000   -4.5000   -4.4000   -4.3000   -4.2000
 ⋯⋯⋯⋯⋯⋯⋯⋯⋯⋯⋯⋯⋯《省略》⋯⋯⋯⋯⋯⋯⋯⋯⋯⋯⋯⋯⋯
  100 列から 101 列
   4.9000    5.0000
```

に示すように,最小値が -5,最大値が 5,間隔が 0.1 であるような 101 個の $x = -5,$ $-4.9, -4.8, \ldots, 5$ がデータ列 (1 × 101 の横ベクトル) x として定義される.つぎに,$y = x^2 - 2x - 5$ を計算するために以下のように入力すると,エラーが表示される.

```
>> y = x^2 - 2*x - 5; ↵
エラー: ^ (行 51)
行列をべき乗にするには次元が正しくありません。行列が正方行列で、べき指数がスカラーであることを確認してください。行列を要素ごとにべき乗するには、'.^' を使用してください。
```

これは,データ列のべき乗やデータ列どうしの乗算,除算は ".^", ".*", "./" のように演算子の前に "." を記入する必要があるためである (表 A.4 参照).この規則にしたがって,"x^2" の代わりに "x.^2" と記述すると,

表 A.4　データ列の演算

演算子	使用例	説明
+	a + k	要素の加算 [a1+k ⋯ an+k] ⋯⋯⋯⋯⋯⋯ $\begin{bmatrix} a_1 + k & \cdots & a_n + k \end{bmatrix}$
−	a − k	要素の減算 [a1-k ⋯ an-k] ⋯⋯⋯⋯⋯⋯ $\begin{bmatrix} a_1 - k & \cdots & a_n - k \end{bmatrix}$
*	k*a	要素の乗算 (定数倍) [k*a1 ⋯ k*an] ⋯⋯⋯ $\begin{bmatrix} ka_1 & \cdots & ka_n \end{bmatrix}$
/	a/k	要素の除算 [a1/k ⋯ an/k] ⋯⋯⋯⋯⋯⋯ $\begin{bmatrix} a_1/k & \cdots & a_n/k \end{bmatrix}$
.^	a.^k	要素のべき乗 [a1^k ⋯ an^k] ⋯⋯⋯ $\begin{bmatrix} a_1^k & \cdots & a_n^k \end{bmatrix}$
+	a + b	要素どうしの加算 [a1+b1 ⋯ an+bn] ⋯⋯ $\begin{bmatrix} a_1 + b_1 & \cdots & a_n + b_n \end{bmatrix}$
−	a − b	要素どうしの減算 [a1-b1 ⋯ an-bn] ⋯⋯ $\begin{bmatrix} a_1 - b_1 & \cdots & a_n - b_n \end{bmatrix}$
.*	a.*b	要素どうしの乗算 [a1*b1 ⋯ an*bn] ⋯⋯ $\begin{bmatrix} a_1 b_1 & \cdots & a_n b_n \end{bmatrix}$
./	a./b	要素どうしの除算 [a1/b1 ⋯ an/bn] ⋯⋯ $\begin{bmatrix} a_1/b_1 & \cdots & a_n/b_n \end{bmatrix}$

スカラー変数 k，データ列：a = [a1 ⋯ an]，b = [b1 ⋯ bn]

```
>> y = x.^2 - 2*x - 5; ↵
>> y ↵
y =
 1 列から 9 列
  30.0000   28.8100   27.6400   26.4900   25.3600   24.2500   23.1600   22.0900   21.0400
 ⋯⋯⋯⋯⋯⋯⋯⋯⋯⋯⋯⋯⋯⋯⋯⋯《省略》⋯⋯⋯⋯⋯⋯⋯⋯⋯⋯⋯⋯⋯⋯⋯⋯
 100 列から 101 列
   9.2100   10.0000
```

のように正しい計算結果が得られる.

■ グラフの描画

　上記のようにして生成された x, y に対して，横軸を x，縦軸を y としたグラフを描画するには，以下のように入力する.

```
>> figure(1) ↵   ⋯⋯⋯⋯ Figure 1 を指定        >> xlabel('x') ↵   ⋯⋯⋯ 横軸のラベル
>> plot(x,y) ↵   ⋯⋯⋯⋯ グラフの描画          >> ylabel('y') ↵   ⋯⋯⋯ 縦軸のラベル
                                            >> grid on ↵      ⋯⋯⋯ 補助線
```

その結果，フィギュアウィンドウ (Figure 1) に図 A.3 のグラフが描画される.

　標準のグラフは，線が細く (0.5 pt)，文字も小さい (9 pt) ので，見栄えがよくない.
グラフをカスタマイズするために，たとえば，

```
>> figure(2) ↵   ⋯⋯⋯⋯⋯⋯⋯⋯⋯⋯⋯⋯⋯⋯⋯⋯⋯⋯⋯⋯⋯⋯⋯⋯⋯ Figure 2 を指定
>> plot(x,y,'r--','LineWidth',2) ↵   ⋯⋯⋯⋯   線の色，線種，線の太さを指定したグラフを描画
>> set(gca,'FontSize',16,'FontName','Arial') ↵   グラフのフォントサイズとフォント名を指定
>> xlim([-4 4]); set(gca,'XTick',-4:1:4) ↵      横軸の範囲と目盛りの間隔を指定
>> ylim([-10 20]); set(gca,'YTick',-10:5:20) ↵  縦軸の範囲と目盛りの間隔を指定
>> xlabel('x','FontSize',18,'FontName','Arial') ↵   フォントサイズとフォント名を指定した横軸
>> ylabel('y','FontSize',18,'FontName','Arial') ↵   縦軸のラベル
>> grid on ↵                                    補助線
```

のように入力すると[†2]，図 A.4 の結果が得られる. また，plot(x,y,'***') の ***

---

†2　横軸，縦軸の目盛りの間隔は xticks(-4:1:4)，yticks(-10:5:20) により設定することもできる.

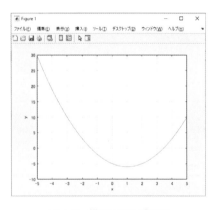

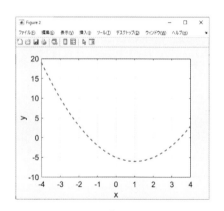

図 A.3　描画されたグラフ　　　　　図 A.4　カスタマイズして描画されたグラフ

表 A.5　グラフの線やマーカの種類，色

線	説明	マーカ	説明	マーカ	説明	色	説明
-	実線	o	丸印	^	上向き三角形	y	黄色
--	破線	+	プラス	v	下向き三角形	m	紫色
:	点線	*	アスタリスク	>	右向き三角形	c	水色
-.	一点鎖線	.	点	<	左向き三角形	r	赤色
		x	×字	p	星形五角形	g	緑色
		s	正方形	h	星形六角形	b	青色
		d	菱形			w	白色
						k	黒色

の部分を r とすれば「赤色の実線」，g-- とすれば「緑色の破線」，b-o とすれば「青色の実線と円の重ね合わせ」となる．表 A.5 に指定可能な線やマーカの種類，色を示す．その他のオプションについて，以下に補足する．

- **フォントサイズ，フォント名**：'FontSize' によりフォントサイズを pt (ポイント) で指定でき，'FontName' によりフォント名を指定できる．
- **線の太さ，マーカのサイズ**：'LineWidth' により線の太さを，'MarkerSize' によりマーカのサイズをそれぞれ pt (ポイント) で指定することができる．
- **線やマーカの色**：'Color' により線やマーカの色を指定することができる．色は 256 階調 (0 ～ 255 の整数値) の RGB (赤緑青) を 0 ～ 1 の実数値に変換して指定する．たとえば，以下のように入力すると，淡い赤色の線となる．

```
>> figure(3); plot(x,y,'Color',[192 80 77]/255,'LineWidth',2) ↵
```

複数のグラフを描画するには，以下のいずれかを入力する．

```
>> y1 = x.^2 - 2*x - 5; ↵
>> y2 = 2*x.^2 + 1; ↵
>> figure(4); plot(x,y1,x,y2)
```

```
>> y1 = x.^2 - 2*x - 5; ↵
>> y2 = 2*x.^2 + 1; ↵
>> figure(5); plot(x,y1); hold on ↵
>> figure(5); plot(x,y2); hold off ↵
```

■ グラフの保存

MATLAB で作成したグラフは，関数 `savefig` を利用して

```
>> figure(2); savefig('graph') ↵
```

```
>> figure(2); savefig graph ↵
```

のように入力することにより，Figure 2 のグラフを FIG ファイル "graph.fig" として保存できる．保存された "graph.fig" は MATLAB ウィンドウの「ホーム/開く」で選択することにより，新しい Figure ウィンドウで開くことができる．

また，関数 `print` によりグラフを様々な形式で保存することによって，TEX, Word や PowerPoint などで利用することができる．たとえば，Figure 2 のグラフを "graph.pdf" という名前の PDF ファイルとして保存するためには，

```
>> figure(2); print('graph','-dpdf') ↵
```

```
>> figure(2); print -dpdf graph ↵
```

のいずれかを入力すればよい．また，`-dpdf` の代わりに `-djpeg` とすれば "graph.jpg" という名前の JPEG ファイル，`-dpng` とすれば "graph.png" という名前の PNG ファイル，`-depsc` とすれば "graph.eps" という名前のカラーの EPS ファイル，`-dmeta` とすれば "graph.emf" という名前の拡張メタファイル (Windows のみ) で保存される．

- JPEG や PNG といった画像ファイルの場合，オプション `-r***` を追記し，以下のように入力することで解像度を *** dpi (dots per inch) に指定できる．

  ```
  >> print('-r600','graph','-djpeg') ↵
  ```

  ```
  >> print -djpeg -r600 graph ↵
  ```

- 最近の MATLAB では，PDF ファイルや拡張メタファイルはラスタ形式 (ペイント) で保存される．ベクタ形式 (ドロー) で保存するには以下のように入力する．

  ```
  >> print('graph','-dpdf','-painters') ↵
  ```

  ```
  >> print -dpdf -painters graph ↵
  ```

- MATLAB で生成された PDF ファイルはグラフの上下左右に余白が含まれる．この余白は，無償配布されている bcpdfcrop (https://github.com/aminophen/bcpdfcrop)[†3] を利用することで自動的にトリミングすることができる．

---

†3　TEX ディストリビューションと Ghostscript が正しくインストールされている必要がある．

- R2020a 以降であれば，関数 exportgraphics を利用して

```
>> exportgraphics(gcf,'graph.pdf') ↵
```

と入力すれば，自動的にトリミングされた PDF ファイルが保存され，さらに，

```
>> exportgraphics(gcf,'graph.pdf','ContentType','vector') ↵
```

と入力すれば，トリミングされたベクタ形式の PDF ファイルが保存される．

■ データ列の Excel ファイルやテキストファイルへの保存と読み込み

ワークスペースの変数を Excel ファイルやテキストファイルとして保存するには，関数 writematrix を利用する．たとえば，

```
>> x = -5:0.1:5; y = x.^2 - 2*x - 5; ↵        >> writematrix(wdata,'data_file1.xlsx') ↵
>> wdata = [x; y]'; ↵                           >> writematrix(wdata,'data_file2.txt') ↵
```

と入力すると，カレントディレクトリに Excel ファイル "data_file1.xlsx" およびテキストファイル "data_file2.txt" が保存される．ここで，wdata は 1 列目を x，2 列目を y としたデータ列 (101×2 の行列) である．逆に，Excel ファイル "data_file1.xlsx" やテキストファイル "data_file2.txt" のデータを MATLAB のワークスペースに読み込むには，関数 readmatrix を利用して以下のように入力する．

```
>> rdata1 = readmatrix('data_file1.xlsx'); ↵    >> rdata2 = readmatrix('data_file2.txt'); ↵
>> figure(1); plot(rdata1(:,1),rdata1(:,2)) ↵   >> figure(2); plot(rdata2(:,1),rdata2(:,2)) ↵
```

A.4 M ファイル

簡単な作業であれば，コマンドウィンドウに直接，命令文を入力すればよいが，複雑な作業を行いたい場合には，使い勝手が悪い．また，せっかく入力しても次回の起動時に使用することができない．そこで，MATLAB では，テキストファイルに命令文を記述し，これをまとめて実行することができる．実行したいファイルの拡張子は "*.m" であり，このファイルを**スクリプト M ファイル**という．本書では，スクリプト M ファイルを単に M ファイルと記述している[4]．

M ファイルを作成するには，まず，**図 A.1** (p. 187) の状態で「ホーム/新規スクリプト」を選択する．このとき，図 A.5 のエディタが起動するので，エディタに命

---

[4] M ファイルには，「スクリプト M ファイル」のほか，ユーザが関数を定義するときに作成する「ファンクション M ファイル」があるが，本書では「ファンクション M ファイル」の説明は省略する．

図 A.5　Mファイル

図 A.6　Mファイルが保存されているフォルダとカレントディレクトリが
　　　　異なっているときのメッセージ

令文を入力する．なお，"%" はコメントを意味する．つぎに，適当なフォルダを作成
し，適当なファイル名で保存する．ここで示した例では，Mファイルが C:\hoge に
"plot_data.m" という名前で保存されているとして説明をする．Mファイルを実行
するには，「エディタ/実行」を選択すればよい．カレントディレクトリが C:\hoge と
異なっていた場合，図 A.6 に示すメッセージが表示されるので，「フォルダーの変更」
を選択する．その結果，カレントディレクトリが C:\hoge に変更された後，コマンド
ウィンドウに

```
>> plot_data ↵ ················· Mファイル "plot_data.m" の実行
```

と入力され，Mファイル "plot_data.m" の実行結果である図 A.4 が表示される．

参考文献

【モデリング】 モデリングについては，以下の文献が参考になる．
1) 増淵正美，川田誠一：システムのモデリングと非線形制御，コロナ社 (1996)
2) 川村貞夫：図解ロボット制御入門，オーム社出版局 (1995)

【古典制御全般】 古典制御の全般については，以下の文献が参考になる．
3) 杉江俊治，藤田政之：フィードバック制御入門，コロナ社 (1999)
4) 足立修一：制御工学のこころ 古典制御編，東京電機大学出版局 (2021)
5) 今井弘之，竹内知男，能勢和夫：新版 やさしく学べる制御工学，森北出版 (2014)
6) 岩井善太，石飛光章，川崎義則：制御工学，朝倉書店 (1999)
7) 佐藤和也，平元和彦，平田研二：はじめての制御工学 改訂第 2 版，講談社 (2018)

【PID 制御】 PID 制御については，以下の文献が参考になる．
8) 須田信英ほか：PID 制御，朝倉書店 (1992)

【現代制御全般】 現代制御の全般については，以下の文献が参考になる．
9) 小郷　寛，美多　勉：システム制御理論入門，実教出版 (1979)
10) 吉川恒夫，井村順一：現代制御論，コロナ社 (2014)
11) 池田雅夫，藤崎泰正：多変数システム制御，コロナ社 (2010)
12) 田中幹也，石川昌明，浪花智英：現代制御の基礎，森北出版 (1999)
13) 佐藤和也，下本陽一，熊澤典良：はじめての現代制御理論，講談社 (2012)

【MATLAB/Simulink】 MATLAB/Simulink の利用については，以下の文献が参考になる．
14) 川田昌克：MATLAB/Simulink による制御工学入門，森北出版 (2020)
15) 川田昌克：MATLAB/Simulink による現代制御入門，森北出版 (2011)
16) 足立修一：MATLAB による制御工学，東京電機大学出版局 (1999)
17) 野波健蔵，西村秀和：MATLAB による制御理論の基礎，東京電機大学出版局 (1998)
18) 野波健蔵，西村秀和，平田光男：MATLAB による制御系設計，東京電機大学出版局 (1998)

【Phython や Scilab/Xcos】 フリーウェアの Python や Scilab を利用した制御工学の学習については，以下の文献が参考になる．
19) 南　裕樹：Python による制御工学入門，オーム社 (2019)
20) 川谷亮治：フリーソフトで学ぶ線形制御—Maxima/Scilab 活用法，森北出版 (2008)
21) 川谷亮治：「Maxima」と「Scilab」で学ぶ古典制御 (改訂版)，工学社 (2014)

問題の解答

2.1 (1) $P(s) = \dfrac{1}{s+2}$, 極：-2, 零点：なし

(2) $P(s) = \dfrac{2s+1}{3s^2+2s+1}$, 極：$\dfrac{-1 \pm \sqrt{2}j}{3}$, 零点：$-\dfrac{1}{2}$

2.2 $P(s) = \dfrac{C}{LCs^2 + RCs + 1}$

2.3 (1) $P(s) = \dfrac{Cs}{RCs+1}$　(2) $P(s) = \dfrac{1}{RCs+1}$

2.4 $P(s) = \dfrac{1}{Ms+c}$

2.5 $P(s) = \dfrac{1}{Js^2 + cs}$

2.6 $P(s) = \dfrac{1}{Ms^2 + cs + k}$, $c = c_1 + c_2$

2.7 一般化座標を $q(t) = z(t)$, 一般化力を $\nu(t) = f(t)$ とする．運動エネルギー $\mathcal{K}(t)$, 位置エネルギー $\mathcal{U}(t)$, 散逸エネルギー $\mathcal{D}(t)$, ラグランジアン $\mathcal{L}(t) = \mathcal{K}(t) - \mathcal{U}(t)$ は

$$\mathcal{K}(t) = \frac{1}{2}M\dot{z}(t)^2, \quad \mathcal{U}(t) = 0, \quad \mathcal{D}(t) = \frac{1}{2}c\dot{z}(t)^2, \quad \mathcal{L}(t) = \frac{1}{2}M\dot{z}(t)^2$$

となる．したがって，

$$\frac{\mathrm{d}}{\mathrm{d}t}\left(\frac{\partial \mathcal{L}(t)}{\partial \dot{z}(t)}\right) = M\ddot{z}(t), \quad \frac{\partial \mathcal{L}(t)}{\partial z(t)} = 0, \quad \frac{\partial \mathcal{D}(t)}{\partial \dot{z}(t)} = c\dot{z}(t)$$

を (2.47) 式 (p. 18) に代入すると，線形微分方程式 (2.36) 式 (p. 15) が得られる．

2.8 $T = \dfrac{M}{c}$, $K = \dfrac{1}{c}$

2.9 $\omega_{\mathrm{n}} = \dfrac{1}{\sqrt{LC}}$, $\zeta = \dfrac{R}{2}\sqrt{\dfrac{C}{L}}$, $K = 1$

2.10, 2.11 サポートページを参照

3.1 (1) $f_1(t) = t$, $f_2(t) = -\dfrac{1}{s+a}e^{-(s+a)t}$ として部分積分の公式を利用すると，**例 3.3** (p. 30) と同様に導出できる．

(2) $\sin \omega t = \dfrac{e^{-(-j\omega t)} - e^{-j\omega t}}{2j}$ なので，**例 3.5** (p. 30) と同様に導出できる．

3.2 (1) $f(s) = \dfrac{1}{s} - \dfrac{1}{s+5} = \dfrac{5}{s(s+5)}$

(2) $f(s) = \dfrac{1}{s+2} + 2 \cdot \dfrac{1}{s-1} - 3 \cdot \dfrac{1}{s} = \dfrac{6}{s(s-1)(s+2)}$

(3) $f(s) = 2 \cdot \dfrac{1}{s+1} - 2 \cdot \dfrac{s}{s^2 + 2^2} + \dfrac{2}{s^2 + 2^2} = \dfrac{10}{(s+1)(s^2+4)}$

(4) $f(s) = 3 \cdot \dfrac{1}{s} + 2 \cdot \dfrac{1}{s^2} + 2 \cdot \dfrac{2!}{s^3} + 3 \cdot \dfrac{1}{s+2} = \dfrac{8(s^2+s+1)}{s^3(s+2)}$

3.3 (1) $f(t) = 1 - e^{-5t}$　(2) $f(t) = 3e^t - 2e^{-t}$　(3) $f(t) = \cos 5t + \dfrac{1}{5}\sin 5t$

(4) $f(t) = e^{-t}\left(2\cos 2t + \dfrac{3}{2}\sin 2t\right)$

3.4 (1) $y(t) = \dfrac{3}{2}\left(1 - e^{-2t}\right)$　(2) $y(t) = 2 - 3e^{-t} + e^{-2t}$

(3) $y(t) = 2\left(1 - te^{-t} - e^{-t}\right)$　(4) $y(t) = 1 - e^{-t}\left(\cos 2t + \dfrac{1}{2}\sin 2t\right)$

3.5 (1) 極は実数 $s = -2, -1$ であり，負の実数極なので安定

(2) 極は実数 $s = -2, 1$ であり，正の実数極を含むので不安定

(3) 極は複素数 $s = 1 \pm j$ であり，実部が正なので不安定

(4) 極は実数 $s = -1$ および複素数 $s = -1 \pm j$ であり，実部がすべて負なので安定

3.6 (1) $y_\infty = \dfrac{1}{2}$　(2) $y_\infty = 2$

3.7 インパルス応答は

$$y(t) = \mathcal{L}^{-1}\left[\frac{K}{1+Ts}\right] = \mathcal{L}^{-1}\left[\frac{K/T}{s + (1/T)}\right] = \frac{K}{T}e^{-\frac{1}{T}t}$$

となるので，解答図 3.1 のように，初期値 $y(0) = K/T$ から指数関数的に 0 に収束する．

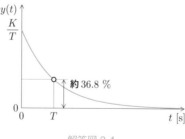

解答図 3.1

3.8 (1) $u(s) = e(s)$ から $y(s) = i(s)$ への伝達関数は $P(s) = \dfrac{1}{Ls+R} = \dfrac{1/R}{1 + (L/R)s}$ なので，時定数は $T = \dfrac{L}{R}$ である．

(2) スイッチ S を ON にした時刻を $t = 0$ とする．このとき，$u(t) = e(t) = E_0\ (t \geq 0)$ より $u(s) = \dfrac{E_0}{s}$ なので，電流 $y(t) = i(t)$ は

$$y(s) = P(s)u(s) = \frac{1}{Ls + R}\frac{E_0}{s} = \frac{E_0/L}{s(s + R/L)} = \frac{E_0}{R}\left(\frac{1}{s} - \frac{1}{s + R/L}\right)$$

を逆ラプラス変換することで, $y(t) = i(t) = \frac{E_0}{R}\left(1 - e^{-\frac{R}{L}t}\right)$ のように得られる. また, 定

常値は $i_\infty = \frac{E_0}{R}$ である.

(3) R を大きくすると $T = \frac{L}{R}$ は小さくなるので, 反応は速くなる. 一方で, L を大きくす

ると $T = \frac{L}{R}$ は大きくなるので, 反応は遅くなる.

3.9　**問題 3.8** において $E_0 = 1$ とする. このとき, **図 3.12** より $T = \frac{L}{R} = 0.004$, $i_\infty = $

$\frac{E_0}{R} = \frac{1}{R} = 0.02$ なので, $R = 50\,[\Omega]$, $L = 0.2\,[\text{H}]$ となる.

3.10　**問題 2.2** で得られた $P(s) = \dfrac{C}{LCs^2 + RCs + 1}$ を 2 次遅れ要素の標準形 (3.77) 式

で記述すると, $\zeta = \dfrac{R}{2}\sqrt{\dfrac{C}{L}}$ となる. 単位ステップ応答がオーバーシュートを生じないのは

$\zeta \geq 1$ のときであるので, このときの抵抗の範囲は $R \geq 2\sqrt{\dfrac{L}{C}}$ である.

3.11　(1) $K = \dfrac{1}{k}$, $\omega_{\mathrm{n}} = \sqrt{\dfrac{k}{M}}$, $\zeta = \dfrac{c}{2\sqrt{kM}}$

(2) (3.86), (3.87) 式および $y_\infty = K$ という関係式より $K = y_\infty = 0.04$, $\xi = $

$-\dfrac{1}{T_{\mathrm{p}}}\log_e \dfrac{A_{\max}}{y_\infty} \simeq 2.7726$, $\omega_{\mathrm{n}} = \sqrt{\xi^2 + \left(\dfrac{\pi}{T_{\mathrm{p}}}\right)^2} \simeq 6.8677$, $\zeta = \dfrac{\xi}{\omega_{\mathrm{n}}} \simeq 0.40371$ となる.

(3) $k = \dfrac{1}{K} = 25$, $M = \dfrac{k}{\omega_{\mathrm{n}}^2} \simeq 0.53005$, $c = 2\zeta\omega_{\mathrm{n}}M \simeq 2.9392$

3.12, 3.13　サポートページを参照

第 4 章

4.1　$e(s)$ を起点として**図 4.3** (p. 66) の信号の流れをたどると,

$$e(s) = r(s) - y(s) = r(s) - P(s)\big(u(s) + d(s)\big) = r(s) - P(s)\big(C(s)e(s) + d(s)\big)$$

なので, $G_{er}(s) = \dfrac{1}{1 + P(s)C(s)}$, $G_{ed}(s) = -\dfrac{P(s)}{1 + P(s)C(s)}$ が得られる. 一方, $u(s)$ を

起点として**図 4.3** の信号の流れをたどると,

$$u(s) = C(s)e(s) = C(s)\big(r(s) - y(s)\big) = C(s)\{r(s) - P(s)\big(u(s) + d(s)\big)\}$$

なので, $G_{ur}(s) = \dfrac{C(s)}{1 + P(s)C(s)}$, $G_{ud}(s) = -\dfrac{P(s)C(s)}{1 + P(s)C(s)}$ が得られる.

4.2 (1) 特性方程式の解 $s = -\dfrac{1}{2} \pm \dfrac{\sqrt{3}}{2}j$ の実部がすべて負なので内部安定である.

(2) 特性方程式の解 $s = -\dfrac{1}{2} \pm \dfrac{\sqrt{5}}{2}$ には正の実数解を含むので内部安定ではない.

4.3 (1) 条件 I を満足し,かつ条件 II も満足する $(H_2 = 36 > 0)$ ので,内部安定である.
なお,特性方程式の解は $s = -2, -1 \pm 3j$ である.

(2) 条件 I は満足するが,条件 II は満足しない $(H_3 = -936 < 0)$ ので,内部安定ではない.
なお,特性方程式の解は $s = -3, -1, 1 \pm 3j$ である.

4.4 (1) $k_\mathrm{P} > -\dfrac{2}{5}$ (2) $k_\mathrm{P} > -\dfrac{2}{5}$ かつ $0 < k_\mathrm{I} < \dfrac{4}{5} + 2k_\mathrm{P}$

4.5 (1) 条件 I を満足し,かつ条件 II を満足する (ラウス数列は $\{1, 4, 9, 20\}$ のように,要素がすべて正である) ので,内部安定である.

(2) 条件 I は満足するが,条件 II は満足しない (ラウス数列は $\{1, 2, -12, 39, 30\}$ のように符号が 2 回,変化する) ので,内部安定ではない.なお,不安定極の個数は 2 個である.

4.6 (1) 解答図 4.1 (2) 解答図 4.2 (3) 解答図 4.3

4.7 (1) $k_\mathrm{P} = 2$ のとき $e_\infty = \dfrac{1}{6}$,$k_\mathrm{P} = 5$ のとき $e_\infty = \dfrac{2}{27}$ (2) $e_\infty = 0$

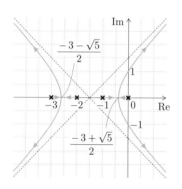

解答図 4.1

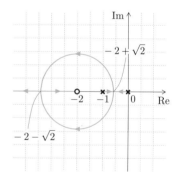

解答図 4.2

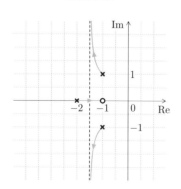

解答図 4.3

4.8　(1) $k_\mathrm{P} = 2$ のとき $y_\infty = \dfrac{5}{12}$，$k_\mathrm{P} = 5$ のとき $y_\infty = \dfrac{5}{27}$　(2) $y_\infty = 0$

4.9 ～ 4.11　サポートページを参照

第 5 章

5.1　(5.15) 式および $C_1(s) = k_\mathrm{P}$ を (5.2) 式に代入すると，(5.17) 式が得られる．また，$K_1\omega_\mathrm{n}^2 = b_0 k_\mathrm{P}$，$K_2\omega_\mathrm{n}^2 = b_0$，$2\zeta\omega_\mathrm{n} = a_1$，$\omega_\mathrm{n}^2 = a_0 + b_0 k_\mathrm{P}$ を比較すると，(5.18) 式が得られる．$\zeta = \zeta_\mathrm{m}$ とする k_P は (5.18) 式より次式となる．

$$\zeta_\mathrm{m} = \frac{a_1}{2\sqrt{a_0 + b_0 k_\mathrm{P}}} \implies k_\mathrm{P} = \frac{1}{b_0}\left(\frac{a_1^2}{4\zeta_\mathrm{m}^2} - a_0\right)$$

5.2　(5.15) 式および $C_1(s) = k_\mathrm{P} + k_\mathrm{D}s$，$C_2(s) = k_\mathrm{P}$ を (5.9) 式に代入すると，(5.22)，(5.23) 式が得られる．また，$K_1\omega_\mathrm{n}^2 = b_0 k_\mathrm{P}$，$K_2\omega_\mathrm{n}^2 = b_0$，$2\zeta\omega_\mathrm{n} = a_1 + b_0 k_\mathrm{D}$，$\omega_\mathrm{n}^2 = a_0 + b_0 k_\mathrm{P}$ を比較すると，(5.24) 式が得られる．$\omega_\mathrm{n} = \omega_\mathrm{m}$，$\zeta = \zeta_\mathrm{m}$ とする k_P，k_D は (5.24) 式より次式を満足するので，(5.25) 式が得られる．

$$\omega_\mathrm{m} = \sqrt{a_0 + b_0 k_\mathrm{P}}, \quad \zeta_\mathrm{m} = \frac{a_1 + b_0 k_\mathrm{D}}{2\omega_\mathrm{m}}$$

5.3　(5.33) 式を (5.26) 式に代入すると，

$$N_{yr}(s) = b_0(k_\mathrm{P}s + k_\mathrm{I}) = \omega_\mathrm{m}^2\left(s + \frac{a_0}{\alpha_1\omega_\mathrm{m}}\right)$$
$$D_{yr}(s) = s^3 + (a_1 + b_0 k_\mathrm{D})s^2 + (a_0 + b_0 k_\mathrm{P})s + b_0 k_\mathrm{I}$$
$$= (s^2 + \alpha_1\omega_\mathrm{m}s + \omega_\mathrm{m}^2)\left(s + \frac{a_0}{\alpha_1\omega_\mathrm{m}}\right)$$

となるので，(5.26) 式の $G_{yr}(s) = \dfrac{N_{yr}(s)}{D_{yr}(s)}$ は (5.28) 式と一致する．

5.4　台車系の伝達関数は

$$P(s) = \frac{1}{Ms^2 + cs} = \frac{b_0}{s^2 + a_1 s + a_0}, \quad a_1 = \frac{c}{M}, \quad a_0 = 0, \quad b_0 = \frac{1}{M}$$

である．したがって，$G_{yr}(s)$ の逆数 (5.40) 式を，3 次の規範モデル (5.29) 式の逆数 (5.36) 式と完全に一致させるには，各ゲインを (5.37) 式のように選べばよく，

$$k_\mathrm{I} = \frac{\omega_\mathrm{m}^3}{b_0} = M\omega_\mathrm{m}^3, \quad k_\mathrm{P} = \frac{\alpha_1\omega_\mathrm{m}^2 - a_0}{b_0} = M\alpha_1\omega_\mathrm{m}^2,$$
$$k_\mathrm{D} = \frac{\alpha_2\omega_\mathrm{m} - a_1}{b_0} = M\alpha_2\omega_\mathrm{m} - c$$

となる．

5.5　サポートページを参照

第 6 章

6.1 不安定極 $s = 1$ を持つシステム (6.11) 式に正弦波入力 $u(t) = \sin t$ を加えると，$y(t) = \frac{1}{2}\{e^t - (\cos t + \sin t)\}$ となる．この例のように，極の実部 α が正である（システムが不安定である）とき，$y(t)$ には $e^{\alpha t}$ が含まれる．したがって，「$t \to \infty$」で「$e^{\alpha t} \to \infty$」となる（$y(t)$ が発散する）ので，不安定なシステムに正弦波入力 $u(t) = A \sin \omega t$ を加えたときの $y(t)$ は (6.3) 式により近似できない．

6.2　(1) $G_g(\omega) = \dfrac{1}{\sqrt{25 + \omega^2}}$, $G_p(\omega) = -\tan^{-1}\dfrac{\omega}{5}$

(2) $G_g(\omega) = \dfrac{2}{\sqrt{4 + \omega^2}}$, $G_p(\omega) = -\tan^{-1}\dfrac{2\omega}{2 - \omega^2}$

(3) $G_g(\omega) = \dfrac{\omega}{2}\sqrt{\dfrac{1 + \omega^2}{(9 + \omega^2)(16 + \omega^2)(25 + \omega^2)}}$, $G_p(\omega) = 90° + \tan^{-1}\omega - \left(\tan^{-1}\dfrac{\omega}{3} + \tan^{-1}\dfrac{\omega}{4} + \tan^{-1}\dfrac{\omega}{5}\right)$

(4) $G_g(\omega) = \dfrac{1}{(1 + \omega^2)^5}$, $G_p(\omega) = -10\tan^{-1}\omega$

6.3　$y(t) \simeq y_{\mathrm{app}}(t) = \sin(t + \phi)$, $\phi = \tan^{-1}\dfrac{1}{2} - \tan^{-1}2 = -\tan^{-1}\dfrac{3}{4}$

6.4　(1) $P(j\omega) = e^{-j\omega L} = \cos\omega L - j\sin\omega L$ となるので，ω によらず $|P(j\omega)| = 1$ となる．一方，$\angle P(j\omega) = \tan^{-1}\dfrac{-\sin\omega L}{\cos\omega L} = \tan^{-1}(-\tan\omega L) = -\omega L$ である．したがって，$\omega = 0$ とした $(1, 0)$ を始点として，ベクトル軌跡は半径 1 の円上を時計まわりに無限回，回転をし，解答図 6.1 のようになる．

(2) $P(j\omega) = \dfrac{\cos\omega L - j\sin\omega L}{1 + j\omega T}$ となるので，$|P(j\omega)| = \dfrac{1}{\sqrt{1 + (\omega T)^2}}$，$\angle P(j\omega) = -(\omega L + \tan^{-1}\omega T)$ である．したがって，$\omega = 0$ とした $(1, 0)$ を始点として，ベクトル軌跡は時計まわりに渦巻き状に無限回，回転をし，$\omega \to \infty$ とした終点 $(0, 0)$ に収束する．たとえば，$L = 1$, $T = 0.2$ としたときのベクトル軌跡は解答図 6.2 のようになる．

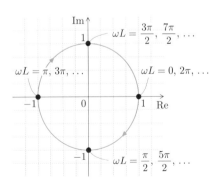

解答図 6.1

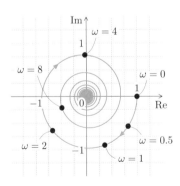

解答図 6.2

6.5　$\dfrac{B(\omega_1)}{A} = 10,\ \dfrac{B(\omega_2)}{A} = 1,\ \dfrac{B(\omega_3)}{A} = \dfrac{1}{10} = 0.1,\ \dfrac{B(\omega_4)}{A} = \dfrac{1}{10^2} = 0.01$

6.6　(6.43) 式より $P(j\omega) = \alpha + j\beta$ の実部は $\alpha = \dfrac{1}{1 + (\omega T)^2}$, 虚部は $\beta = \dfrac{\omega T}{1 + (\omega T)^2}$ で

ある. したがって, $\left(\alpha - \dfrac{1}{2}\right)^2 + \beta^2 = \left(\dfrac{1}{2}\right)^2$ となるので, ナイキスト軌跡は中心 $\left(\dfrac{1}{2}, 0\right)$,

半径 $\dfrac{1}{2}$ の円となる.

6.7　ベクトル軌跡は解答図 6.3, ゲイン線図の折れ線近似は解答図 6.4, 位相線図の折れ線
近似は解答図 6.5 のようになる.

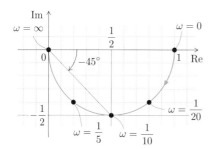

解答図 6.3

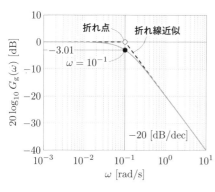

解答図 6.4

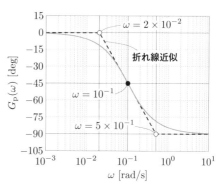

解答図 6.5

6.8　(1) $\zeta = \dfrac{R}{2}\sqrt{\dfrac{C}{L}} \geq \dfrac{1}{\sqrt{2}}$ より $R \geq 200\ [\Omega]$ のときに共振を生じない.

(2) (6.51), (6.52) 式より $\omega_{\mathrm{p}} = \dfrac{\sqrt{3}}{2\sqrt{2}} \times 10^3 \simeq 612.37\ [\mathrm{rad/s}]$, $M_{\mathrm{p}} = \dfrac{4}{\sqrt{7}} \simeq 1.5119$ となる.

6.9　(1) $P_1(s) = \dfrac{1}{1+s}, P_2(s) = \dfrac{1}{1+10s}$ とすると, $P(s) = P_1(s)P_2(s)$ である. このと
き, $P_1(s), P_2(s), P(s)$ のゲイン線図の折れ線近似はそれぞれ解答図 6.6 の①, ②, ③のように
なる.

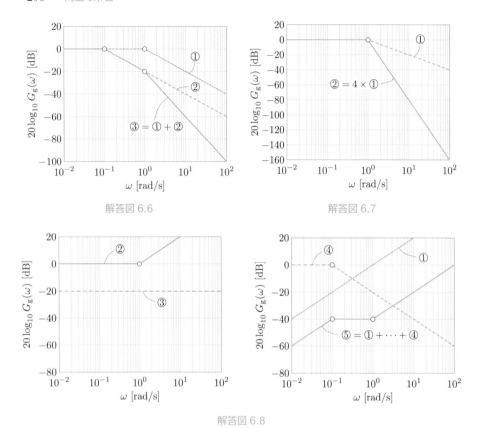

解答図 6.6

解答図 6.7

解答図 6.8

(2) $P_1(s) = \dfrac{1}{1+s}$ とすると，$P(s) = P_1(s)^4$ である．このとき，$P_1(s)$, $P(s)$ のゲイン線図の折れ線近似はそれぞれ解答図 6.7 の①，②のようになる．

(3) $P_1(s) = s$, $P_2(s) = 1+s$, $P_3(s) = \dfrac{1}{10}$, $P_4(s) = \dfrac{1}{1+10s}$ とすると，$P(s) = P_1(s)P_2(s)P_3(s)P_4(s)$ である．このとき，$P_1(s)$, $P_2(s)$, $P_3(s)$, $P_4(s)$ および $P(s)$ のゲイン線図の折れ線近似はそれぞれ解答図 6.8 の①〜④および⑤のようになる．

6.10, 6.11　サポートページを参照

第 7 章

7.1　$L(s) = P(s)C(s)$ は不安定極を持たない．また，そのベクトル軌跡は始点を $(k_P, 0)$，終点を $(0, 0)$ とした解答図 7.1 のようになり，$k_P > 0$ の値によらず $0 < \omega < \infty$ で実軸と交わることはない．したがって，ベクトル軌跡は $(-1, 0)$ を常に左側に見るので，簡略化されたナイキストの安定判別法より **図 7.1** のフィードバック制御系は安定であることがいえる．

7.2　(1) $L(s)$ のベクトル軌跡は，解答図 7.2 のように始点が $\left(\dfrac{1}{2}k_P, 0 \right)$，終点が $(0, 0)$

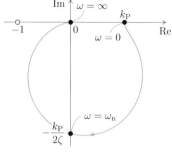

解答図 7.1

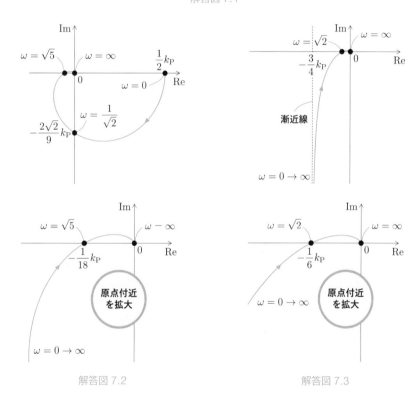

解答図 7.2　　　　　　　　　　　解答図 7.3

である．また，$\omega = \dfrac{1}{\sqrt{2}}$ で虚軸と $\left(0, -\dfrac{2\sqrt{2}}{9}k_{\mathrm{P}}\right)$ で交わり，$\omega = \omega_{\mathrm{pc}} = \sqrt{5}$ で実軸と $\left(-\dfrac{1}{18}k_{\mathrm{P}}, 0\right)$ で交わる．したがって，簡略化されたナイキストの安定判別法より，$k_{\mathrm{P}} > 0$ かつ $-1 < -\dfrac{1}{18}k_{\mathrm{P}}$ であれば，すなわち，$0 < k_{\mathrm{P}} < 18$ であれば，**図 7.1** のフィードバック制御系は安定である．

一方，フルビッツの安定判別法の場合，条件 I より $a_0 = 2 + k_P > 0$，条件 II より $H_2 = 18 - k_P > 0$ となる．したがって，$k_P > 0$ および条件 I, II より $0 < k_P < 18$ であれば，図 7.1 のフィードバック制御系は安定である．

(2) $L(s)$ のベクトル軌跡は，解答図 7.3 のように始点が無限遠点 $\left(-\dfrac{3}{4}k_P, -\infty\right)$，終点が原点 $(0, 0)$ である．また，虚軸と交わることはなく，$\omega = \omega_{pc} = \sqrt{2}$ で実軸と $\left(-\dfrac{1}{6}k_P, 0\right)$ で交わる．したがって，簡略化されたナイキストの安定判別法より，$k_P > 0$ かつ $-1 < -\dfrac{1}{6}k_P$ であれば，すなわち，$0 < k_P < 6$ であれば，図 7.1 のフィードバック制御系は安定である．

一方，フルビッツの安定判別法の場合，条件 I より $a_0 = k_P > 0$，条件 II より $H_2 = 6 - k_P > 0$ となる．したがって，$k_P > 0$ および条件 I, II より $0 < k_P < 6$ であれば，図 7.1 のフィードバック制御系は安定である．

7.3 (1) $\omega_{pc} = 2$ [rad/s], $G_m = -20\log_{10}\dfrac{k_P}{64}$ [dB]

$\omega_{gc} = \sqrt{\sqrt{k_P} - 4}$ [rad/s] $(k_P > 16)$, $P_m = 180 - \tan^{-1}\dfrac{\omega_{gc}}{2}$ [deg]

(2) $k_P = \dfrac{256}{9} \simeq 28.4444$

第 8 章

8.1 (1) $\boldsymbol{x}(t) = \begin{bmatrix} x_1(t) & x_2(t) \end{bmatrix}^\top = \begin{bmatrix} y(t) & \dot{y}(t) \end{bmatrix}^\top$ と選ぶと，(2.36) 式より状態空間表現

$$
\overbrace{\begin{bmatrix} \dot{x}_1(t) \\ \dot{x}_2(t) \end{bmatrix}}^{\dot{\boldsymbol{x}}(t)} = \overbrace{\begin{bmatrix} 0 & 1 \\ 0 & -c/M \end{bmatrix}}^{\boldsymbol{A}} \overbrace{\begin{bmatrix} x_1(t) \\ x_2(t) \end{bmatrix}}^{\boldsymbol{x}(t)} + \overbrace{\begin{bmatrix} 0 \\ 1/M \end{bmatrix}}^{\boldsymbol{B}} u(t)
$$
$$
y(t) = \underbrace{\begin{bmatrix} 1 & 0 \end{bmatrix}}_{\boldsymbol{C}} \underbrace{\begin{bmatrix} x_1(t) \\ x_2(t) \end{bmatrix}}_{\boldsymbol{x}(t)}
$$

が得られる．また，伝達関数 $P(s)$ を求めると，次式が得られる．

$$
P(s) = \boldsymbol{C}(s\boldsymbol{I} - \boldsymbol{A})^{-1}\boldsymbol{B} = \frac{1}{Ms^2 + cs}
$$

(2) $\boldsymbol{x}(t) = \begin{bmatrix} x_1(t) & x_2(t) \end{bmatrix}^\top = \begin{bmatrix} y(t) & \dot{y}(t) \end{bmatrix}^\top$ と選ぶと，(2.23) 式より状態空間表現

$$
\overbrace{\begin{bmatrix} \dot{x}_1(t) \\ \dot{x}_2(t) \end{bmatrix}}^{\dot{\boldsymbol{x}}(t)} = \overbrace{\begin{bmatrix} 0 & 1 \\ -1/LC & -R/L \end{bmatrix}}^{\boldsymbol{A}} \overbrace{\begin{bmatrix} x_1(t) \\ x_2(t) \end{bmatrix}}^{\boldsymbol{x}(t)} + \overbrace{\begin{bmatrix} 0 \\ 1/LC \end{bmatrix}}^{\boldsymbol{B}} u(t)
$$
$$
y(t) = \underbrace{\begin{bmatrix} 1 & 0 \end{bmatrix}}_{\boldsymbol{C}} \underbrace{\begin{bmatrix} x_1(t) \\ x_2(t) \end{bmatrix}}_{\boldsymbol{x}(t)}
$$

が得られる．また，伝達関数 $P(s)$ を求めると，次式が得られる．

$$P(s) = \boldsymbol{C}(s\boldsymbol{I} - \boldsymbol{A})^{-1}\boldsymbol{B} = \frac{1}{LCs^2 + RCs + 1}$$

8.2　$e^{\boldsymbol{A}t} = e^{-2t}\begin{bmatrix} 3 & 1 \\ -6 & -2 \end{bmatrix} + e^{-3t}\begin{bmatrix} -2 & -1 \\ 6 & 3 \end{bmatrix}$

索　引

著者略歴

川田昌克 (かわた・まさかつ)
1970 年 1 月 15 日生まれ
1997 年 立命館大学大学院理工学研究科情報工学専攻博士課程後期課程修了
(博士 (工学) 取得)
現 在 舞鶴工業高等専門学校電子制御工学科教授

西岡勝博 (にしおか・かつひろ)
1945 年 4 月 9 日生まれ
1969 年 大阪府立大学工学部金属工学科卒業
2009 年 舞鶴工業高等専門学校退職
2014 年 逝去

MATLAB/Simulink による
わかりやすい制御工学 (第 2 版)

2001 年 3 月 6 日 第 1 版第 1 刷発行
2022 年 2 月 21 日 第 1 版第 22 刷発行
2022 年 11 月 30 日 第 2 版第 1 刷発行

著者 川田昌克・西岡勝博

編集担当 富井 晃 (森北出版)
編集責任 藤原祐介 (森北出版)
組版 プレイン
印刷 丸井工文社
製本 同

発行者 森北博巳
発行所 森北出版株式会社
〒102-0071 東京都千代田区富士見 1-4-11
03-3265-8342 (営業・宣伝マネジメント部)
https://www.morikita.co.jp/